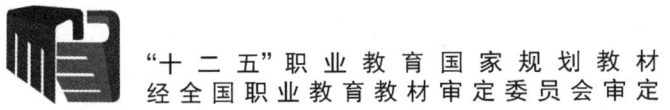

"十 二 五"职业教育国家规划教材
经全国职业教育教材审定委员会审定

U0783499

创新电子商务系列教材　　总主编 ◎ 鲍泓

操作系统与网络服务器管理
Windows Server 2008

主　　编　张沪生　王毅涵

副 主 编　崔嘉伦

华东师范大学出版社
·上海·

图书在版编目(CIP)数据

操作系统与网络服务器管理 Windows Server 2008/张沪生,王毅涵主编.—上海:华东师范大学出版社,2014.2
ISBN 978 - 7 - 5675 - 1783 - 7

Ⅰ.①操⋯　Ⅱ.①张⋯　②王⋯　Ⅲ.①Windows NT操作系统—网络服务器　Ⅳ.①TP316.86

中国版本图书馆 CIP 数据核字(2014)第 027012 号

操作系统与网络服务器管理 Windows Server 2008

主　　编　张沪生　王毅涵
责任编辑　吴　余
审读编辑　王行恒
封面设计　孔薇薇

出版发行　华东师范大学出版社
社　　址　上海市中山北路 3663 号　邮编 200062
网　　址　www. ecnupress. com. cn
电　　话　021 - 60821666　行政传真 021 - 62572105
客服电话　021 - 62865537　门市(邮购)电话 021 - 62869887
地　　址　上海市中山北路 3663 号华东师范大学校内先锋路口
网　　店　http://hdsdcbs. tmall. com

印 刷 者　常熟市文化印刷有限公司
开　　本　787×1092　16 开
印　　张　13.5
字　　数　326 千字
版　　次　2015 年 1 月第 1 版
印　　次　2022 年 8 月第 8 次
书　　号　ISBN 978 - 7 - 5675 - 1783 - 7
定　　价　32.00 元

出 版 人　王　焰

(如发现本版图书有印订质量问题,请寄回本社客服中心调换或电话 021 - 62865537 联系)

目 录

项目 3 Windows Server 2008 用户类型与管理

项目 4 文件系统管理

<h2 style="text-align:center">项目 8　FTP 服务器的架设</h2>

<h2 style="text-align:center">项目 9　活动目录域</h2>

前　言

为适应教育部关于高等职业学校教材的编写应做到理论与实践相结合，突出实用性和项目性的要求，本书在编写过程中以项目教学和项目实施结合为主体，将 Windows Server 2008 的相关理论知识和实践技巧融汇于实施操作的过程之中。

本书以 Windows Server 2008 为平台，以网络管理为中心，结合企业实际的网络环境，通过"项目描述、项目分析、基础知识准备、项目实施"四大模块详细讲解了 Windows Server 2008 的安装与配置、磁盘管理、用户和组的管理、NTFS 文件系统与网络共享管理、DHCP 服务器、DNS 服务器、WEB 服务器、FTP 服务器、活动目录域等内容。教师可通过企业项目引导学生进行实际操作。本书内容全面，图文并茂，结构清晰，读者可依据每个图文步骤上机操作，从而更好地理解基本概念，并掌握操作方法。

本书由张沪生、王毅涵主编，参加编写的作者还有崔嘉伦、刘晓东、滕子畅、徐婷婷等。由于编者水平有限，书中难免存在诸多不足之处，垦望广大读者给予批评指正。

编　者
2014 年 10 月

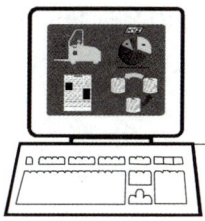

项目 **1**

Windows Server 2008
网络操作系统的安装与配置

1.1 项 目 描 述

Windows Server 2008 当前已经成为中小型企业网络服务器的首选系统平台,与之前的 Windows Server 2003 相比,Windows Server 2008 具备了更安全、更稳定、模块化等特点。

在一般企业环境中,所有客户端角色所使用的操作系统均为 Windows 操作系统,其中服务器系统以 Windows Server 2003 和 Windows Server 2008 为主。对应客户端系统主要包括 Windows Vista 和 Windows XP,以及 Windows 7。

应用场景:

某公司为一家 IT 教育培训机构,具有一定的规模。该公司总部位于上海,在北京、杭州、南京、西安、武汉各有一个分公司。即将与澳大利亚合作 IT 技术留学等项目,上海处需要新增两台 HP 服务器,安装 Windows Server 2008 操作系统。

1.2 项 目 分 析

部署 Windows 系统是企业计算机网络管理中的基础。因此,为提高网络管理员或 IT 专员的工作效率,统一的管理,企业网络需要满足以下基本需求。

1)安装正确合理的操作系统

对于服务器系统而言,根据其承担角色和项目需求不同,可能需要附加不同的存储设备(如文件服务器)。

2)完成基本系统配置

配置计算机名、IP 地址、工作组或域环境、帐号安全等。

Windows Server 2008 是 Microsoft 公司推出于 Windows Server 2003 之后的新版本操作

系统,具有高性能、高可靠性、高安全性级配置方便等特点,在目前众多企业中是理想的网络服务器平台。

1.3　基础知识准备

1.3.1　网络操作系统概述

网络操作系统作为网络用户和计算机之间的接口,通常具有复杂性、并行性、高效性和安全性等特点。

1. 网络操作系统的基本概念

网络操作系统(Network Operating System, NOS)是程序的组合,是在网络环境下,用户与网络资源之间的接口,用以实现对网络资源的管理和控制。对网络系统来说,所有网络功能几乎都是通过网络操作系统体现的,网络操作系统代表着整个网络的水平。随着计算机网络的不断发展,网络操作系统也向支持多种通信协议、多种网络传输协议、多种网络适配器的方向发展。

2. 网络操作系统的功能

1) 文件服务
文件服务是最重要与最基本的网络服务功能。文件服务器以集中方式管理共享文件,网络工作站可以根据所规定的权限对文件进行读写以及其他各种操作,文件服务器为网络用户的文件安全与保密提供了必需的控制方法。

2) 打印服务
打印服务可以通过设置专门的打印服务器完成,或者由工作组或文件服务器来承担。通过网络打印服务功能,局域网中可以安装一台或多台网络打印机,用户即可远程共享网络打印机。网络打印机在接受用户打印请求后,以先到先服务的原则,处理用户需要打印的文件排队。

3) 通信服务
局域网中主要提供工作站与工作站,工作站与网络服务器之间的通信服务功能。

4) 信息服务
局域网可以通过存储转发方式或对等方式完成电子邮件服务。

5) internet 和 Intranet 服务
网络操作系统一般都支持 TCP/IP 协议,利用 Internet 服务,使局域网服务器称为 Web 服务器,支持 Internet 和 Intranet 访问。

3. 常见的网络操作系统

目前主要有以下几类常见的网络操作系统。

1) Windows
Microsoft 公司的 Windows 系统,在企业用户群占有绝对的优势。友好的图形化界面,简

易的操作为用户带来极大的方便。在企业局域网中，Microsoft 的服务器网络操作系统主要有 Windows NT 4.0 Server、Windows Server 2000、Windows Server 2003 以及 Windows Server 2008 等。

2）UNIX

目前 UNIX 系统常用的版本有 UNIX SUR 4.0、HP－UX 11.0、SUN 的 Solaris 8.0 等。UNIX 系统稳定性和安全性非常好，但由于它多数是以命令方式来进行操作，因此不容易掌握，对初级用户来说有一定的难度。正因如此，UNIX 一般用于大型网站或大型的企业局域网中。UNIX 本是针对小型主机环境开发的操作系统，是一种集中式分时多用户体系结构，但因其体系结构不尽理想，UNIX 的市场占有率呈下降趋势。

3）Linux

Linux 是一种自由和开放源码的类 UNIX 的操作系统。Linux 操作系统是 UNIX 操作系统的一种简化系统，如今已成为今天世界上使用最多的一种 UNIX 类操作系统，并且使用人数还在迅猛增长。目前有中文版的 Linux，如 RedHat（红帽）、红旗 Linux 等。Linux 继承了 UNIX 以网络为核心的设计思想，是一个性能稳定的多用户网络操作系统。

1.3.2 Windows Server 2008 的版本及其新特性

Windows Server 2008 是 Microsoft 公司于 2008 年 3 月发布的基于 Windows NT 技术开发的新一代网络操作系统。其继承了 Windows Server 2003 的稳定性和 Windows XP 的易用性，Windows Server 2008 具有新的增强的基础结构，先进的安全特性和改良后的 Windows 防火墙支持活动目录用户和组的完全集成，提供了基于 64 位的虚拟化技术：Windows Server 虚拟化（Hyper－V），从而减轻了企业管理员部署的负担，提高了工作效率，降低了成本。

1. Windows Server 2008 的新特性

Windows Server 2008 操作系统中新增了许多新功能，主要有以下几点。

1）虚拟化（Hyper－V）

通过 Windows Server 2008 64 位版本中内置的服务器虚拟技术，可以在单个服务器上虚拟 UNIX、Linux、Windows 等多个操作系统，并与现有的环境交互操作，同时也节省了成本、提高硬件利用率、扩展服务器的高可用性。

2）Windows 防火墙高级安全功能

Windows Server 2008 中的高级安全防火墙有了较大的改进，入站和出站的双向保护，而且它将 Windows 防火墙功能和 Internet 协议安全（IPSec）集成到一个控制台中。方便了管理员的操作和更好地提升了服务器的安全性。

3）PowerShell 命令行

PowerShell 原计划作为 Vista 系统的一部分，但只是作为免费下载的增强附件，随后又成为了 Exchange Server 2007 的关键组件，现在又是 Windows Server 2008 不可或缺的一个成员。这个新的命令行工具可以作为图形界面的补充，也可以彻底取代它。

4）SMB2 网络文件系统

很久以前 Windows 就引入了 SMB(Samba 文件共享/打印服务),但作为一个网络文件系统 SMB 现在已经太老了,所以 Windows Server 2008 采用了 SMB2,以便更好地管理体积越来越大的媒体文件。在微软的内部测试中,SMB2 媒体服务器的速度可以达到 Windows Server 2003 的 4～5 倍,相当于 400％的效率提升。通过 SMB2 可使得 Windows Server 2008 与 Linux、MAC OS 等操作系统之间的文件传输效率大大提高。

5）IIS 7.0

Windows Server 2008 可为 Web 发布提供统一平台,高度集成了 Internet Information Services 7.0 (IIS 7.0)、ASP. NET、Windows Communication Foundation 和 Microsoft Windows ShallPoint Services 等。IIS 7.0 体现了模块化,结合了 FTP 模块。其优势包括更高效的管理特性、更高的安全性以及更低的支持成本等。

6）Server Core

如果你是 UNIX 和 Linux 管理员,那么可能会对在受保护环境中扮演 DHCP(Dyanmic Host Configuration Protocol,动态主机配置协议)和 DNS(Domain Name System,域名系统)服务器角色的低能耗、虚拟化、无图形界面、只需一个终端管理的服务器系统非常熟悉,但现在 Windows Server 2008 也可以这么做了。作为服务器操作系统,管理员根本不需要安装图形驱动、DirectX、ADO(ActiveX Data Object,Activex 数据对象)、OLE(Object Linking and Embedding,对象连接与嵌入)等,毕竟他们不需要运行用户程序;而且图形界面一直是影响 Windows 稳定性的重要因素,精简了 GUI(Graphical User Interface,图形用户界面)可以减少内存资源占用增强稳定性和安全性。Server Core 命令行模式下,可以架设企业基本需求的诸如文件服务器、域控制器、DHCP 服务器、DNS 服务器等。

7）网络访问保护(NAP)

网络访问保护可以防止不健康的计算机访问企业网络并危及网络的安全。企业可以创建网络策略,用以指定部署于网络上软硬件类型。这样的策略通常包括客户端计算机在连接到网络之前如何配置的规则。

例如,许多企业要求客户端计算机必须安装最新的防病毒软件,启用防火墙等。利用 NAP 来配置、强制客户端的健康请求,并在连接到企业网络之前,更新或者纠正不符合的客户端计算机。

8）只读域控制器(Read-Only Domain Controller, RODC)

只读域控制器是 Windows Server 2008 中的一种新型域控制器配置,使一些分公司或分支部门可以在域控制器安全性无法保证的地理位置轻松部署域控制器。只读域控制器的数据库是只读的副本,单向从主域控传输活动目录数据库。在此之前,用户登录时必须经过域控制器的身份验证,但其所在的分支机构无法为域控制器提供足够的安全性时,必须通过广域网(Wide Area Network, WAN)进行身份验证。

9）Bitlocker 加密技术

系统磁盘的加密技术对于位于分支机构的远程服务器或缺乏安全防护的服务器而言是非常有用的安全举措。如果服务器从可移动媒体被迁移或引导到不同的操作系统下,则 Windows 操作环境下被保护的数据就有被病毒入侵的可能。采用 Bitlocker 加密技术可对这些数据进行保护。

2. Windows Server 2008 的版本

Windows Server 2008 在 32 位和 64 位计算机平台上主要提供了 5 种版本,它们是标准版、企业版、数据中心版、Web 服务器版和 Itanium 版,以下是各版本的简单介绍。

1) Windows Server 2008 Standard Edition(标准版):此版本提供了大多数服务器所需要的主要功能,也包括了全功能的 Server Core 安装。

2) Windows Server 2008 Enterprise Edition(企业版):此版本提供了企业级的平台,在标准版的基础上提供了更好的可用性,其具备了群集和热添加(Hot-Add)处理器功能。

3) Windows Server 2008 Datacenter Edition(数据中心版):此版本可以支持 2~64 个处理器和更多的内存,无限制的虚拟化镜像,可在大型服务器上部署企业关键应用及大规模的虚拟化。

4) Windows Server 2008 Web Server(Web 版):此版本为单一用途 Web 服务器而设计的系统,只包含 Web 应用的模块,提供了企业可快速架设网页、网站、Web 应用程序和 Web 服务。

5) Windows Server 2008 for Itanium-Based Systems(Itanium 版):此版本是针对使用 Itanium 处理器的服务器而开发的系统,针对大型数据库、各种企业和自订应用程序进行优化,可提供高可用性和多达 64 个处理器的可扩充性。

1.4 项目实施——Windows Server 2008 安装与配置

1.4.1 Windows Server 2008 的安装

1. 系统硬件配置

按照微软公司发布的硬件需求配置,在安装 Windows Server 2008 时,计算机硬件配置应该符合表 1-1 的要求。

表 1-1 硬件配置表

硬　件	需　　求
处理器(CPU)	最低:1.0 GHz(×86)或 1.4 GHz(×64) 推荐:2.0 GHz 或更快 注:Windows Server 2008 for Itanium-Based Systems 需要 Itanium 2 处理器
内存(RAM)	最低:512 MB 推荐:2 GB 或更高 最大容量支持(32 位版本):标准版 4 GB,企业版和数据中心版 64 GB 最大容量支持(64 位版本):标准版 32 GB,其他版本 2 TB

硬　件	需　求
硬盘空间	最少:10 GB 推荐:40 GB 或更多 注:内存大于 16 GB 的系统需要更多空间用于页面、休眠和转存储文件
光驱	DVD-ROM 光驱
显示器	Super VGA 800×600 分辨率或更高

在安装时需确定计算机所用的是 32 位还是 64 位的 X86 系统,如果是属于 32 位的系统,则只能安装 32 位版本的 Windows Server 2008;如果是属于 64 位的系统,则可以选择安装 32 位版本或 64 位版本的 Windows Server 2008;而对于 Itanium-Based 的系统,只能安装 Windows Server 2008 for Itanium-Based Systems 的版本。

2. 安装 Windows Server 2008

用 Windows Server 2008 安装 DVD 来启动计算机并运行 DVD 内安装程序。将 Windows Server 2008 DVD 放入光驱,系统将默认自动运行光驱内的安装程序。

(1) 设置光驱启动。打开计算机电源,启动后按〈Del〉键进入 BIOS 设置界面,将光驱启动调整为第一启动项,保存设置并退出 BIOS 界面。

(2) 放入光盘并重启计算机,当系统通过 Windows Server 2008 光盘引导后,将显示如图 1-1 所示的加载画面。

图 1-1　加载阶段

(3) 加载完成后将出现图 1-2 所示的画面,选择安装语言、时区、键盘和输入法,一般情况下可直接使用系统默认设置。

(4) 单击图 1-2 窗口中的"下一步"按钮,将显示图 1-3,在窗口中单击"现在安装"按钮。

(5) 在图 1-4 中选择需要安装的版本,在这里选择"Windows Server 2008 Enterprises(完全安装)",下一步。

(6) 在图 1-5 中勾选"我接受许可条款"复选框,下一步。

图 1-2　设置语言格式等

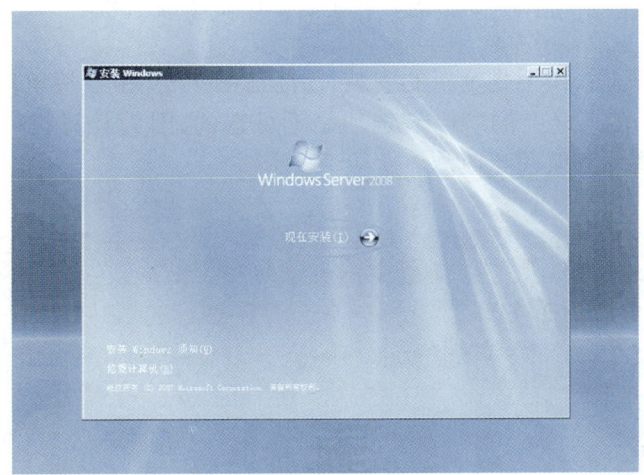

图 1-3　选择"现在安装"

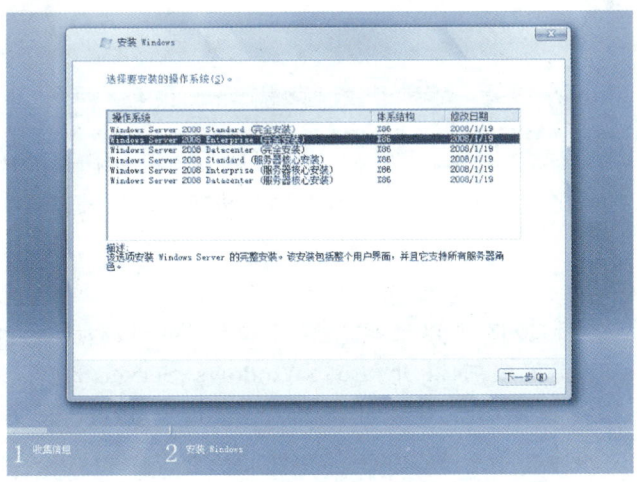

图 1-4　选择安装的版本

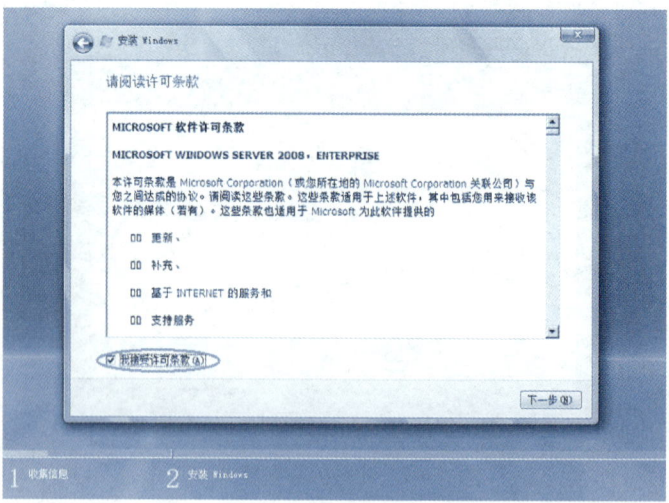

图1-5 勾选"我接受许可条款"复选框

(7) 选择安装类型后,由于是全新的安装,因此在图1-6中直接单击"自定义(高级)"选项就可以进行安装。在其之上的"升级"选项是不可选的,因为计算机内必须有以前版本的Windows Server系统才可以选此项。

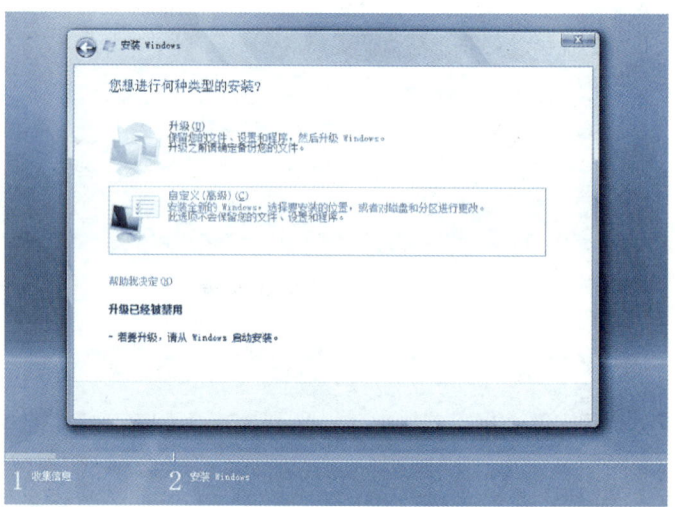

图1-6 选择自定义(高级)进行全新安装

提示:

只有Windows Server 2003可以选择升级安装至Windows Server 2008系统。其中Windows Server 2003标准版可以升级到Windows Server 2008标准版和企业版。Windows Server 2003数据中心版可以升级到Windows Server 2008数据中心版。注:Windows Server 2003无法升级到Windows Server 2008的Server Core模式。

（8）选择安装系统的磁盘。注意，Windows Server 2008 只能被安装在 NTFS 格式分区下，且剩余空间必须大于 8 GB。在图 1-7 处选择"磁盘 0"选项，单击"下一步"按钮。

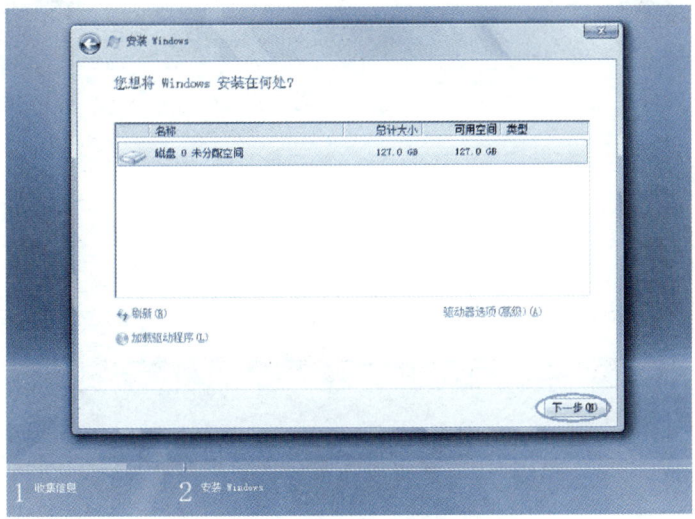

图 1-7　选择须安装系统的磁盘

提示：

　　如果需要对磁盘分区和格式化可以选择"驱动器选项（高级）"按钮来激活磁盘管理工具，对磁盘进行分区、格式化等操作；如果磁盘需要安装驱动程序才可使用的话，可选择"加载驱动程序"按钮进行驱动程序的安装。

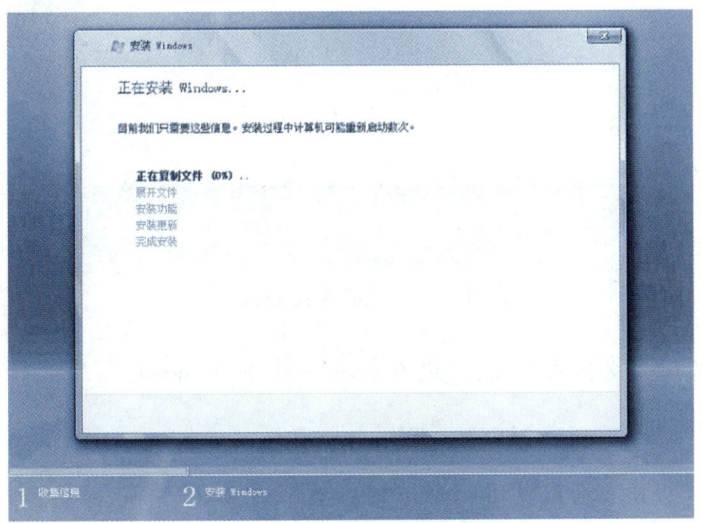

图 1-8　正在进行安装

（9）随后进入如图 1-8 所示的安装界面。安装完成后，如图 1-9 所示，系统进入安装的第一次重启阶段。

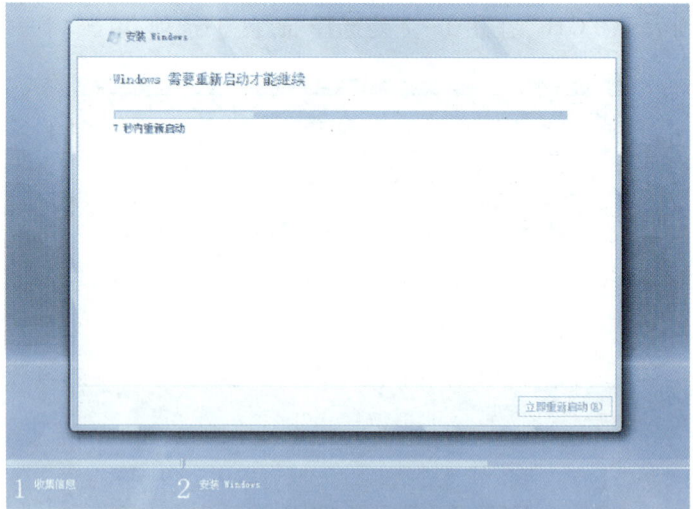

图 1-9　系统进入第一次重启阶段

（10）第一次重启后，进入如图 1-10 所示的"完成安装"阶段。

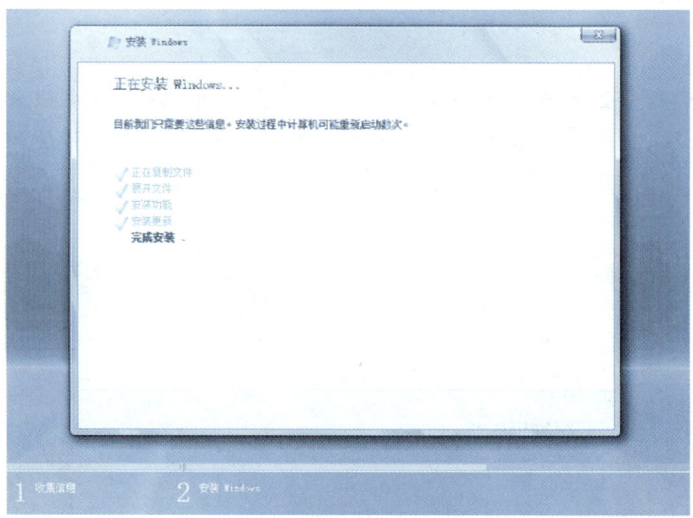

图 1-10　"完成安装"阶段

（11）系统进入第二次重启阶段，并进入登录界面，标明系统已经完成安装。

3. 第一次启动 Windows Server 2008

完成安装后，计算机将会自动重启 Windows Server 2008 系统，并会自动以系统管理员账户 Administrator 登录系统。但出于安全角度，第一次启动时会出现如图 1-11 所示的界面，要求更改系统管理员密码。

单击图 1-11 界面中的"确定"按钮后，在图 1-12 界面中输入新密码，单击密码框右侧的向右箭头图标将显示图 1-13 所示的界面，在此界面中单击"确定"按钮就可进入系统了。

图 1－11　第一次安装后的系统登录界面

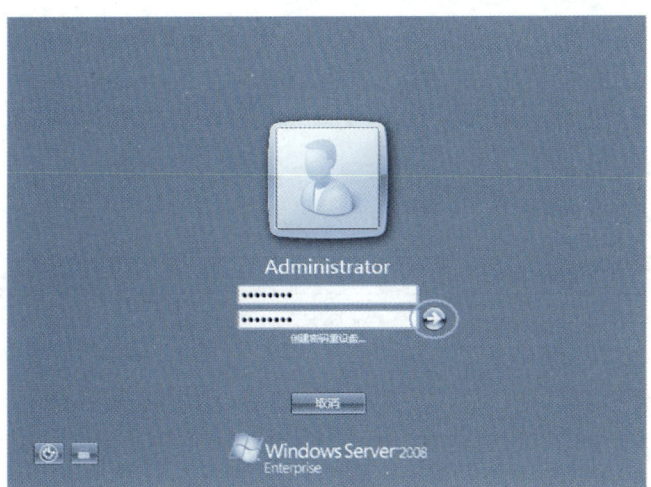

图 1－12　修改密码

图 1－13　单击"确定"进入系统

登录成功后会显示图 1 - 14 所示的"初始配置任务"窗口,用户可根据需要进行设置。可勾选"登录时不显示此窗口"取消此窗口下次再显示。选择"关闭"按钮关闭此窗口。

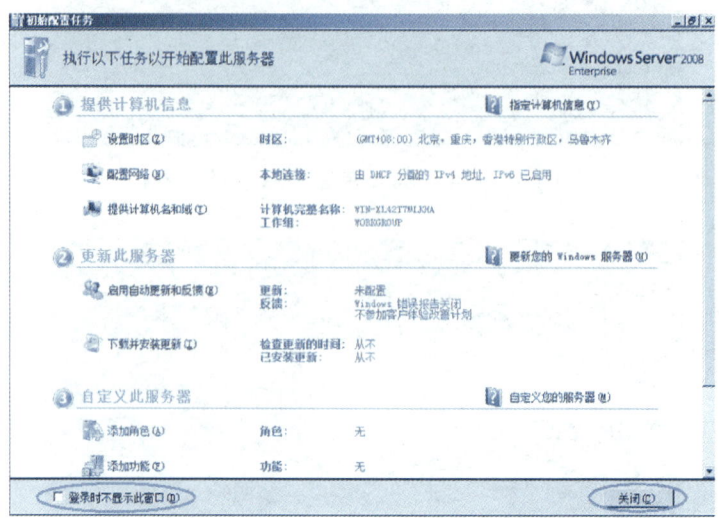

图 1 - 14 "初始配置任务"窗口

关闭"初始配置任务"窗口后,会出现如图 1 - 15 所示的"服务器管理器"窗口,此窗口关闭后将显示 Windows Server 2008 的桌面。可勾选"登录时不要显示此控制台"取消每次重启后自动出现"服务器管理器"窗口。

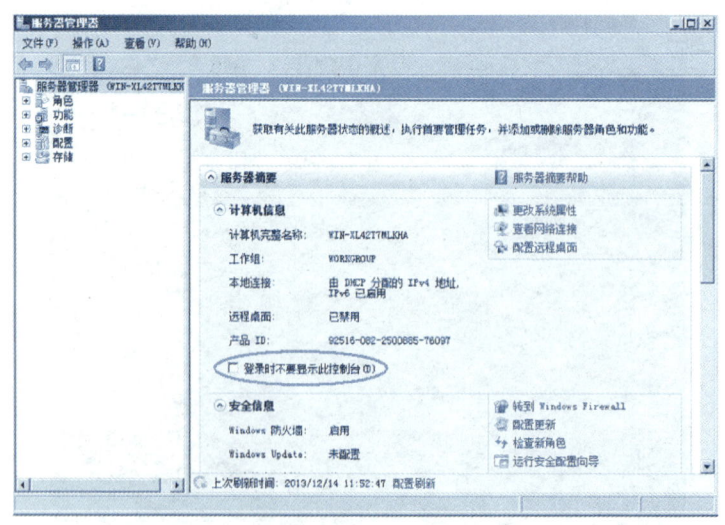

图 1 - 15 "服务器管理器"窗口

4. 激活 Windows Server 2008

Windows Server 2008 安装完成后,为了保证能够长期正常使用,必须和其他版本的 Windows 操作系统一样进行激活,否则只能够试用 60 天,Windows Server 2008 提供了两种激活方法:联机激活和电话激活。

(1) 按照图 1-16 右击"计算机",单击"属性",打开如图 1-17 所示的窗口。

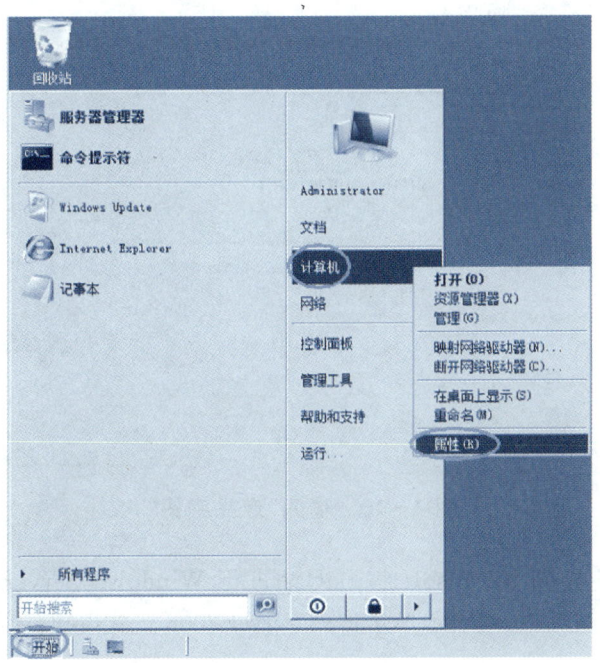

图 1-16 进入"系统"窗口

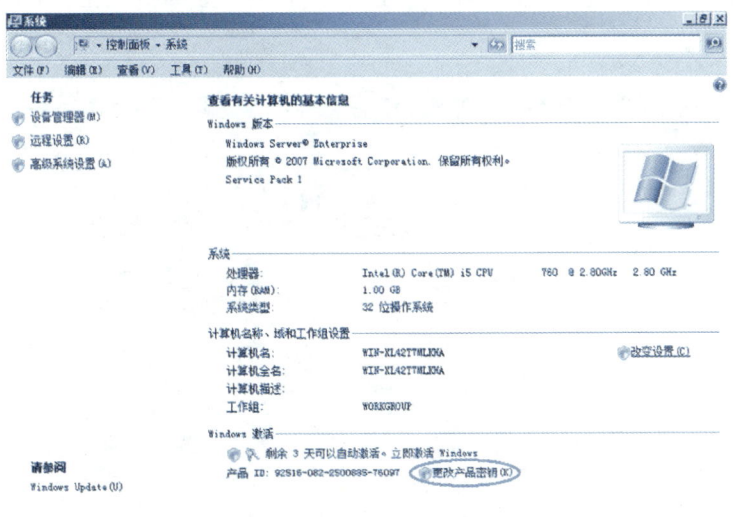

图 1-17 选择"更改产品密钥"激活 Windows

如图 1 - 17 所示,选择"剩余××天可以激活。立即激活 Windows"选项,在弹出的"Window 激活"对话框中选择"立即激活 Windows"选项。如果安装时未输入产品密钥,请在图 1 - 17 所示的窗口中单击下方"更改产品密钥"链接,在弹出的如图 1 - 18 所示的窗口中输入"产品密钥",单击"下一步"按钮(确保当前计算机可以成功接入 Internet)。

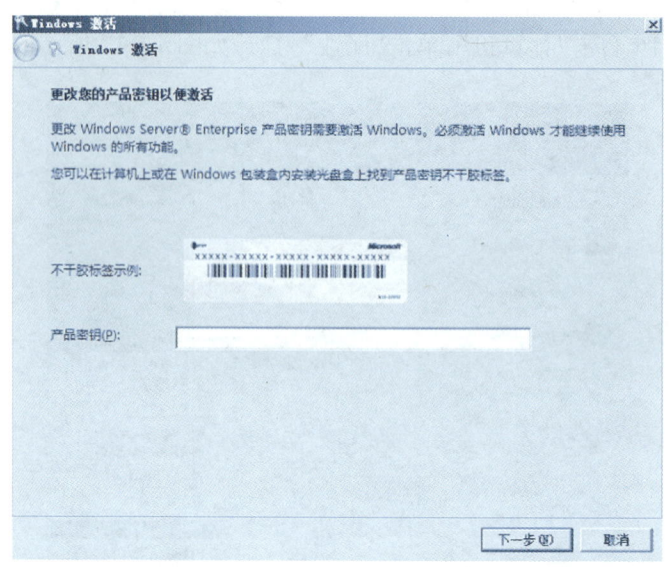

图 1 - 18　输入"产品密钥"

(2) 系统会自动连接到 Microsoft 官方网站进行 Windows Server 2008 的激活,稍等片刻,如弹出"激活成功"对话框,则表示 Windows Server 2008 正式授权,能够合法的正常使用了。

5. Windows Server 2008 的更新

(1) 依次执行"开始→控制面板"命令,在"控制面板"窗口中双击"Windows Update"图标,如图 1 - 19 所示。

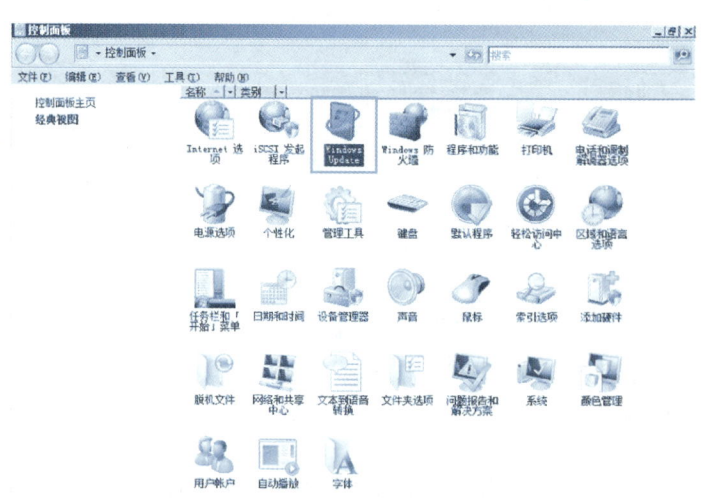

图 1 - 19　双击"Windows Update"图标

（2）在图 1-20 中，单击"立即启用"按钮开启自动更新。

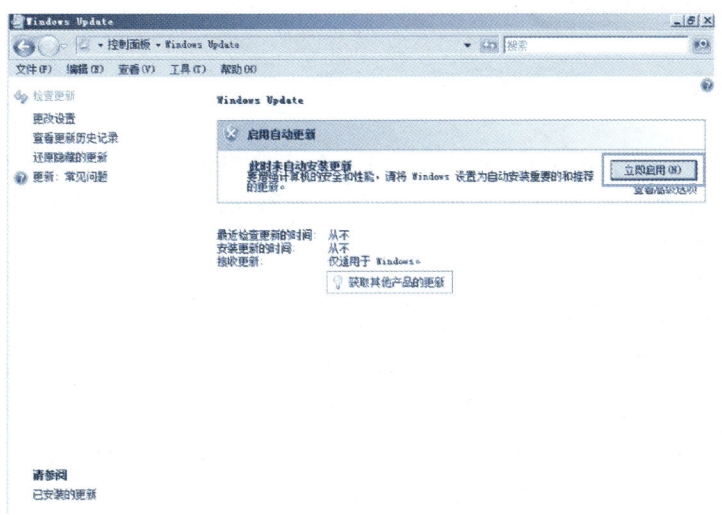

图 1-20　单击"立即启用"

（3）在图 1-20 中，若单击"更改设置"，可以在如图 1-21 窗口中选择 Windows 自动更新的方式，一般可以选择"下载更新，但是让我选择是否安装更新"选项。

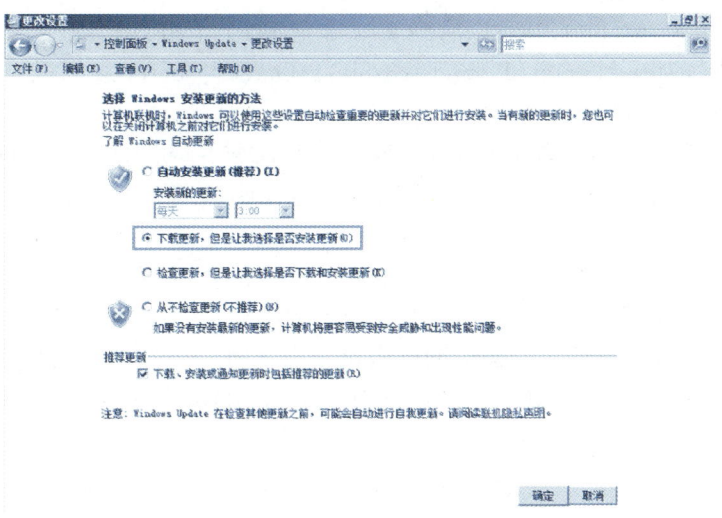

图 1-21　选择 Windows 自动更新的方式

（4）设置完成后，Windows Server 2008 将立即连接到 Internet 检查是否有更新补丁包。

（5）在 Windows Update 程序检查之后发现了安装更新，这时单击"安装更新"下载更新文件。

（6）更新下载完成后，系统自动进行安装，弹出更新安装成功提示。

1.4.2 IP 地址概述

1. IP 地址

IP 地址是全局唯一的,用于在网络中标识一个 TCP/IP 主机。在现实生活中,可以把 IP 地址理解为你所处方位的一个标识。IP 地址是一种逻辑地址,可以在允许的范围内随意更改,但在互联网中不允许重复。

IPv4 是互联网协议的第四版,也是当今世界中被使用最广泛的协议,2011 年 2 月 2 日北京时间晚 10:30,由国际互联网名称和编号分配公司(ICANN)宣布全球 IPv4 地址耗尽。在一些网络中已经开始使用 IPv6,IPv6 是 IETF(Internet Engineering Task Force,互联网工程任务组)设计的用于替换先行版本 IPv4 的下一代 IP 协议。IPv6 具有比 IPv4 大得多的编码地址空间。这是因为 IPv6 采用了 128 位的地址,高达 2^{128} 个网络地址空间近乎无限。由此,网络的安全性也将大大提高。IPv6 还能提高网络的整体吞吐量、改善服务质量(QoS)、支持即插即用和移动性、以及更好的实现多播功能。从长远看,IPv6 有利于互联网的持续和长久发展。目前,国际互联网组织已经决定成立两个专门的工作制,指定相应的国际标准。这里我们讨论的 IP 地址是指 IPv4。

每一台主机都有一个唯一的 IP 地址,IP 地址不但可以用来标识每一台主机,其内也包含如何在网络之间发送数据的路径信息。

IPv4 地址占用 32 位(bit),共可以容纳 2^{32}(42 亿多)个主机,一般是以 4 个十进制数来表示,每一个数字被称为一个 octet(1 octet＝8 bit)。Octet 与 octet 之间以点(dot)隔开,例如 192.168.0.1。

上述 32 位的 IP 地址中包含了网络 ID(Network ID)与主机 ID(Host ID)两部分数据:

网络 ID:每一个网络都有一个唯一的网络 ID,也说明了用一个网络内的每台主机都拥有相同的网络 ID。

主机 ID:同一个网络内的每一台主机都有一个唯一的主机 ID。

若网络需要与外界通信的话,则可能需要为此网络申请一个网络 ID,整个网络内所有的主机都使用这个网络 ID,然后再分配给网络内每一台主机一个唯一的主机 ID,因此网络上每一台主机就都会有一个唯一的 IP 地址(网络 ID＋主机 ID)。你可以向 Internet 服务提供商(ISP)申请网络 ID。

2. IP 类

传统 IP 地址被分为 A、B、C、D、E 五大类,其中只有 A 类、B 类、C 类的 IP 地址可供一般主机使用(见图 1-22),每类地址所支持的 IP 地址数量不相同,以便满足各种不同规模的网络需求。D 类是组播地址,没有网络位和主机位之分,可理解为特定的小范围的广播,E 类保留用于科研。

3. IP 地址的使用

1) 一些特殊的 IP 地址

以下列出的 IP 地址不能用来标识某个 TCP/IP 主机,而是专用于一些特殊的场合。

类别	网络 ID	主机识别码	W 值可为	可支持的网络数	每个网络可支持的主机数
A 类	W	X、Y、Z	1～126	126	16777214
B 类	W、X	Y、Z	128～191	16384	65534
C 类	W、X、Y	Z	192～223	2097152	254
D 类			224～239		
E 类			240～254		

图 1-22　IP 类

（1）IP 地址 127.0.0.1

实际上，整个 127.x.y.z 都属于本地回环测试地址（loopback）。通过 ping 这个地址可以检验本地网卡安装以及 TCP/IP 协议栈的配置是否正确。

（2）广播地址

广播是指同时向网络中所有的主机发送报文。广播分为本地广播和全网广播。本地广播地址的主机号部分各位全为 1，如 130.80.255.255 就是 B 类地址中的一个本网广播地址，数据接受方为网络 130.80.0.0 中的所有主机。全网广播地址的所有位都是 1，即 255.255.255.255，数据接受方为本网络中所有主机。

（3）IP 地址 0.0.0.0

IP 地址 0.0.0.0（全零网络）表示整个网络，即网络中的所有主机。其作用是帮助路由器发送路由表中无法查询的包。

（4）IP 地址 169.254.x.y

该 IP 地址是自动分配的私有 IP 地址（Automatic Private IP Addressing，APIPA）。在 Windows 系统中，当 DHCP 客户端无法从 DHCP 服务器租用到 IP 地址时，他们会自动产生一个网络号为 169.254.×.× 的临时地址。用来与同一个网络内也是 169.254.x.y IP 地址的计算机通信。

2）私有 IP 地址

在 A、B、C 类地址中，RFC1918 定义了一些不允许在互联网中使用的私有地址。如果仅在公司内部的局域网内使用，则可以自行选用适合的私有地址，不需要申请。

（1）A 类地址：10.0.0.1 到 10.255.255.254，默认子网掩码为 255.0.0.0。

（2）B 类地址：172.16.0.1 到 172.31.255.254，默认子网掩码为 255.240.0.0。

（3）C 类地址：192.168.0.1 到 192.168.255.254。默认子网掩码为 255.255.0.0。

使用私有地址的计算机不能直接对外通信。如果需要进行网页浏览、收发邮件等操作，就必须通过 NAT（Network Address Translation，网络地址转换）技术等协助。

4. 子网掩码

子网掩码也是占用 32 位，当 IP 网络上两台主机在互相通信时，他们利用子网掩码来得知对方的网络 ID，进而得知彼此是否在相同网络内。

图 1-23 中为各类默认的子网掩码值，其中为 1 的位是用来算出网络 ID，为 0 的位是用来算出主机 ID，例如某台主机的 IP 地址为 192.168.1.33，转换为二进制值为 11000000.10101000.00000001.00100001，而子网掩码为 255.255.255.0，转换为二进制则是

类别	默认子网掩码(二进制)	默认子网掩码(十进制)
A	11111111 00000000 00000000 00000000	255.0.0.0
B	11111111 11111111 00000000 00000000	255.255.0.0
C	11111111 11111111 11111111 00000000	255.255.255.0

图 1-23　子网掩码

11111111.11111111.11111111.00000000。计算机网络 ID 的原则如下：

将 IP 地址与子网掩码相对应的位做 AND 逻辑运算(图 1-24)。

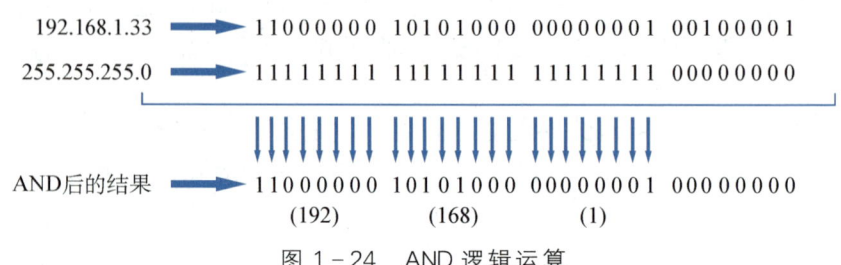

图 1-24　AND 逻辑运算

AND 逻辑运算中,IP 地址与子网掩码相应的位对比,全为 1 的结果为 1,否则结果为 0,将 AND 运算的结果转换成十进制就可以得出网络 ID,如图 1-24 中向下箭头的位。在 IP 地址中去除网络 ID 后,其余的部分就是主机 ID。

192.168.1.33 的网络 ID 就是 192.168.1(有向下箭头符号的部分)。若用 4 个字节来表示网络 ID 的话,其网络 ID 为 192.168.1.0,主机 ID 为 33。

若 A 主机 IP 地址为 192.168.1.33,子网掩码为 255.255.255.0, B 主机 IP 地址为 192.168.1.200,子网掩码为 255.255.255.0,则 A 主机与 B 主机的网络 ID 都是 192.168.1.0,表示它们都是在同一个网络内,可以互相通信,不需要经过路由器。

5. 默认网关

根据上节,我们了解到,若有一个主机 A 要与同一个网络内的主机 B 通信(因为网络 ID 相同),可直接将数据发送到主机 B;但若要与不同网络内的主机 C 通信的话(网络 ID 不同),就需要将数据发送给一个路由器,通过路由器发送给主机 C。一般主机若要通过路由器来转发数据的话,需要将其默认网关配置成路由器的 IP 地址即可。

1.4.3　设置和测试系统网络参数

对于 Windows Server 2008 而言,最主要的任务就是为网络上的用户提供各种服务,所以需要确保计算机能够正确接入网络,因此,一些基本的网络识别信息(计算机名和 IP 地址)成为了计算机之间通信的必备参数。

1. 设置计算机名

网络上的每一台计算机都应该有一个唯一的计算机名,同网络中不能重名。

【项目操作】设置计算机名为 Server1

1) 如图 1－25,点击"开始"键,选择"计算机",右键单击"属性"。

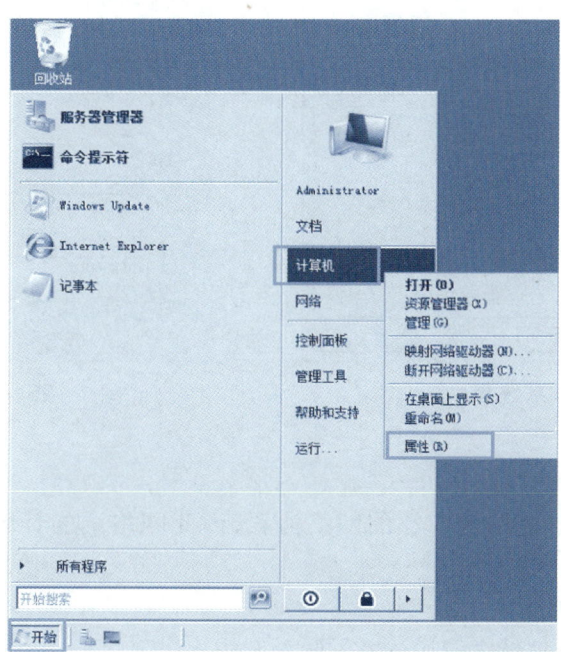

图 1－25　进入"系统"窗口

2) 在图 1－26 中,单击"改变设置"。

图 1－26　"系统"界面

3) 在图 1－27 的"系统属性"对话框中可看到当前的计算机名,单击"更改"按钮。

4) 在图 1－28 的"计算机名"处可更改计算机名,更改后需要重新启动计算机才能生效。

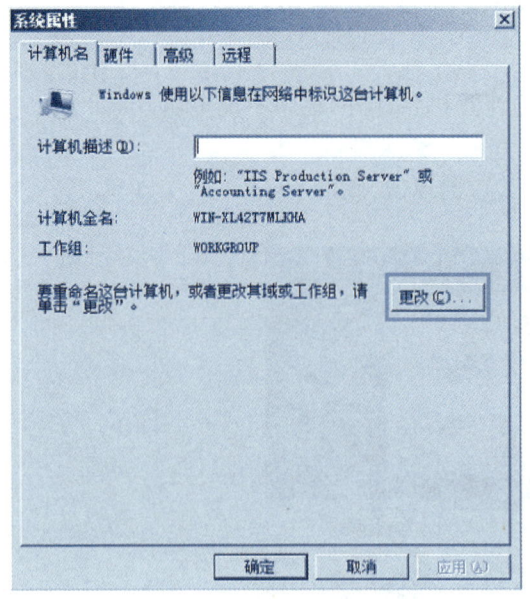

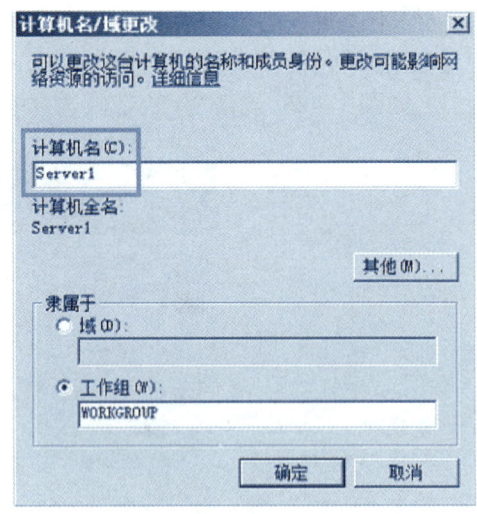

图 1-27　系统属性　　　　　　　　　　图 1-28　更改计算机名

2. 设置 TCP/IP

TCP/IP 协议是目前使用最广泛的网络协议,因此网络上的计算机都应该设置正确的 TCP/IP 参数。

1) 如何获得 IP 地址

每台计算机获得 IP 地址主要通过以下两种方法。

(1) 用户手动设置 IP 地址

此方法在小型网络中可行而且稳定,但是在大中型网络中会增加网络管理员的工作负担,同时增加 IP 地址设置出错的概率以及 IP 地址管理的复杂性。此方法较适合用于计算机数量较少,且用户具有一定的网络基本知识的场合。

(2) 自动获取 IP 地址

为了避免手动设置 IP 地址的缺陷,Windows Server 2008 系统安装完成后会默认自动获取 IP 地址,客户端会向网络上的 DHCP 服务器发送租用 IP 地址的请求,然后通过 DHCP 服务器提供的 IP 地址进行设置。大多企业网络都是使用这种方法,可以减轻网络管理员的负担和 IP 地址设置的错误率。

2) 设置 IP 地址

【项目操作】为计算机 IP 地址设置为 192.168.0.100,子网掩码为 255.255.255.0

方法一:单击"开始",然后单击"控制面板"。

执行下列操作之一:

如果使用"控制面板主页"视图,请在"网络和 Internet"部分下单击"查看网络状态和任务"。如图 1-29,并在图 1-30 中单击"查看状态"按钮。

如果使用"经典视图",如图 1-31,请双击"网络和共享中心"。并在图 1-32 中单击"查看状态"按钮。

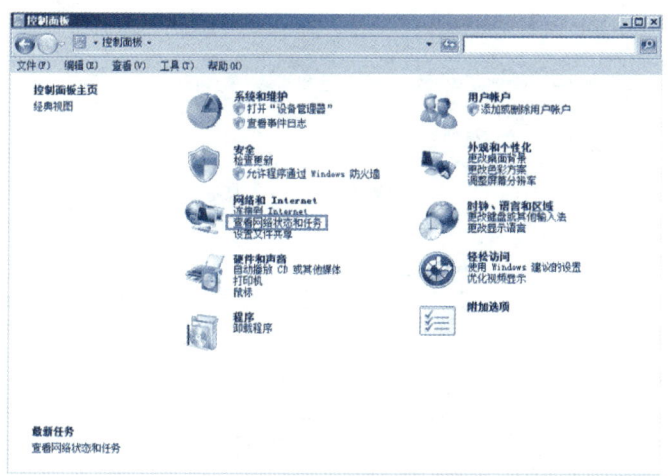

图 1-29 控制面板主页视图

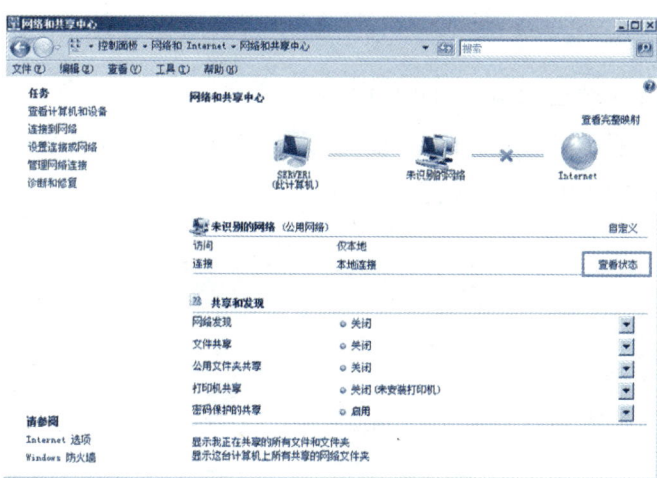

图 1-30 网络和共享中心

图 1-31 控制面板经典视图

图 1-32　网络和共享中心

方法二:使用通知区域启动网络和共享中心。

右键单击任务栏通知区域中的"网络"图标(),选择"网络和共享中心"。

在图 1-33 中单击"查看状态"按钮。

图 1-33　网络和共享中心

在图 1-34 的"本地连接 状态"对话框中单击"属性"按钮,在打开的"本地连接 属性"对话框中选择"Internet 协议版本 4(TCP/IPv4)",再单击"属性"按钮。

在图 1-35 中如果选择了"自动获取 IP 地址"单选框,计算机就将通过自动设置 IP 地址的方式进行设置;如果选择了"使用下面的 IP 地址"单选框,则需要填写 IP 地址、子网掩码、默认网关和 DNS 服务器地址等参数。

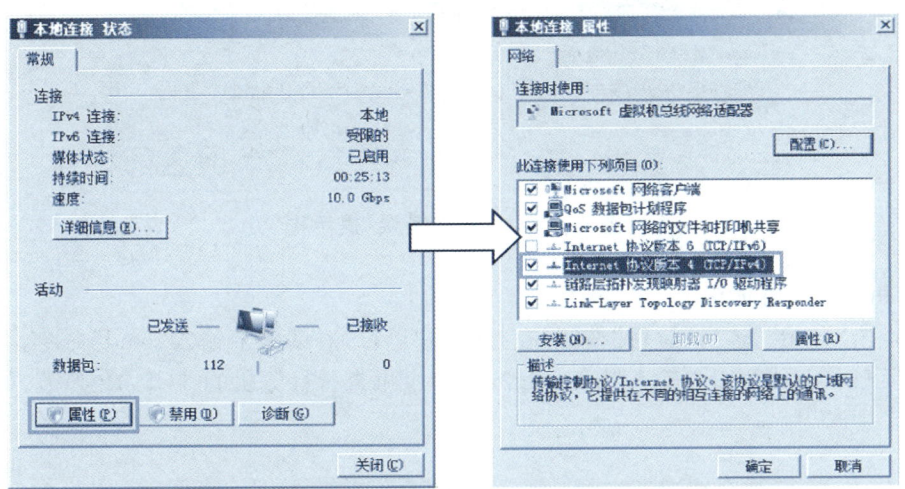

图 1-34 选择 TCP/IPv4

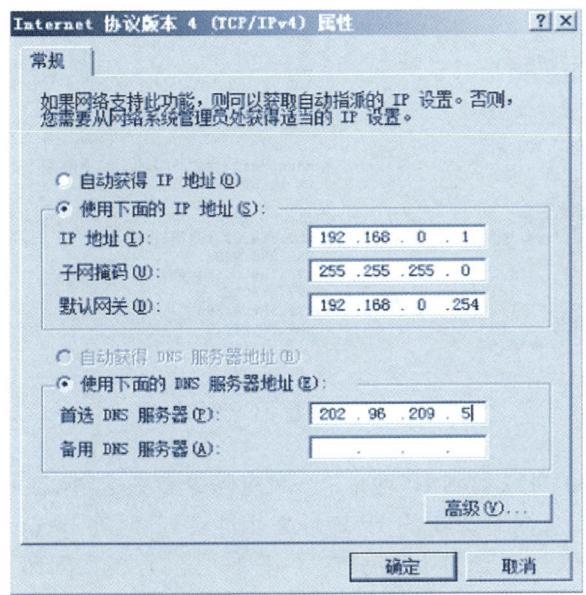

图 1-35 设置 IP 地址

3. 检查 TCP/IP 设置是否正确

无论是自动设置还是手动设置 TCP/IP 参数,有时也会遇到常见的 IP 地址冲突问题。在同一网络中 IP 地址应该确保唯一,如出现 IP 冲突等问题,会导致用户无法登录网络。可通过以下几种方法来判断是否 IP 地址发生冲突。

1) 依据"网络错误"对话框

如果设置的 IP 地址发生冲突,则系统弹出图 1-36 所示的"网络错误"提示框,用户通过它可知道 IP 地址发生了错误并可进行修改。

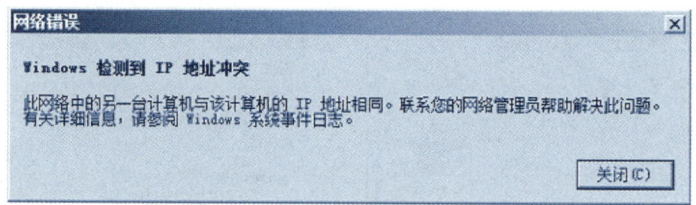

图 1-36　"网络错误"提示框

2）利用 ipconfig 命令

通过点击"开始"，选择"运行"按钮，在打开的"运行"对话框中输入"cmd"命令，可打开"命令提示符"窗口，在此窗口中输入"ipconfig/all"命令可查看计算机的 TCP/IP 参数，如图 1-37 所示。

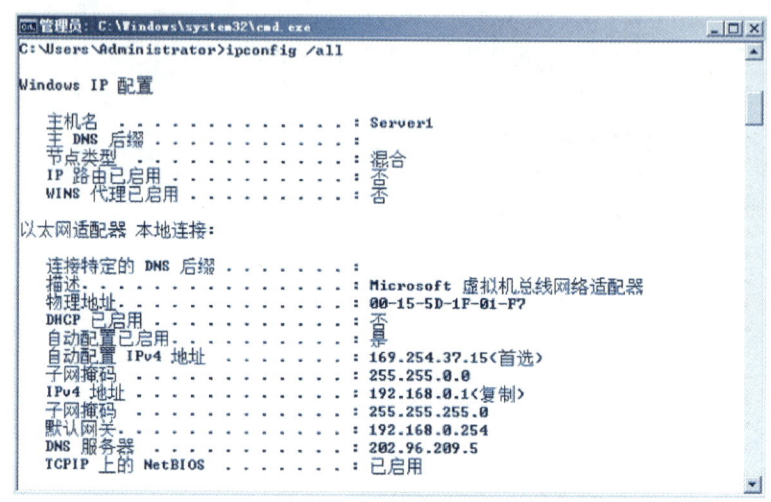

图 1-37　查看 TCP/IP 设置

如图 1-37 用户除了可以看到 IP 地址、子网掩码等参数之外，还可看到此计算机的网络硬件地址（MAC 地址）。如果计算机的 IP 地址发生冲突，此时在 ipconfig 命令中 IP 地址和子网掩码都由系统自动分配，IP 地址将被分配一个 169.254.0.0 网段的地址，而子网掩码为 255.255.255.0，而发生冲突的地址将被标注为"复制"，如图 1-36 所示。

3）通过"本地连接"对话框的"详细信息"检查

通过点击通知区域启动"网络和共享中心"，"查看状态"打开"本地连接"对话框，单击"详细信息"按钮将显示如图 1-38 所示的对话框，从此对话框中可判断 IP 地址的冲突现象。

1.4.4　微软管理控制台

Windows Server 2008 提供了许多管理工具，用户在使用管理工具时需要分别去打开，为了用户能更加快捷地打开这些工具，微软提供了微软管理控制台（Microsoft Manager Console，MMC）。通过微软管理控制台，用户可定制个性化的管理工具集中到一个控制窗口，提高使用速度和工作效率。

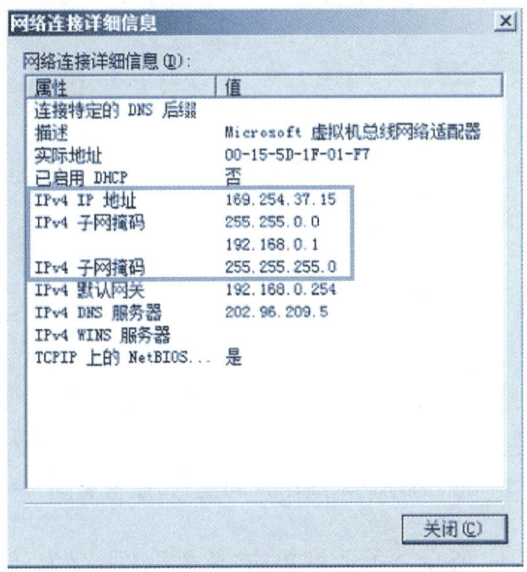

图 1-38　查看冲突的 IP 地址设置

【项目操作】在 MMC 中添加"本地用户和组"和"磁盘管理"两个工具。

1）选择"开始","运行"命令,输入"mmc"命令,确定后将打开如图 1-39 所示的控制台窗口。

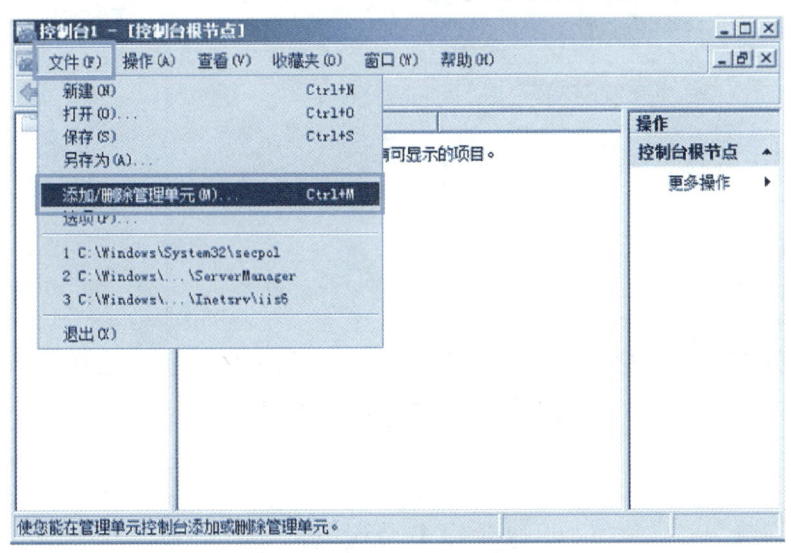

图 1-39　"控制台"窗口

2）在图 1-39 的"控制台"窗口中选择"文件","添加/删除管理单元"命令,选择"本地用户和组"单元,单击"添加"按钮;选择"磁盘管理"单元,单击"添加"按钮。如图 1-40。

3）选择"确定"后自动返回"控制台"窗口,此时可看到"本地用户和组"和"磁盘管理"单元

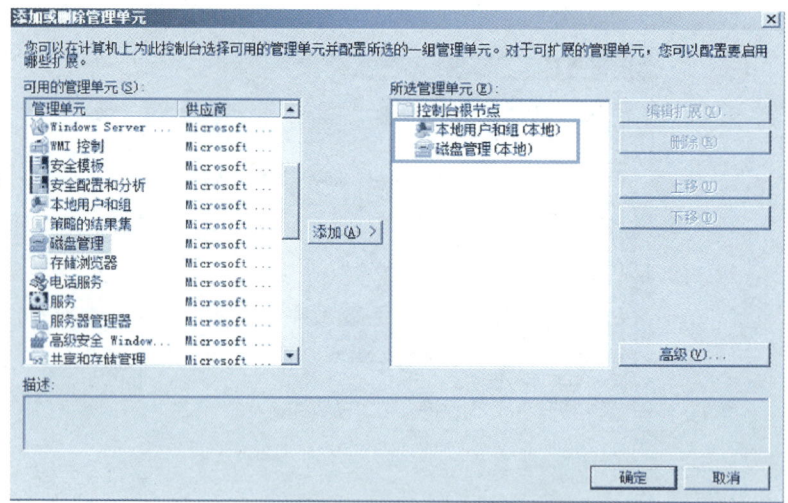

图 1-40　添加"本地用户和组","磁盘管理"单元

已经被添加进来,如图 1-41 所示。可通过单击"文件","另存为"的操作将此 MMC 保存起来,以便用户以后可直接双击此文件打开自定义的 MMC。

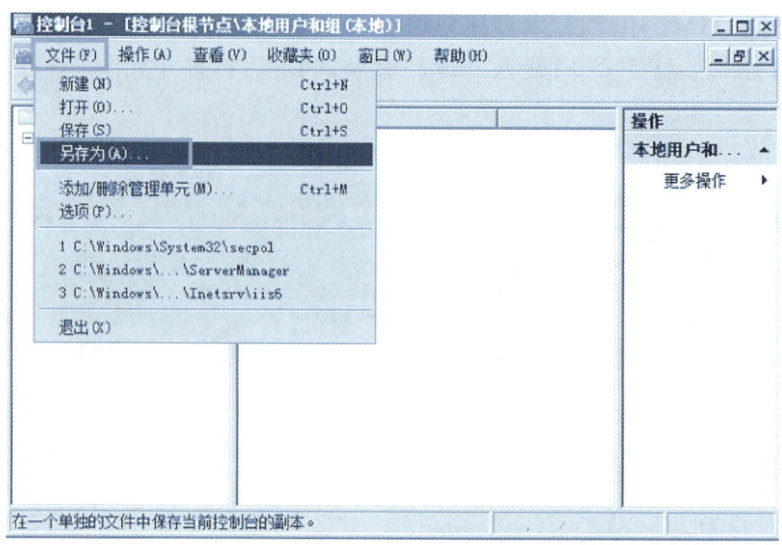

图 1-41　另存为"控制台"

项　目　小　结

通过本项目的学习,读者应当了解 Windows Server 2008 的特点与新功能,掌握 Windows Server 2008 的安装方法和 Windows Server 2008 的基本设置,为后续 Windows Server 2008 的学习打下基础。

项目思考与操作

1. 通过 Windows Server 2008 安装光盘安装 Windows Server 2008 操作系统。
2. 设置计算机的 IP 地址,利用命令查看 TCP/IP 参数和测试计算机能否通信。
3. 将 2 台计算机 IP 地址设置为冲突,使用本章所介绍的方法查看并验证冲突现象。
4. 在微软管理控制台中添加"计算机管理"和"共享文件夹"这两个管理单元。

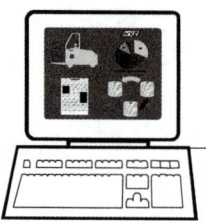

项目 2

Windows Server 2008 磁盘管理与应用

2.1 项 目 描 述

对于企业而言,数据是极其重要的。对于数据的读取、存储的速度以及安全性也是重中之重。中大型企业重视数据存储,购置昂贵的设备以保障较高的访问速度和安全性。在此项目中,主要介绍借助 Windows Server 2008 的动态磁盘,如图 2-1 所示,帮助管理员加强对数据存储的速度和安全管理。

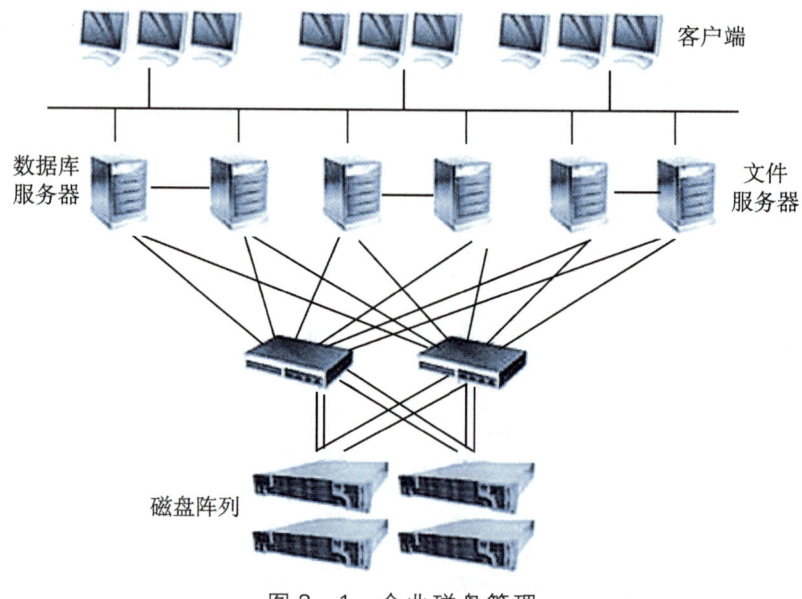

图 2-1 企业磁盘管理

2.2　项目分析

磁盘管理是计算机系统管理的一项重要内容,除了在安装 Windows Server 2008 的过程中需要配置磁盘外,在使用计算机过程中经常要进行磁盘管理。如新建分区、删除磁盘分区、更改驱动器号和路径、清理磁盘等。

小王是一家小型企业的运维工程师,需负责企业服务器的磁盘管理且确保数据的安全性,但由于企业经费不足,无法购买较高端的硬件设备,小王通过使用 Windows Server 2008,就可以使用内建的磁盘管理功能升级到 RAID 0、RAID 1 和 RAID 5 等阵列(Windows 下称为软 RAID),也可以通过将基本磁盘升级为动态磁盘,使空间分配更加灵活。

2.3　基础知识准备

2.3.1　基本磁盘和基本卷

基本磁盘是包含主分区、扩展分区或逻辑驱动器的物理磁盘。基本磁盘上的分区和逻辑驱动器称为基本卷。只能在基本磁盘上创建基本卷。在使用基本磁盘时,每个磁盘可以创建 4 个主分区或 3 个主分区和 1 个扩展分区。

可在基本磁盘上创建的分区个数取决于磁盘的分区形式,具体情况如下。

对于主启动记录(Master Boot Record, MBR)磁盘,可以最多创建 4 个主分区,或最多 3 个主分区加上 1 个扩展分区。在扩展分区内,可以创建多个逻辑驱动器。

对于 GUID(Globally Unique Identifier,全球唯一标识符)分区表(GPT)磁盘,最多可创建 128 个主分区。由于 GPT 磁盘并不限制 4 个分区,因而不必创建扩展分区或逻辑驱动器。

可以向现有的主分区和逻辑驱动器添加更多空间,方法是在同一磁盘上将原有的主分区和逻辑驱动器扩展到邻近的连续未分配空间。要扩展基本卷,必须将其格式化为 NTFS 文件系统。可以在包含连续可用空间的扩展分区内扩展逻辑驱动器。如果要扩展的逻辑驱动器大小超过了扩展分区内的可用空间大小,只要存在足够的连续未分配空间,扩展分区就会增大直到能够包含逻辑驱动器的大小。

2.3.2　动态磁盘和动态卷

动态磁盘是从 Windows 2000 时代开始的新特性,Windows Server 2008 继续使用了该特性。动态磁盘提供了基本磁盘不具备的一些特性,例如创建可跨越多个磁盘的卷(跨区卷和带区卷)和创建具有容错能力的卷(镜像卷和 RAID-5 卷)的能力。动态磁盘上的所有卷都是动态卷。

1. 简单卷

简单卷由单个物理磁盘上的磁盘空间组成,可以被扩展到同一磁盘的多个区域(最多 32 个区域)。简单卷不能提供容错功能。简单卷支持 FAT、FAT32、NTFS 文件系统。

其特点包括:包含单一磁盘上或者硬件阵列卷的磁盘空间;类似基本磁盘的基本卷;只有一个磁盘时只能创建简单卷;无大小和数量的限制;可扩容,可被扩展。

2. 跨区卷

跨区卷是由多个物理磁盘上的磁盘空间组成的卷,因此至少需要两个动态磁盘才能创建跨区卷。当将数据写到一个跨区卷时,系统将首先填满第一个磁盘上的扩展卷部分,然后将剩余部分数据写到该卷的下一个磁盘。如果跨区卷中的某个磁盘发生故障,则存储在该磁盘上的所有数据都将丢失。跨区卷只能在使用 NTFS 文件系统的动态磁盘中创建。

其特点包括:非容错磁盘,使用系统中多磁盘的可用空间;至少需要两块硬盘上的存储空间;最多支持 32 个硬盘;每块硬盘可以提供不同的磁盘空间;可以随时扩展容量(NTFS);无法被镜像。

3. 带区卷(RAID 0)

带区卷可以将两个或多个物理磁盘上的可用空间区域合并到一个卷上。当数据写入到带区卷时,他们被分割为 64 KB 的块并相等地传输到阵列中的所有磁盘。带区卷可以同时对构成带区卷的所有磁盘进行读、写数据的操作。使用带区卷可以充分改善访问硬盘的速度。但带区卷不提供容错功能,如果包含带区卷的其中一块硬盘出现故障,则整个卷将无法工作。

其特点包括:非容错磁盘(RAID 0)在系统中的多个磁盘中分布数据;至少需要两块硬盘;最大支持 32 个硬盘;将数据分成 64 KB 的"块"。

4. 镜像卷(RAID 1)

镜像卷是一个简单卷的两个相同拷贝,存储在不同的硬盘上。镜像卷提供了在硬盘发生故障时的容错功能。容错就是在硬件出现故障时,计算机或操作系统确保数据完整性的能力。通常为了防止数据丢失,管理员可以创建一个镜像卷。

其特点包括:容错磁盘(RAID 1),把数据从一个磁盘向另一个磁盘做镜像;每块磁盘提供相同大小的空间;磁盘空间利用率为 50%;无法提高性能。

5. RAID 5 卷

RAID 5 卷是包含数据和奇偶校验跨越 3 个或更多物理磁盘的容错卷。分别在每个磁盘上添加一个奇偶校验带区。奇偶校验是指在向包含冗余信息的数据流中添加的数学技术,允许在数据流的一部分已损坏或丢失时重建该数据流。RAID 5 卷至少需要 3 块硬盘。

RAID 5 又被称为"廉价磁盘冗余阵列"或"独立磁盘的冗余阵列"。

其特点包括:至少需要 3 块硬盘,最大支持 32 个硬盘;每块硬盘必须提供相同的磁盘空间;提供容错,提高读写性能;空间利用率为 $(n-1)/n$(n 为磁盘数量)。

2.3.3 分区类型

分区类型是指磁盘上的分区和卷的组织形式。在 Windows Server 2008 中为用户提供了两种分区类型,即 MBR(主启动记录)分区样式和 GPT(GUID)分区样式。

1. MBR 磁盘

MBR 是硬盘上的主引导记录。硬盘的 0 磁道的第一个扇区称为 MBR,它的大小是 512 B,而这个区域可以分为两个部分。第一部分为 Pre-boot(预启动区),占 446 B;第二部分是 Partition table 区(分区表区),占 64 B,该区作用是判断哪个分区被标记为活动分区,然后去读取该分区的启动区,并运行该区中的代码。

传统的主启动记录磁盘分区支持最大卷为 2 TB,每个磁盘最多有 4 个主分区(或者 3 个主分区,1 个扩展分区和无限制的逻辑驱动器)。

2. GPT 磁盘

GUID 分区表格式(Globally Unique Identifier Partition Table Format, GPT),是一种基于 Itanium 计算机中的可扩展固件接口(EFI)使用的磁盘分区架构。

与 MBR 分区类型相比,GPT 具有更多优点,因为它允许每个磁盘有多达 128 个分区,支持高达 18 千兆兆字节的卷大小,允许将主磁盘分区表和备份磁盘分区表用于冗余,还支持唯一的磁盘和分区 ID(GUID)。

2.4 项目实施——磁盘管理

2.4.1 创建基本磁盘

小王是一家小型企业的运行维护工程师,负责企业服务器的磁盘管理,需根据公司需要对磁盘进行分区。

【项目操作】对一个 10 GB 容量的磁盘进行分区,分区需求见表 2-1。

表 2-1 分区类型和容量

分 区 类 型	容量	文件系统
主磁盘分区(活动)	4 GB	NTFS
扩展磁盘分区	3 GB	NTFS
逻辑分区	3 GB	NTFS

(1) 创建主磁盘分区
1) 通过"开始"→"管理工具"→"计算机管理"→"存储"→"磁盘管理"选项打开"磁盘管

理"窗口(或"开始"→"运行"→"diskmgmt. msc"),如图2-2所示。

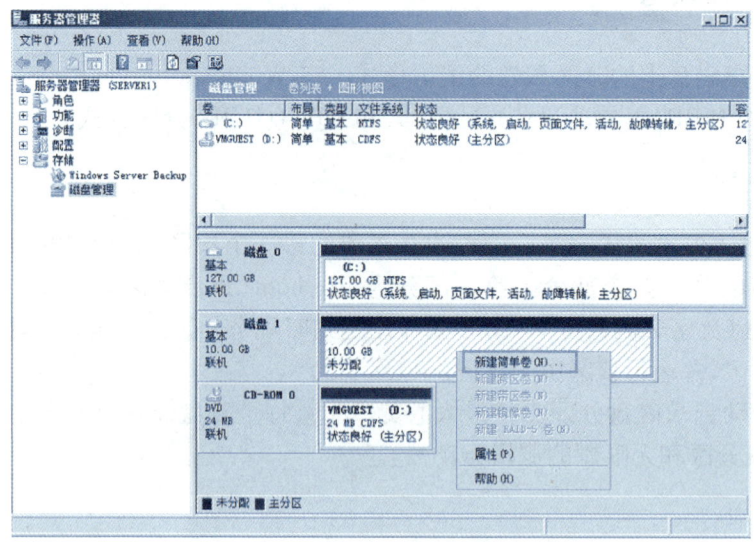

图2-2 选择"新建简单卷"选项

2) 在打开的"新建简单卷"向导单击"下一步"按钮,将显示图2-3所示"指定卷大小"对话框,输入数值后单击"下一步"按钮。

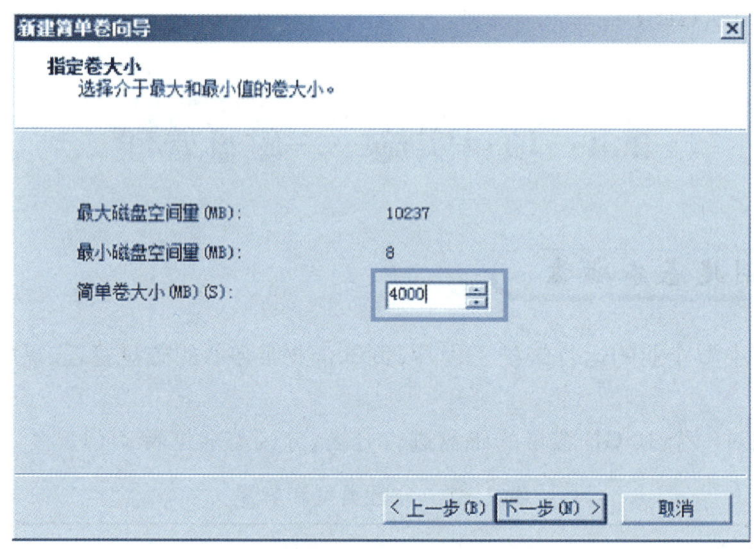

图2-3 指定简单卷大小

3) 在图2-4中选择驱动器号,此图中的3个单选项作用如下。

● 分配以下驱动器号:表示系统为此分区分配的驱动器号,按26个字母顺序分配。

● 装入以下空白NTFS文件夹中:此选可以突破只有26个字母可选的状况利用一个空的文件夹代表磁盘分区。

● 不分配驱动器号或驱动器路径:之后再进行指定。

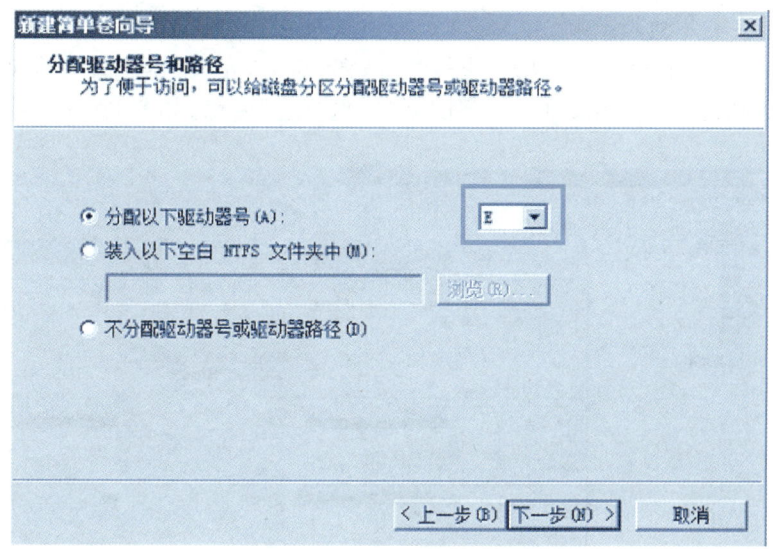

图 2-4　分配驱动器号路径

4）在图 2-5 中选择格式化方式和文件系统类型，其中一些设置作用如下。

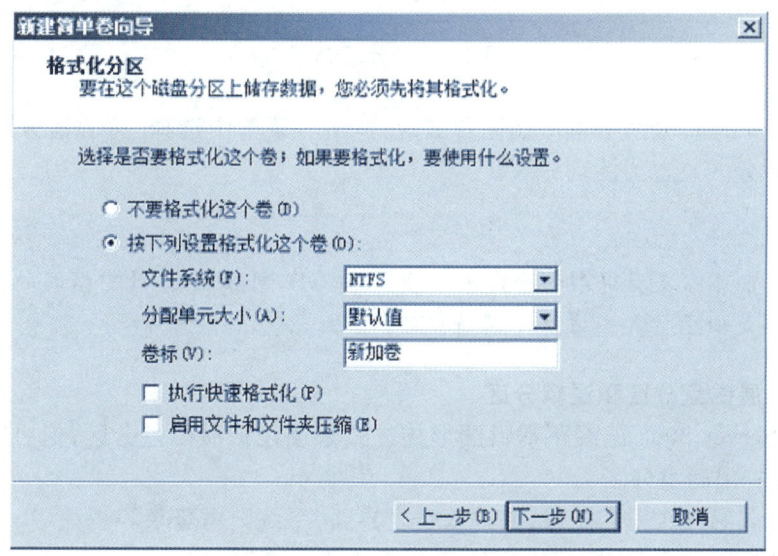

图 2-5　格式化分区

- 文件系统：可选择将磁盘分区格式化为 FAT、FAT32 或 NTFS 文件系统。
- 分配单元大小：分配单元是磁盘的最小访问单位（也就是"簇"），分配单元太大会影响磁盘容量的利用率，而分配单元太小会影响系统的读写效率。此处一般情况默认即可。
- 卷标：为此分区设置一个名称。
- 执行快速格式化：此方法只是重新创建分区表，但不会对磁盘进行检查，因此速度很快，只有确定磁盘内没有坏的扇区才可用此方法。

- 启用文件和文件夹压缩：可将此分区设置为压缩磁盘，以提高磁盘容量的利用率，但磁盘的读写效率会受到影响。

5）完成图 2-5 中的设置后，单击"下一步"按钮，点击"完成"新建简单卷向导。

6）系统完成该磁盘分区格式化后，将回到"磁盘管理"窗口，如图 2-6 所示。

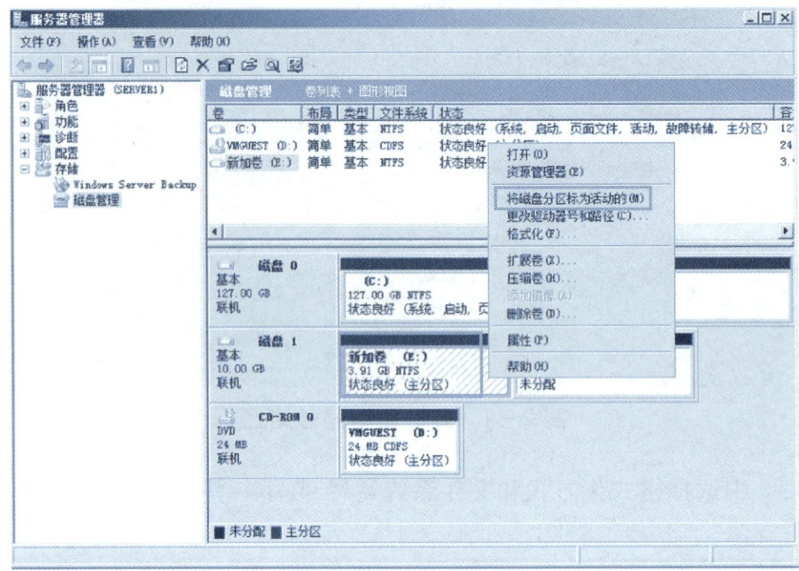

图 2-6　分区结果

7）在图 2-6 的 E 分区中单击鼠标右击，在弹出的菜单中选择"将磁盘分区标为活动的"命令就可以将此分区设置为活动分区。

> **提示：**
>
> 在图 2-6 中可以发现得到的分区大小为 3.91 GB，同在图 2-3 中填写的分区大小的数值有些差异，这是由于计算的方法不同造成的。

(2) 创建扩展磁盘分区和逻辑分区

Windows Server 2008 已经不提供图形化方式来创建扩展磁盘分区，但可以用 Diskpart. exe 命令来创建扩展磁盘分区。

(1) 系统进入第二次重启阶段，并进入登录界面，系统则可登录。

1）通过"开始"→"命令提示符"命令打开"命令提示符"窗口。

2）在"命令提示符"窗口中输入 diskpart 命令后按〈Enter〉键。

3）输入 select disk 1 命令后按〈Enter〉键来选择"磁盘 1"。

4）再输入 create partition extended size＝3000 命令后按〈Enter〉键，就可在选定的"磁盘 1"上创建一个大小为 3 GB 的扩展磁盘分区，如图 2-7 所示。

5）扩展磁盘分区无法直接使用，必须在扩展磁盘分区上划分逻辑分区才可使用。因此在图 2-8 中鼠标右键单击刚才创建的扩展磁盘分区，在菜单中选择"新建简单卷"命令。

6）根据"新建简单卷"创建一个 3 GB 的逻辑分区，完成后如图 2-9 所示。

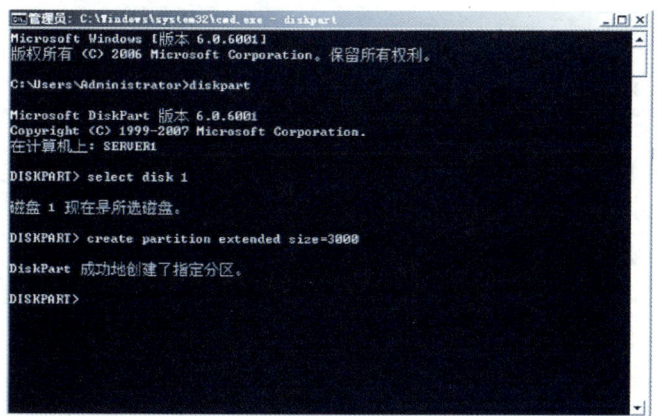

图 2-7　创建扩展磁盘分区

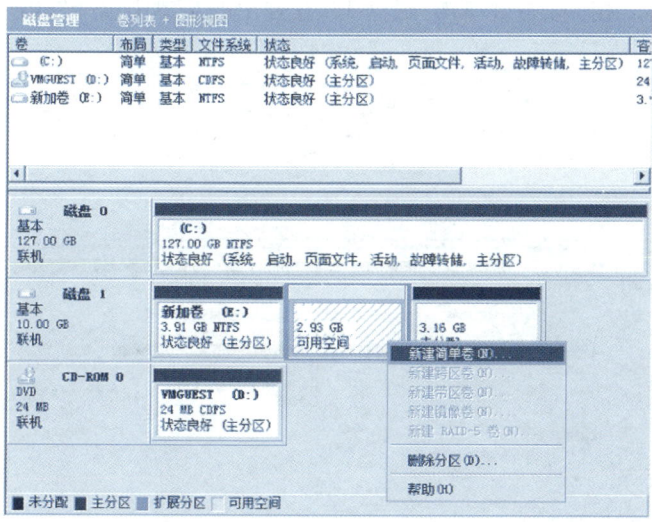

图 2-8　创建逻辑分区

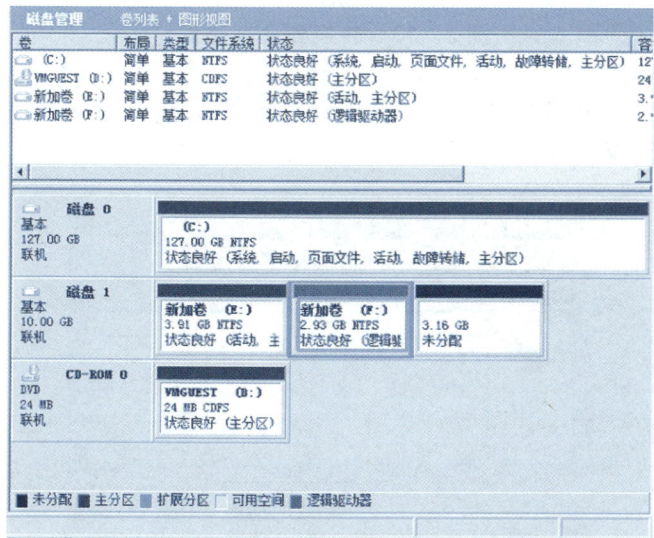

图 2-9　逻辑分区

2.4.2　基本磁盘转换为动态磁盘

　　小王考虑到企业数据的扩展性和安全性,准备把基本磁盘转换为动态磁盘。动态磁盘有以下几种类型:简单卷、跨区卷、带区卷、镜像卷和 RAID-5 卷。

　　【项目操作】将"磁盘 1"从基本磁盘转换为动态磁盘。

　　转换前需要注意事项如下:

- 转换前应当关闭正在运行的应用程序。
- 转换完成后,磁盘内将不再会有基本卷。
- 转换完成后,无法直接再转回基本磁盘。
- 若硬盘上装了多个操作系统,请不要转换,否则会造成其他系统无法启动。

　　1) 在图 2-10 中,用鼠标右键单击"磁盘 1",在弹出的菜单中选择"转换到动态磁盘"命令。

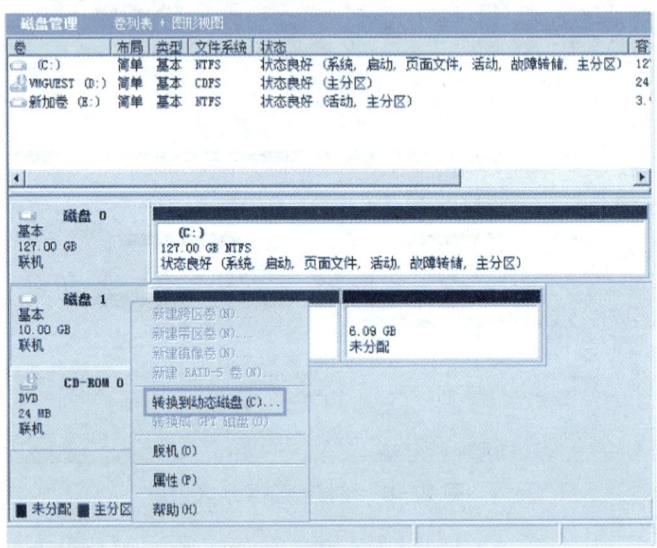

图 2-10　转换到动态磁盘

　　2) 如图 2-11 所示,选择确认所要转换的基本磁盘,此时还可选择同时需要转换的其他基本磁盘,磁盘选择完成后单击"确定"按钮。

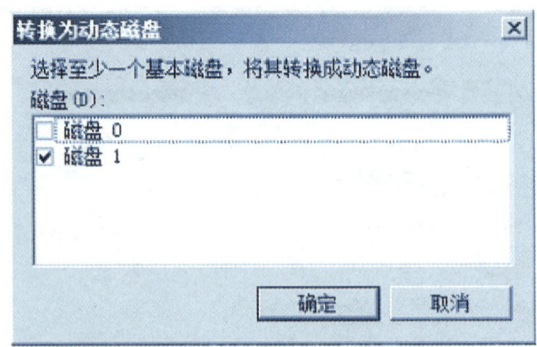

图 2-11　选择要转换的磁盘

3）如图 2-12 中单击"转换"按钮，此时将弹出一个提示框，直接单击"是"按钮即可。转换完成后的结果如图 2-13 所示，此时可看出原先的主磁盘分区已转换成了简单卷。

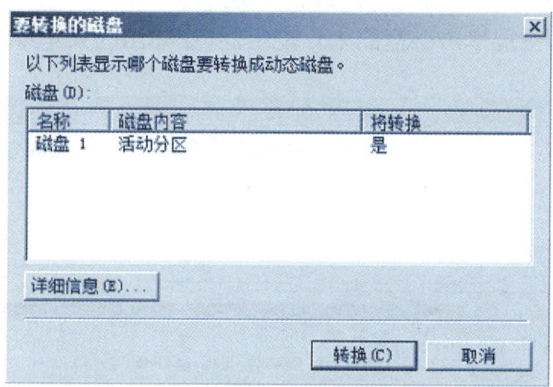

图 2-12　确定转换

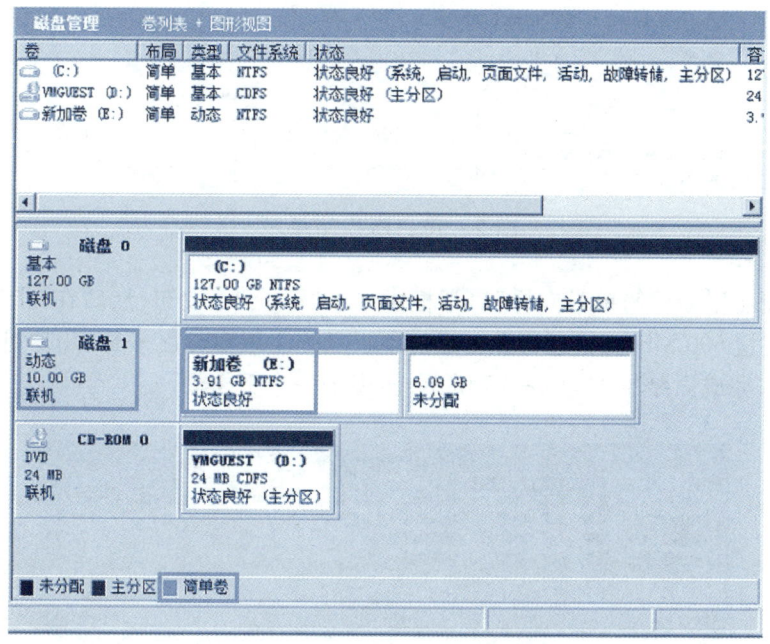

图 2-13　转换到动态磁盘

2.4.3　创建简单卷

【项目操作】创建简单卷和扩展简单卷，要求："磁盘 1"已有一个 4000 MB 容量的简单卷 E，再创建一个容量为 500 MB 的简单卷 F，使"磁盘 1"拥有两个简单卷，然后再从未分配的空间中划分出一个 1000 MB 容量的空间添加到简单卷 E 中，使简单卷 E 的容量扩展到 5000 MB。

创建和扩展简单卷的注意事项如下：

● 简单卷可以是 FAT、FAT32 或 NTFS 文件系统，但若要扩展简单卷就必须使用 NTFS

文件系统。

● 系统卷和引导卷无法被扩展。

● 扩展的空间可以是同一块磁盘上连续或不连续空间。

1）如图2-14所示，右键单击磁盘的未分配空间，在弹出的菜单中选择"新建简单卷"命令。

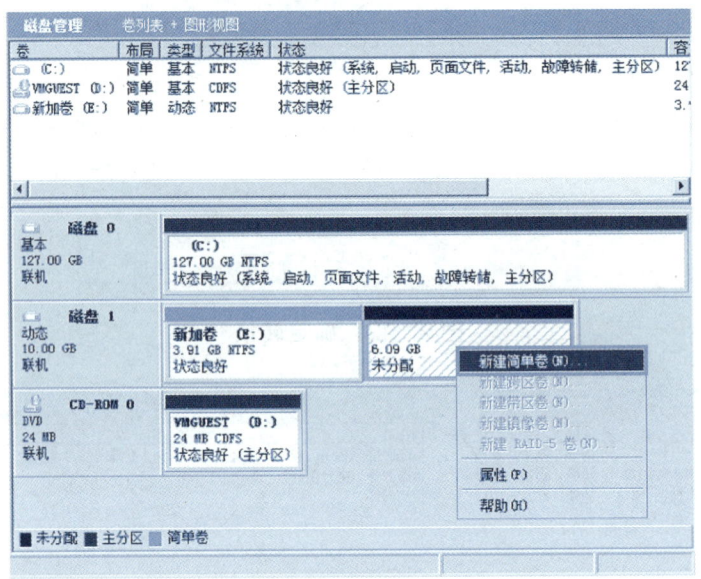

图2-14　新建简单卷

2）在"欢迎使用新建简单卷向导"对话框中单击"下一步"按钮，然后在"指定卷大小"对话框创建简单卷容量500 MB，因为过程和创建基本磁盘的主磁盘分区一样，用户可参考图2-3～图2-5的过程，完成后结果如图2-15所示，出现了一个F卷。

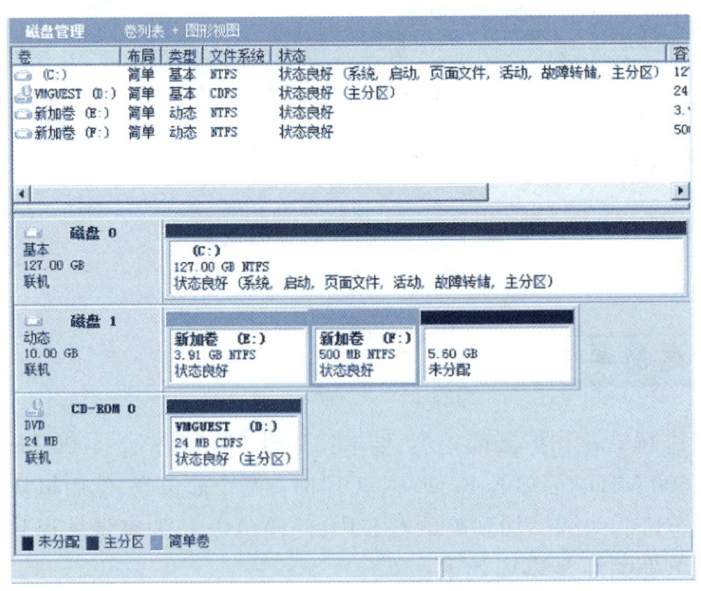

图2-15　简单卷F

3）如图 2-16 所示，右键单击简单卷 E，在弹出的菜单中选择"扩展卷"命令。

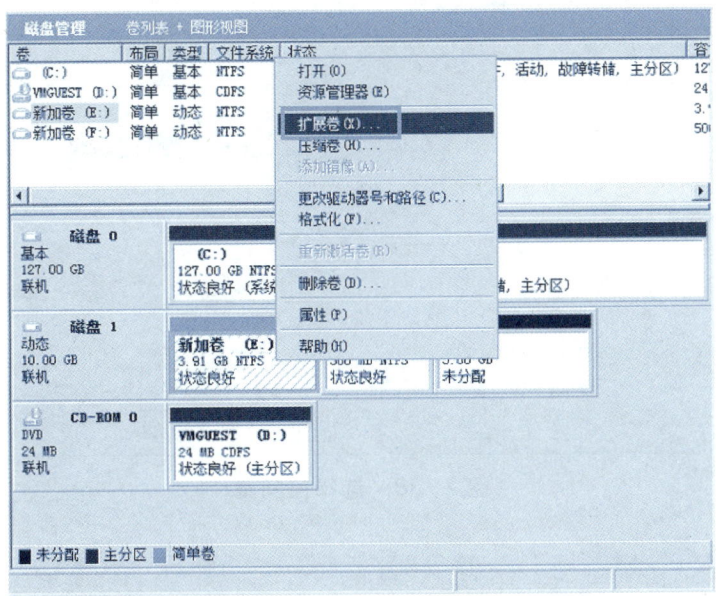

图 2-16　扩展简单卷 E

4）在"欢迎使用扩展卷向导"对话框中单击"下一步"按钮。如图 2-17。

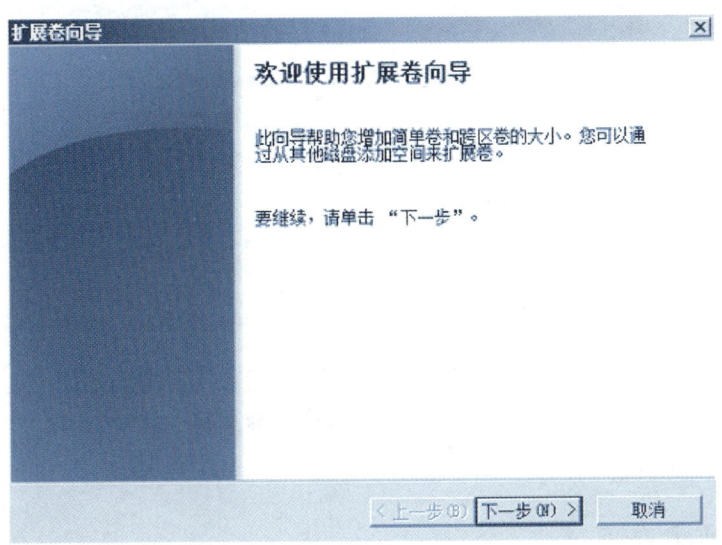

图 2-17　使用扩展卷向导

5）如图 2-18 所示，在"选择空间量"文本框中输入扩展空间容量 1000 MB，然后单击"下一步"按钮。

6）扩展完成后的结果如图 2-19 所示，可看出整个简单卷 E 在磁盘的物理空间上是不连续的两个部分，总的容量为 5000 MB 左右。

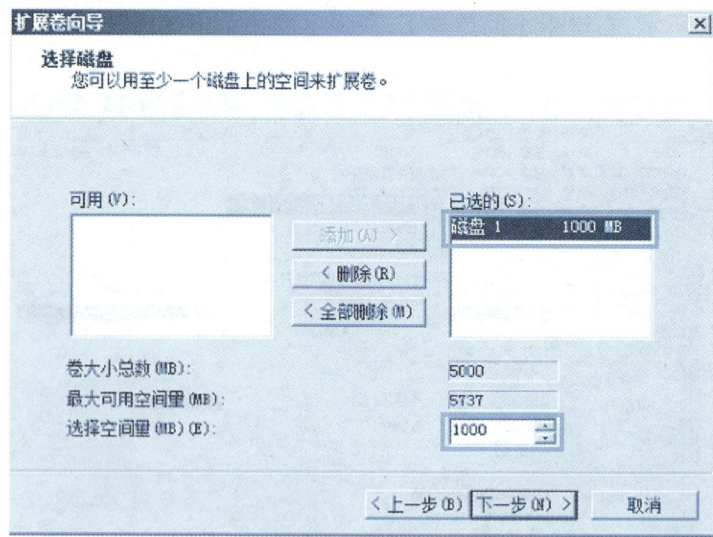

图 2 - 18　选择空间量

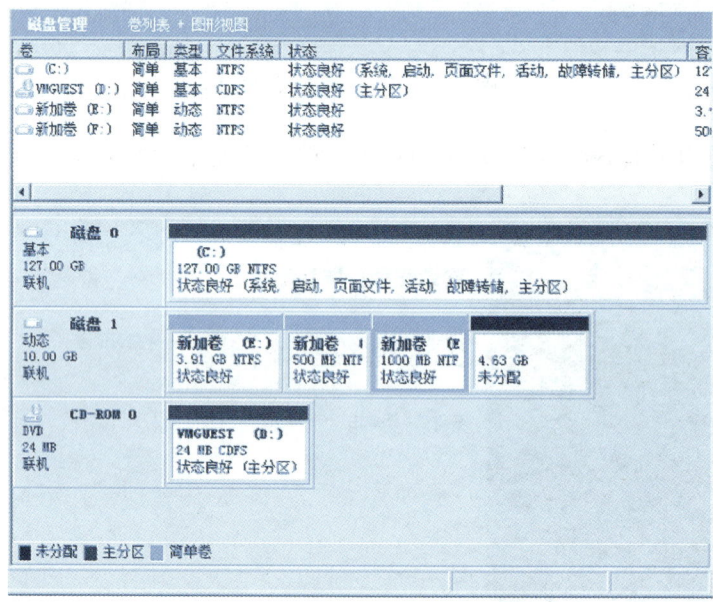

图 2 - 19　扩展容量后的简单卷 E

2.4.4　创建跨区卷

【项目操作】创建跨区卷,在"磁盘 1"中取一个 500 MB 的空间,在"磁盘 2"中取一个 1000 MB 的空间,创建一个容量为 1500 MB 的跨区卷 E。

创建跨区卷前需注意事项如下:

- 可以在 2~32 块磁盘上创建跨区卷。
- 组成跨区卷的空间容量可以不同。

- 跨区卷不能包含系统卷和引导卷。
- 跨区卷可以是 FAT、FAT32 或 NTFS 文件系统,但若要扩展跨区卷就必须使用 NTFS 文件系统。
- 一个跨区卷的所有成员被视为一个整体,无法将其中的一个成员独立出来,除非将整个跨区卷删除。

1) 如图 2 - 20 所示,右键单击"磁盘 1"的未分配区,在弹出的菜单中选择"新建跨区卷"命令。

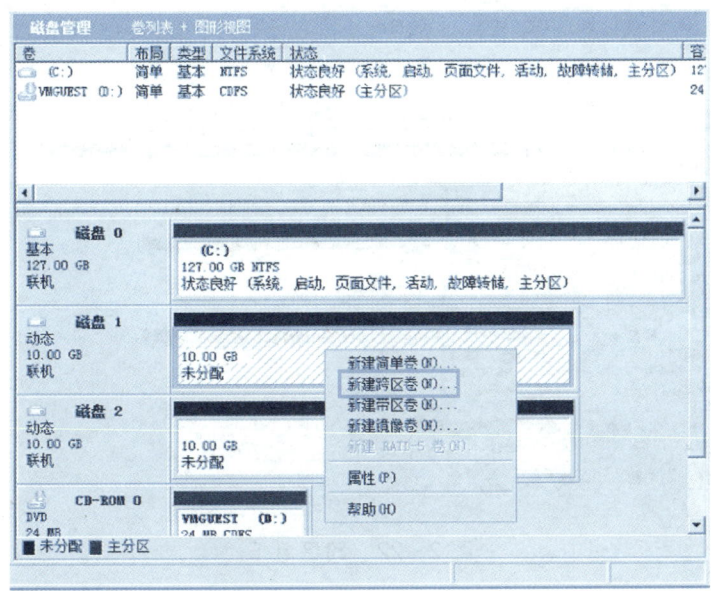

图 2 - 20　新建跨区卷 E

2) 在"欢迎使用新建跨区卷向导"对话框中单击"下一步"按钮。

3) 在图 2 - 21 中,使用"添加"按钮选择"磁盘 1"和"磁盘 2",分别选择这两块磁盘并在"选

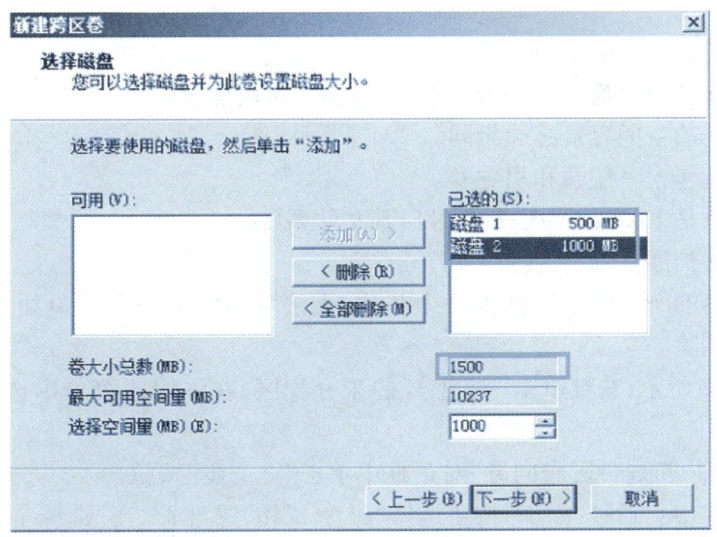

图 2 - 21　设置跨区卷容量

择空间量"中设置容量大小 500 MB 和 1000 MB,设置完成后可在"卷大小总数"中看到总容量为 1500 MB,单击"下一步"按钮。

4) 设置驱动器号和确定格式化的文件系统后,如图 2-22 所示,可看到跨区卷 E 的物理空间分别在"磁盘 1"和"磁盘 2"上,但用户使用时看到的是一个容量为 1500 MB 的分区。

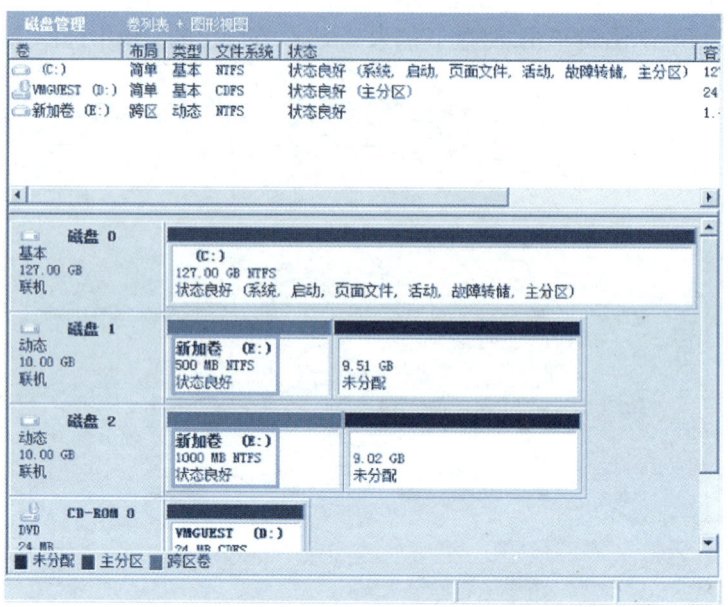

图 2-22　跨区卷 E

2.4.5　创建带区卷

【项目操作】创建带区卷,利用"磁盘 1"和"磁盘 2"上的未分配空间创建一个容量为 2000 MB 的带区卷 F。

创建带区卷前的注意事项如下:

● 可以在 2~32 块磁盘上创建带区卷,至少需要两块磁盘。
● 组成带区卷的空间容量必须相同。
● 带区卷不能包含系统卷和引导卷。
● 带区卷可以是 FAT、FAT32 或 NTFS 文件系统。
● 带区卷无法扩展。
● 一个带区卷的所有成员被视为一个整体,无法将其中的一个成员独立出来,除非将整个带区卷删除。

1) 如图 2-23 所示,右键单击"磁盘 1"的未分配区,在弹出的菜单中选择"新建带区卷"命令。

2) 在"欢迎使用新建带区卷向导"对话框中单击"下一步"按钮。

3) 在图 2-24 中。通过"添加"按钮选择"磁盘 1"和"磁盘 2",在"选择空间量"中设置容量大小 1000 MB,设置完后可在"卷大小总数"中看到总容量为 2000 MB,单击"下一步"按钮。

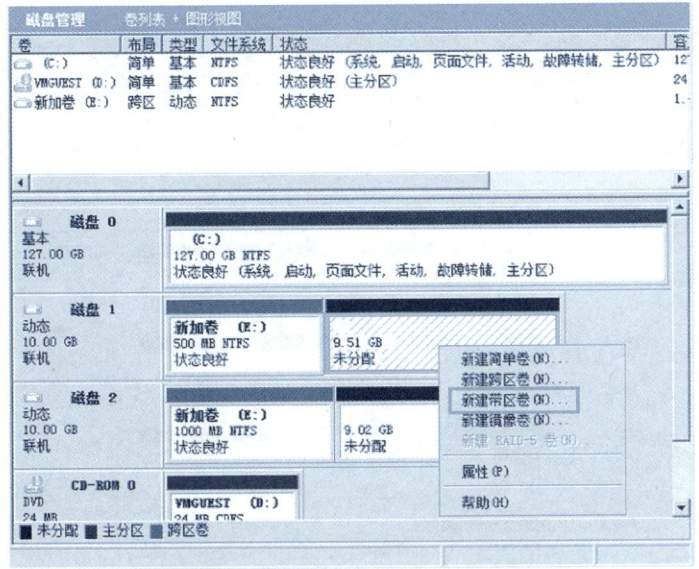

图 2 - 23　新建带区卷 F

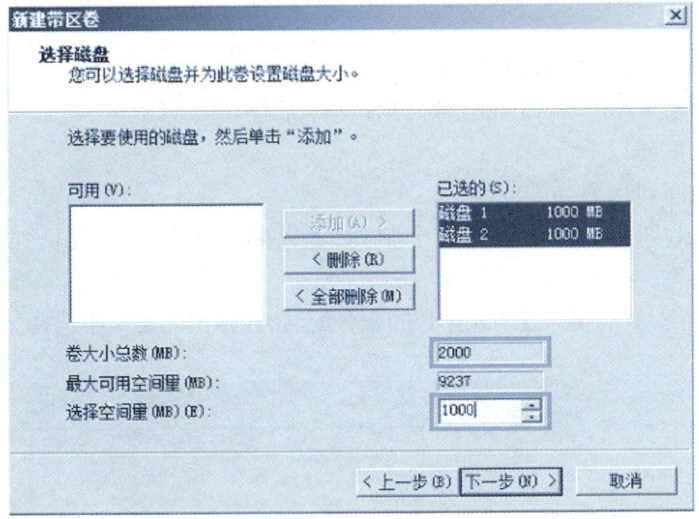

图 2 - 24　设置带区卷容量

4）设置驱动器号和确定格式化的文件系统后,如图 2 - 25 所示,可看到带区卷 F 的物理空间分别在"磁盘 1"和"磁盘 2"上,但用户使用时看到的是一个容量为 2000 MB 的分区。

2.4.6　创建镜像卷

【项目操作】创建镜像卷,利用"磁盘 1"和"磁盘 2"上的未分配空间创建一个容量为 1000 MB 的镜像卷 G。

创建镜像卷前的注意事项如下:

● 只能在两块磁盘上创建镜像卷,用户可以通过一块磁盘上的简单卷和另一块磁盘上的未分配空间组合成一个镜像卷,也可以直接将两块磁盘上未分配空间组合成一个镜像卷。

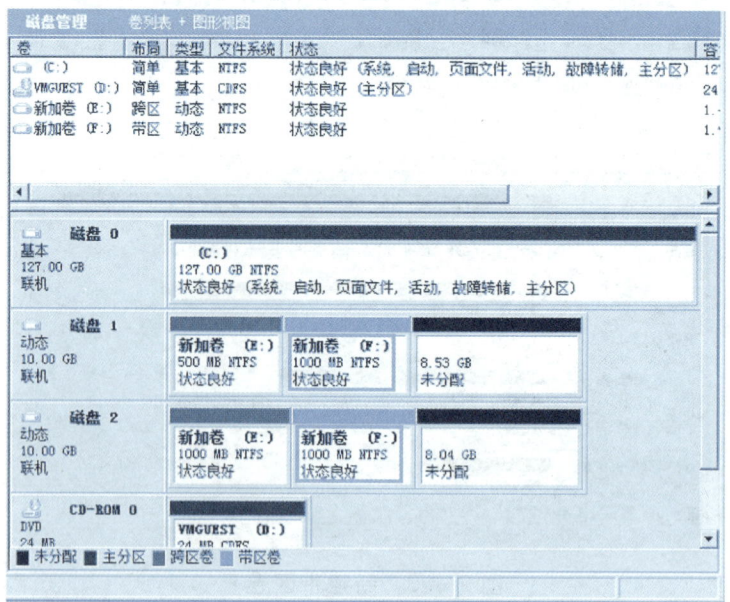

图 2-25　带区卷 F

- 组成镜像卷的空间容量必须相同。
- 镜像卷可以是 FAT、FAT32 或 NTFS 文件系统。
- 镜像卷无法扩展。
- 镜像卷的空间利用率为 50%。
- 一个镜像卷的所有成员被视为一个整体,无法将其中的一个成员独立出来,除非将整个镜像卷删除。

1) 如图 2-26 所示,右键单击"磁盘 1"的未分配区,在弹出的菜单中选择"新建镜像卷"命令。

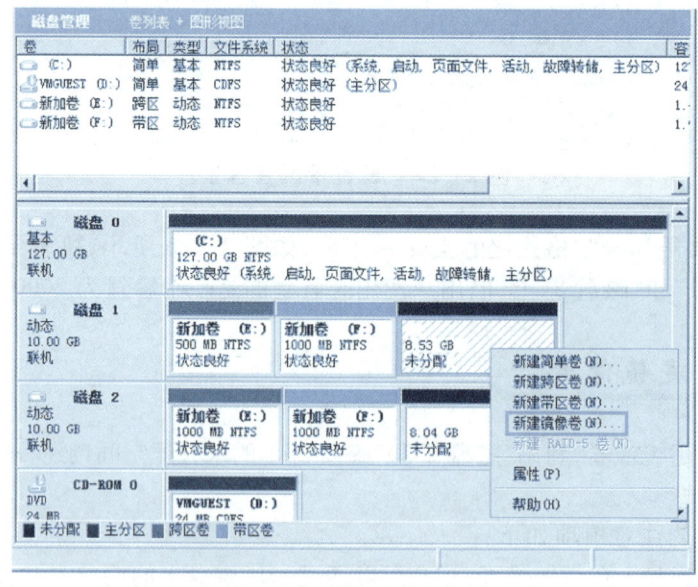

图 2-26　创建镜像卷 G

2）在"欢迎使用新建镜像卷向导"对话框中单击"下一步"按钮。

3）在图 2-27 中,通过"添加"按钮选择"磁盘 1"和"磁盘 2",在"选择空间量"中设置容量大小 1000 MB,设置完后可在"卷大小总数"中看到总容量为 1000 MB,单击"下一步"按钮。

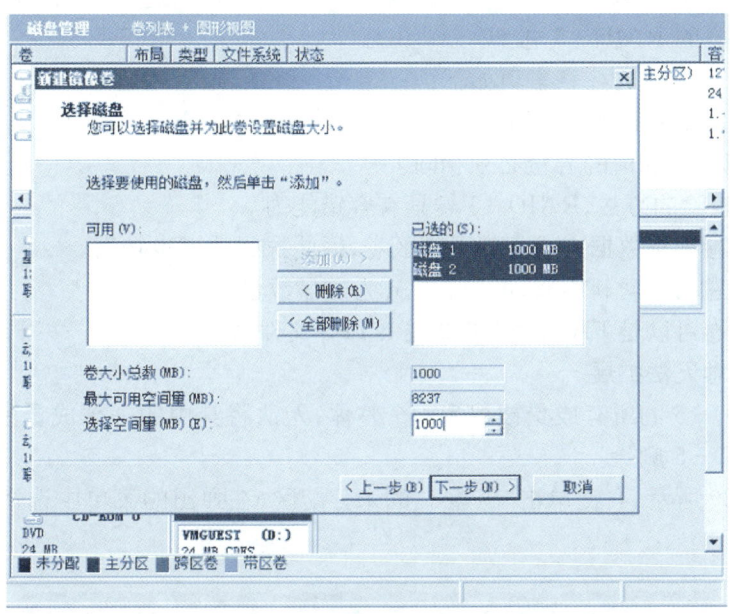

图 2-27　设置镜像卷容量

4）设置驱动器号和确定格式化的文件系统后,如图 2-28 所示,可看到镜像卷 G 的物理空间分别在"磁盘 1"和"磁盘 2"上,但用户使用时看到的是一个容量为 1000 MB 的分区。

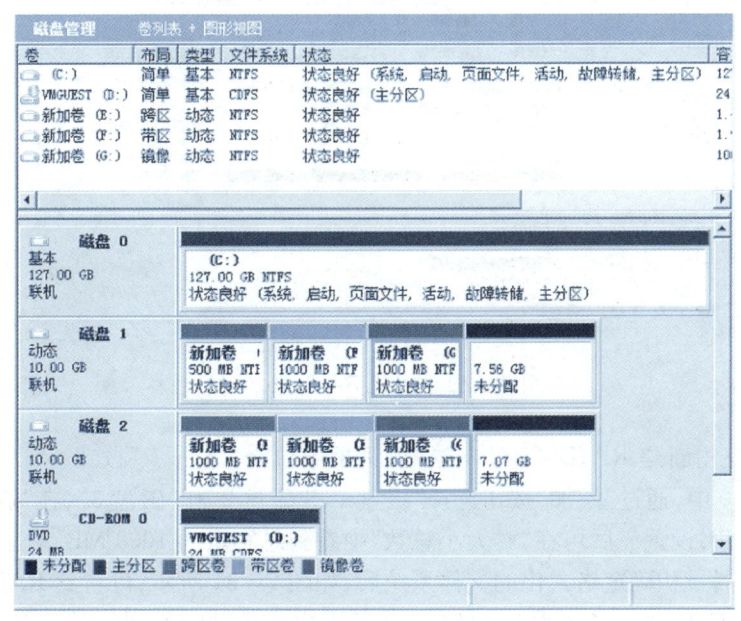

图 2-28　镜像卷 G

2.4.7 创建 RAID-5 卷

【项目操作】创建 RAID-5 卷,利用"磁盘 1"、"磁盘 2"和"磁盘 3"上的未分配空间创建一个容量为 1000 MB 的 RAID-5 卷 H。

创建 RAID-5 卷前的注意事项如下:

- 可在 3～32 磁盘上创建 RAID-5 卷,至少需要 3 块磁盘。
- 组成 RAID-5 卷前的容量必须相同。
- 通过奇偶校验的方法,RAID-5 卷具有容错能力。
- RAID-5 卷读写数据方式类似于带区卷,因此执行效率也较高。
- RAID-5 卷的空间利用率 $(n-1)/n$,n 为磁盘数量。
- RAID-5 卷可以是 FAT、FAT32 或 NTFS 文件系统。
- RAID-5 卷无法扩展。
- 一个 RAID-5 的所有成员被视为一个整体,无法将其中的一个成员独立出来,除非将整个 RAID-5 删除。

1) 如图 2-29 所示,右键单击"磁盘 1"的未分配区,在弹出的菜单中选择"新建 RAID-5 卷"命令。

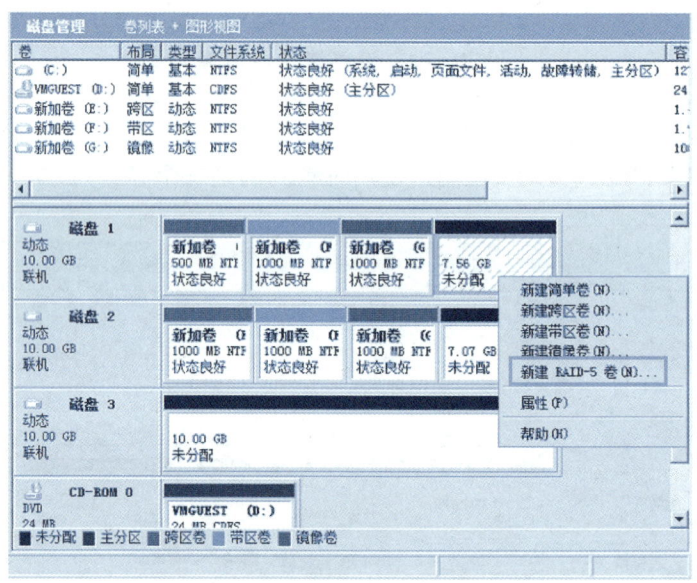

图 2-29　创建 RAID-5 卷 H

2) 在"欢迎使用新建 RAID-5 卷向导"对话框中单击"下一步"按钮。

3) 在图 2-30 中,通过"添加"按钮选择"磁盘 1"、"磁盘 2"和"磁盘 3",在"选择空间量"中设置容量大小 500 MB,设置完后可在"卷大小总数"中看到总容量为 1000 MB,单击"下一步"按钮。

4) 设置驱动器号和确定格式化的文件系统后,如图 2-31 所示,可看到 RAID-5 卷 H 的物理空间分别在"磁盘 1"、"磁盘 2"和"磁盘 3"上,但用户使用时所看到的是一个容量为 1000 MB 的分区。

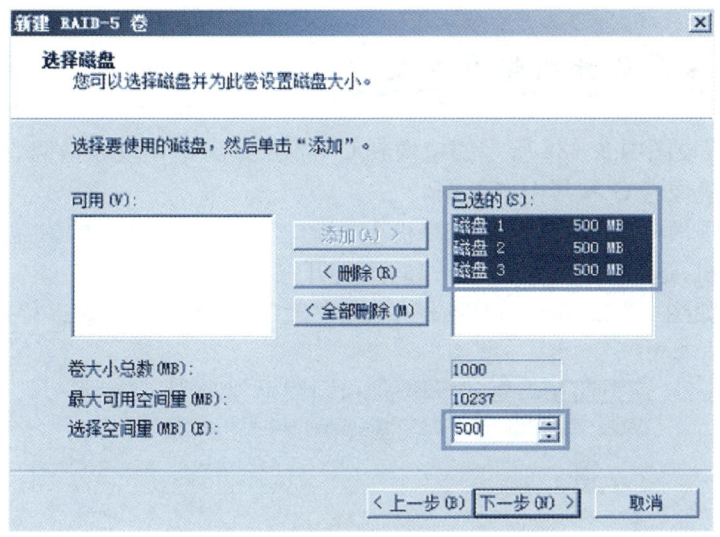

图 2-30 设置 RAID-5 卷容量

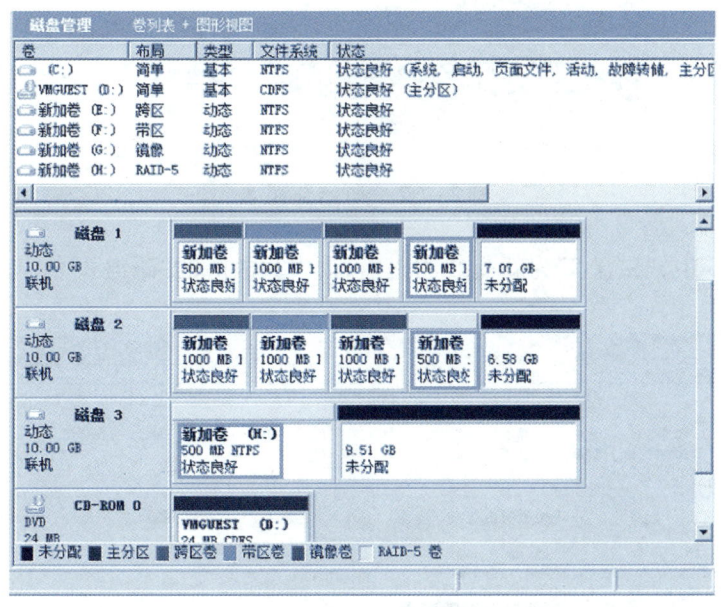

图 2-31 RAID-5 卷

2.5 项目实施——镜像卷和 RAID-5 卷的数据恢复功能

镜像卷和 RAID-5 卷都有数据容错能力,当组成卷的磁盘中有一块磁盘出现故障时,仍然能够保证数据的完整性,但此时的数据容错能力已经失效,若卷中再有磁盘发生故障,那么保存的数据将会丢失。

2.5.1 镜像卷的数据恢复功能

【项目操作】假设图中 2-28 所示的镜像卷 G 中的"磁盘 2"出现了故障,此时通过更换"磁盘 2"的方式恢复镜像卷 G 和其中的数据。

1) 关机将出现故障的"磁盘 2"从计算机上拆除,然后换上一块新的磁盘。

2) 启动计算机,运行 diskmgmt.msc 口令,打开"磁盘管理"窗口。

3) 在弹出的如图 2-32 所示的对话框中单击"确定"按钮对新磁盘进行初始化。

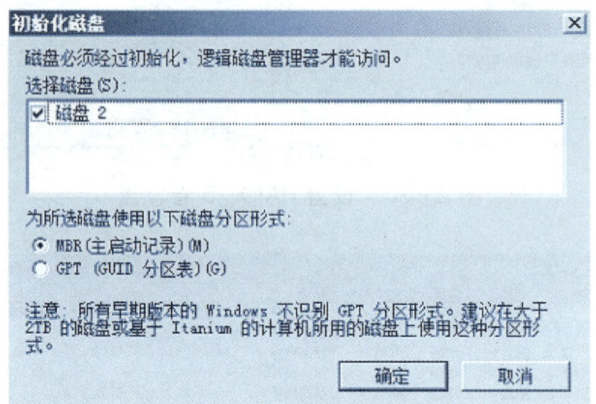

图 2-32 初始化磁盘

4) 在图 2-33 中,"磁盘 2"为新安装的磁盘,而发生故障的"磁盘 2"信息已显示为"丢失。"

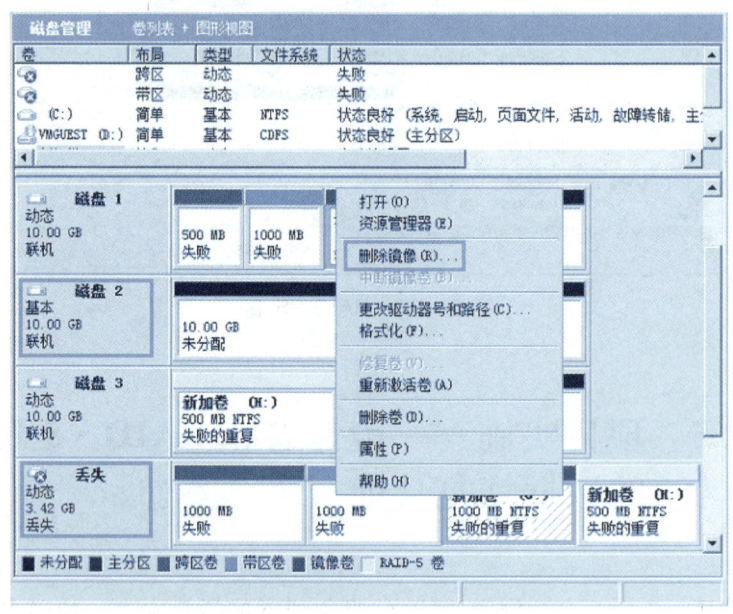

图 2-33 删除镜像

5）在图 2-33 中右键单击"磁盘 1"或"丢失"磁盘上有"失败的重复"标识的镜像卷 G，在弹出的菜单中选择"删除镜像"命令。

6）在图 2-34 中选择标识为"丢失"的磁盘，单击"删除镜像"后，在弹出的警告框中单击"是"按钮，完成后可发现"磁盘 1"中原先失败的镜像卷已经转换成了简单卷。

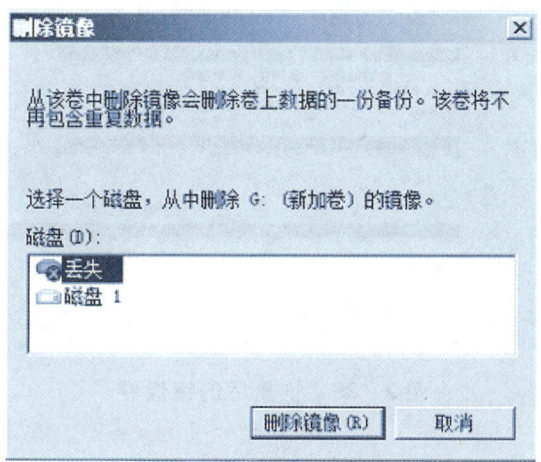

图 2-34　选择删除镜像的磁盘

7）将"磁盘 2"转换为动态磁盘，然后右键单击"磁盘 1"中上述已经被转换成简单卷的卷，在弹出的菜单中选择"添加镜像"命令，恢复"磁盘 1"和"磁盘 2"组成的镜像卷 G，如图 2-35 所示。

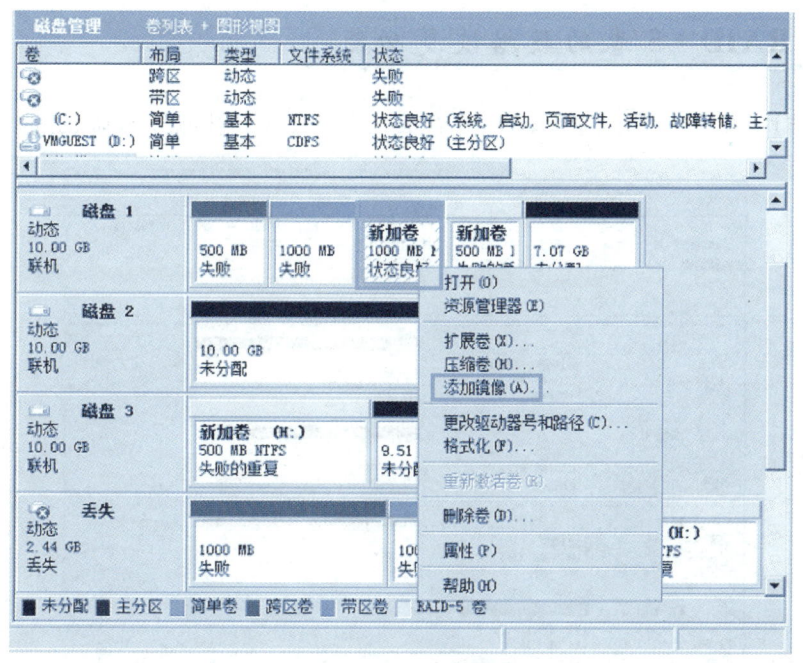

图 2-35　添加镜像

8）如图 2-36，"磁盘 2"中的镜像卷已经自动恢复。

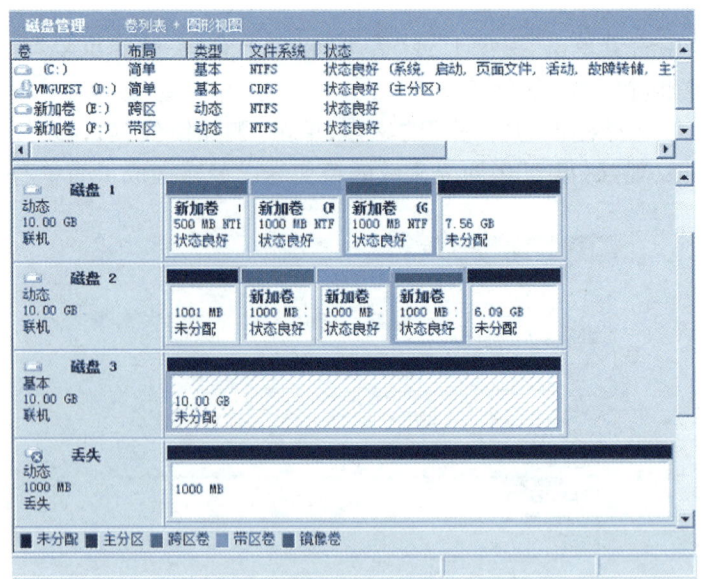

图 2-36　恢复后的镜像卷

提示：

镜像卷恢复后,数据会自动从没有发生故障的磁盘复制到新磁盘上,这样数据又恢复了镜像,保证了数据的安全性。

2.5.2　RAID-5卷的数据恢复功能

【项目操作】图 2-37 所示的 RAID-5 卷 E 中的"磁盘 2"出现了故障,此时需要更换故障

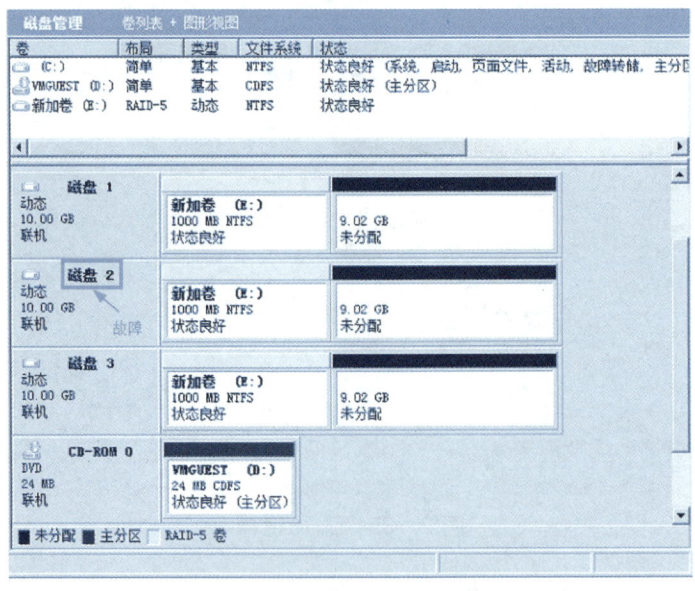

图 2-37　磁盘 2 发生故障

"磁盘2"来恢复 RAID-5 卷 E 和数据。

1）关机将出现故障的"磁盘2"从计算机上拆除，然后换上一块新的磁盘。

2）启动计算机，运行 diskmgmt. msc 口令，打开"磁盘管理"窗口。

3）在弹出的如图 2-38 所示的对话框中单击"确定"按钮对新磁盘进行初始化。

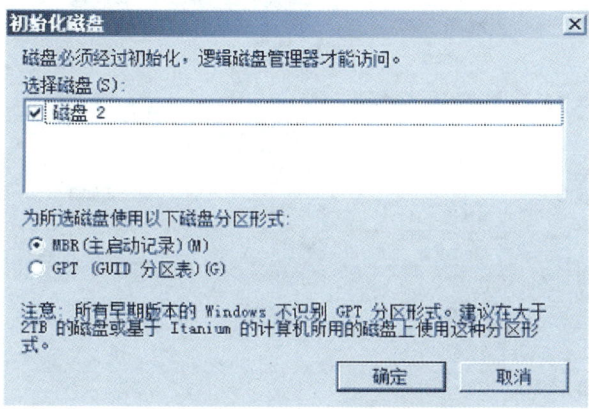

图 2-38　初始化磁盘

4）在图 2-39 中，"磁盘2"为新安装的磁盘，而发生故障的"磁盘2"信息显示为"丢失"。

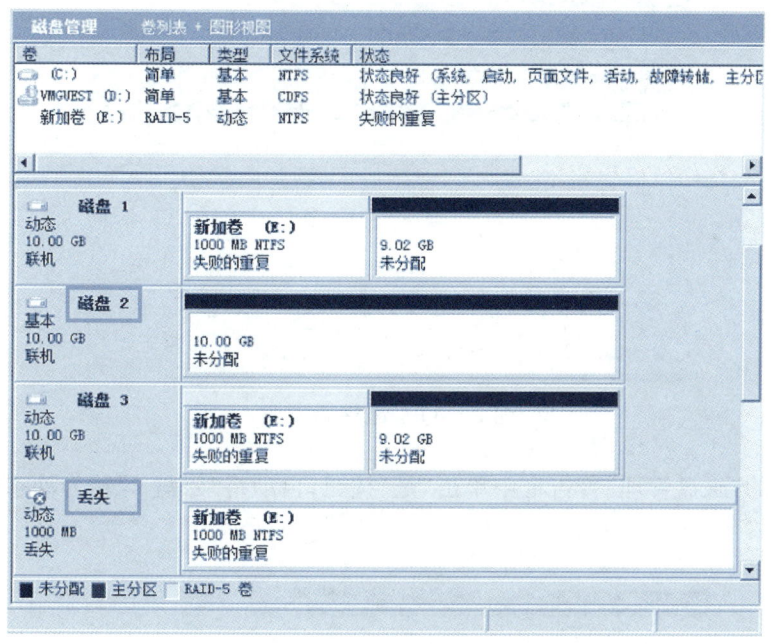

图 2-39　安装的新磁盘和故障磁盘

5）在图 2-40 中右键单击有"失败的重复"表示的 RAID-5 卷 E，在弹出的菜单选择"修复卷"命令。

6）在图 2-41 中选择新更换的"磁盘2"，以便重新创建 RAID-5 卷，单击"确定"按钮。

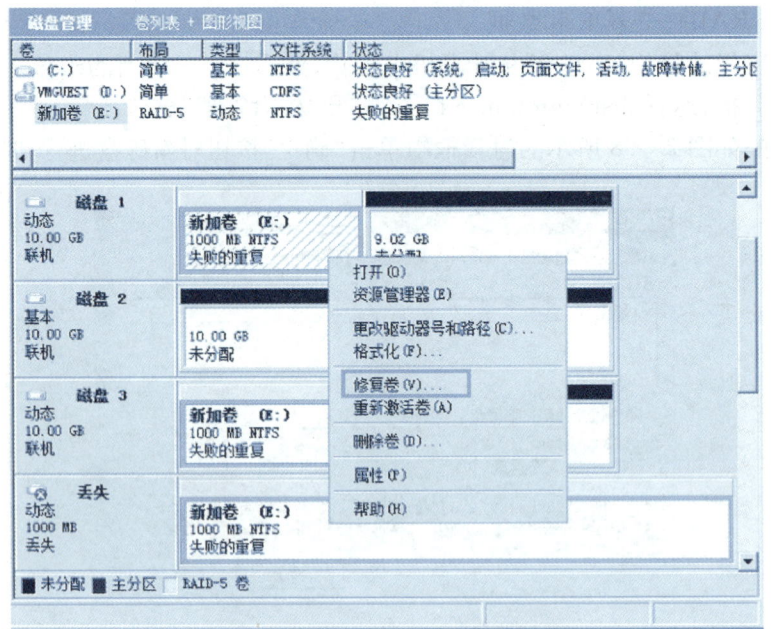

图 2-40　修复卷

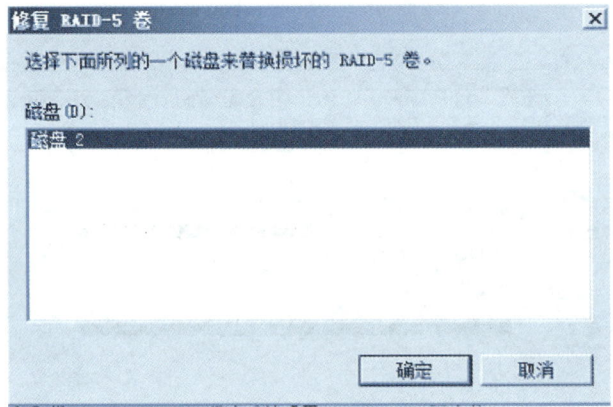

图 2-41　选择新磁盘

7）在弹出的"磁盘管理"警告框中单击"是"按钮,自动将"磁盘 2"转为动态磁盘。如图 2-42 所示。

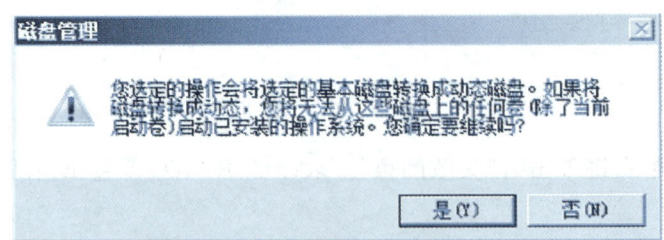

图 2-42　磁盘转换警告

8）完成后 RAID-5 卷将被恢复,如图 2-43 所示。

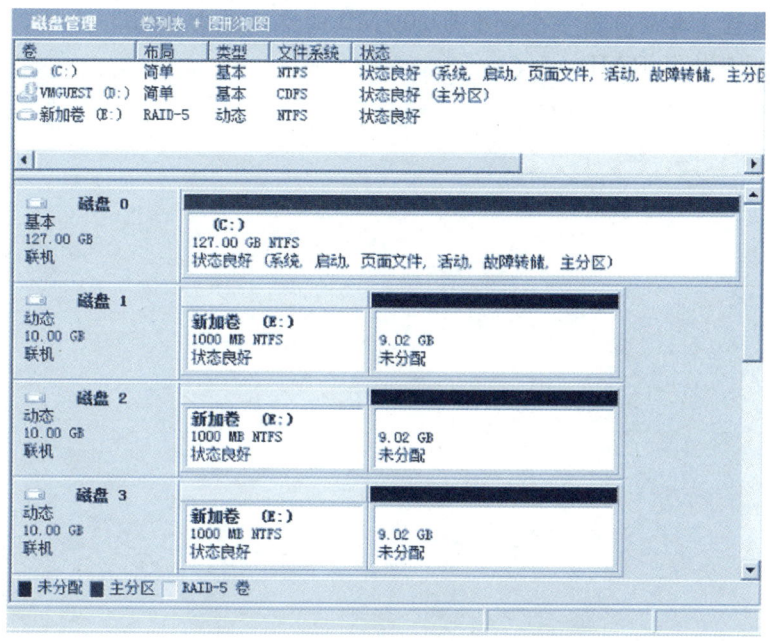

图 2-43　恢复后的 RAID-5 卷

提示：
　　RAID-5 卷恢复时,系统会利用没有发生故障的 RAID-5 卷将数据恢复到新磁盘上,保证了数据的安全性。

项 目 小 结

　　通过本项目的学习,读者应当掌握在 Windows Server 2008 的磁盘管理功能,以及基本磁盘的管理和动态磁盘的管理。动态磁盘更具灵活性和使用特性。用户可在动态磁盘上实现数据容错,提高读写性能,随意修改卷大小等操作。动态磁盘包括简单卷、跨区卷、带区卷、镜像卷和 RAID-5 卷。

项目思考与操作

1. 在计算机(或虚拟机)中安装 3 块容量为 2 GB 的硬盘。

2. 在 3 块磁盘上各划分出一个大小为 500 MB 的空间组成带区卷。

3. 选择其中 2 块磁盘,每块磁盘划分出一个大小为 500 MB 的空间组成一个镜像卷。

4. 在 3 块磁盘上各划分出一个大小为 200 MB 的空间组成 RAID-5 卷,模拟其中一块硬盘故障,利用新硬盘恢复 RAID-5 卷。

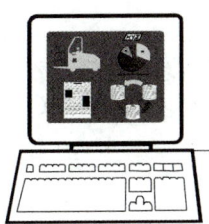

Windows Server 2008
用户类型与管理

3.1 项 目 描 述

Windows Server 2008 是一个可供多个用户使用的操作系统,对用户和计算机的管理是服务器最重要也是最复杂的一项工作。为了整个系统的安全,也为了提供好的服务,Windows Server 2008 提供了一些强制性的安全机制,每个用户必须有自己的账户,并且以不同的组成权限来访问服务器或网络中的资源。

3.2 项 目 分 析

小东是一家广告公司的系统管理员,可以凭借管理员账户,对所有公司服务器进行用户和组的创建。日常工作中,资源共享与访问是公司网络的主要应用之一。当客户端需要访问网络服务器,则需要凭借用户账户和密码才能进行访问。根据用户身份和职位的不同,分别为其所对应的用户账户赋予了不同的访问权限。

鉴于企业大多用户对计算机安全和基本管理等知识较少,因此企业网络的用户管理应兼顾易用、安全、灵活等多方面的需求。一个用户可能需要多个与之对应的用户账户,这些用户账户之间应尽量统一,以便于记忆和识别,例如,每个人的用户账户、电子邮件账户和企业办公自动化账户等。在保障用户简易应用的同时,更应确保其用户账户的安全,例如,通知用户妥善保管其用户账户密码,避免在公开场合登录用户账户等。

用户组可以将具有相同权限的用户划为一组,这样可以减少网络管理员的负担,也就是说,只要对这个用户组赋予一定的权力,那么该组内的用户就具有相同的权力,既增加了网络管理的条理性,又大大地简化了操作。企业网络中需要管理的对象较多,若企业为域环境,可以为某些部门创建单独的 OU(Organization Unit,组织单位),用于存储该部门下所有的计算机、用户、组、打印机、传真机等目录对象。

本地用户和组虽然不像域用户和域组那样集中管理,但同样需要妥善创建和保管。由于企业客户端用户对计算机操作系统和用户管理的了解有限,因此管理员需要负责一些基本的用户管理操作,例如,设置用户名、登录密码、资源共享和访问权限等。

3.3 基本知识准备

3.3.1 用户账户的类型

Windows Server 2008 系统中提供的用户账户类型有两种:本地账户和域账户。

1. 本地用户账户

只能登录到本地计算机,即只能登录到创建了该用户的计算机上。且只能访问本地计算机上的相关资源,并在本地计算机的范围内分配权限。

要本地登录运行 Windows Server 2008 的计算机,用户必须拥有合法的账户。在登录时,系统将要求输入并验证用户名和密码。如果所输入的用户名或密码错误,用户账户已被禁用或删除,Windows Server 2008 将阻止用户登录本地计算机。

2. 域账户

域账户是在域控制器上创建的,允许用户登录到域中,并可以访问网络资源。域账户通过域控制器负责用户的登录验证过程,当一个用户在网络中登录并访问网络资源时,首先通过 DNS 找到域控制器,然后进行身份验证,只有通过身份验证的用户才能登录到域中并访问授权资源。

3.3.2 内置的用户账户

在安装 Windows Server 2008 时,系统将自动创建两个用户账号:Administrator 和 Guest。

1. Administrator 账户

Administrator 账户具有对计算机的完全控制权限,并可以根据需要向用户分配用户权利和访问控制权限。该账户必须仅用于需要管理凭据的任务。强烈建议将此账户设置为使用强密码。

Administrator 账户是计算机上 Administrators 组的成员。永远也不可以从 Administrators 组删除 Administrator 账户,但可以重命名或禁用该账户。

2. Guest 账户

Guest 账户由在这台计算机上没有实际账户的人使用。如果某个用户的账户已被禁用,

但还未删除,那该用户也可以使用 Guest 账户。Guest 账户不需要密码。默认情况下,Guest 账户是禁用的,但也可以启用它。

可以像任何用户账户一样设置 Guest 账户的权利和权限。默认情况下,Guest 账户是默认的 Guest 组的成员,该组允许用户登录计算机。其他权利及任何权限都必须由 Administrators 组的成员授予 Guests 组。默认情况下将禁用 Guest 账户,并且建议将其保持禁用状态。

3.3.3　内置组

在安装 Windows Server 2008 时,系统会自动创建内置组,它主要由下面 7 个组组成。

1. Administrator 管理员组

管理员组的成员具有对计算机安全控制权限,只有内置组才被自动赋予该系统的每个内置权利和能力。

2. Backup Operators 备份操作员组

备份操作员组的成员可以备份还原计算机上的文件,而不管这些文件的权限如何。该组成员可以登录计算机和关闭计算机,但不能更改安全设置。

3. Power Users 超级用户组

超级用户组的成员可以创建用户账户,但是只能修改和删除由该组成员自己创建的账户。超级用户组可以创建本地组,并从该组成员自己创建的本地组中删除用户,也可以从超级用户组、用户组和来宾组中删除用户。该组成员不能修改管理员组或备份操作员组。

4. Users 用户组

用户组的成员可以执行大部分基本任务,如运行程序、使用本地和网络打印机以及关闭和锁定计算机。用户可以创建本地组,但是只能修改自己创建的本地组,不能共享目录或者创建本地打印机。

5. Guest 来宾组

来宾组允许临时用户登录到工作站或服务器上,并授予其极少权限(如访问文件夹和查看文件等)。来宾组无法安装软件和硬件,无法更改来宾账户的类型,无法创建密码和无法访问已安装在计算机上的应用程序。

6. Replicators 复制器组

复制器组支持目录复制功能,而且复制器组的唯一成员是域用户账户,用于登录域控制器的复制器服务,不能将实际的用户账户号添加到该组中。

7. Network Configuration Operators 网络配置操作员组

网络配置操作员组可以更改网络连接的配置,例如,修改网络连接的 TCP/IP 属性。

3.4 项目实施——本地组与本地用户的创建和管理

小东所在的这家广告公司因快速发展,招聘一些刚毕业的实习生,因此,小东需在公司文件服务器上创建一个组:销售组(实习),以便共享和访问公司内部的客户资源。新进 2 名实习生 Jack 和 Rose,小东需要为他们创建账户并且加入到销售部(实习)这个组中。

3.4.1 本地组的创建

【项目操作】创建本地组 Sales Intern

1)选择"开始"→"管理工具"→"服务器管理"选项,弹出"计算机管理"控制窗口,并在展开的"本地用户和组"选项中,右击"组"文件夹,如图 3-1 所示,并在弹出的快捷菜单中选择"新建组"选项来创建本地用户组。(也可以点击"运行"按钮,输入"lusrmgr"打开本地用户和组界面)

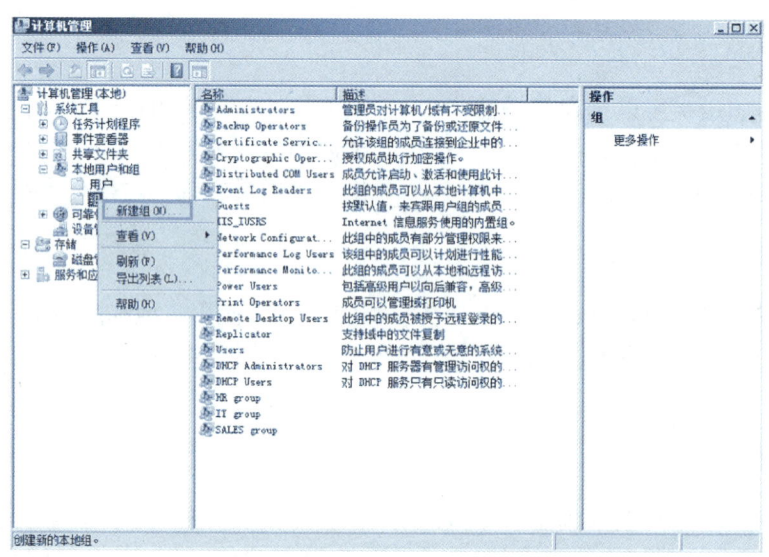

图 3-1 "本地用户和组"中"创建组"

2)如图 3-2 所示的"新建组"的对话框中,输入组的组名,如"Sales Intern"或销售组(实习)。

3)单击"创建",点击关闭新建组对话框,此时返回"计算机管理"窗口,组列表区域中出现了刚才添加的工作组"Sales Intern",说明工作组添加成功,如图 3-3 所示。

4)双击"Sales Intern",如图 3-4 所示,可以看到在新建的"Sales Intern"组中,没有用户,这是一个新建的工作组。

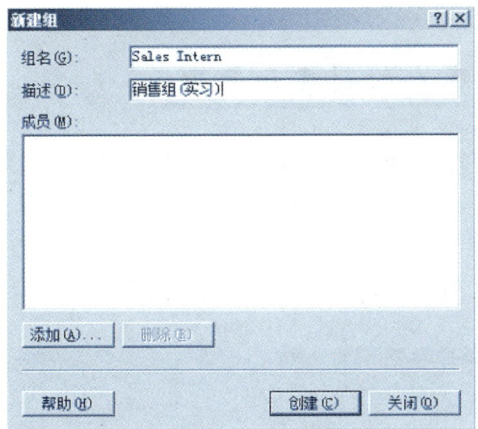

图 3-2 "新建组"对话框

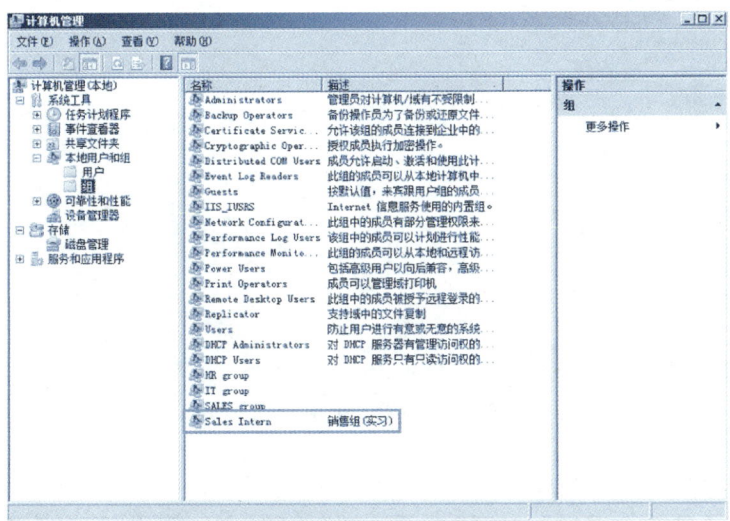

图 3-3 工作组添加成功

图 3-4 "Sales Intern"属性

3.4.2 本地用户账户的创建和管理

【项目操作】创建本地用户 Jack 和 Rose,并加入本地组"Sales Intern"。

1) 选择"开始"→"管理工具"→"服务器管理"选项,弹出"计算机管理"控制窗口,并在展开的"本地用户和组"选项中,右击"用户"文件夹,如图 3-5 所示,并在弹出的快捷菜单中选择"新用户"选项来创建本地用户。(也可以点击"运行"按钮,输入"lusrmgr"打开本地用户和组界面)

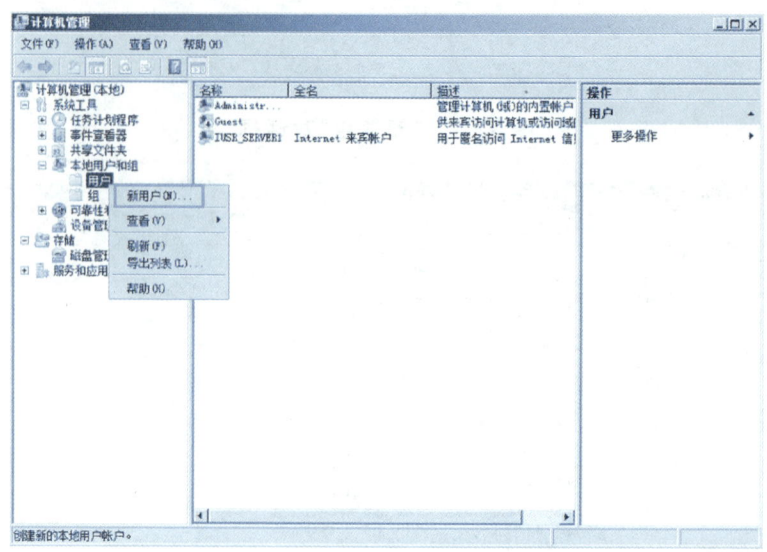

图 3-5　选择"新用户"选项

2) 在如图 3-6 所示"新用户"对话框中,输入用户名和密码,可勾选"用户下次登录时须更改密码"、"用户不能更改密码"、"密码永不过期"和"账户已禁用"等复选框,并单击"创建"按钮。

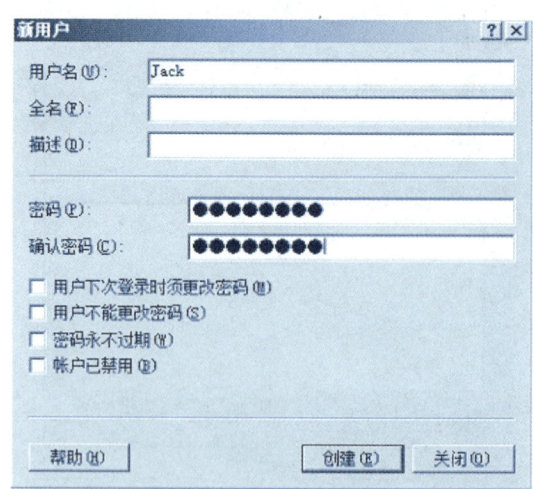

图 3-6　"新用户"对话框

3）单击"创建"，点击关闭新用户对话框，此时返回"计算机管理"窗口，如图3-7所示，用户列表区域中出现了刚才添加的用户"Jack"，说明本地用户添加成功。

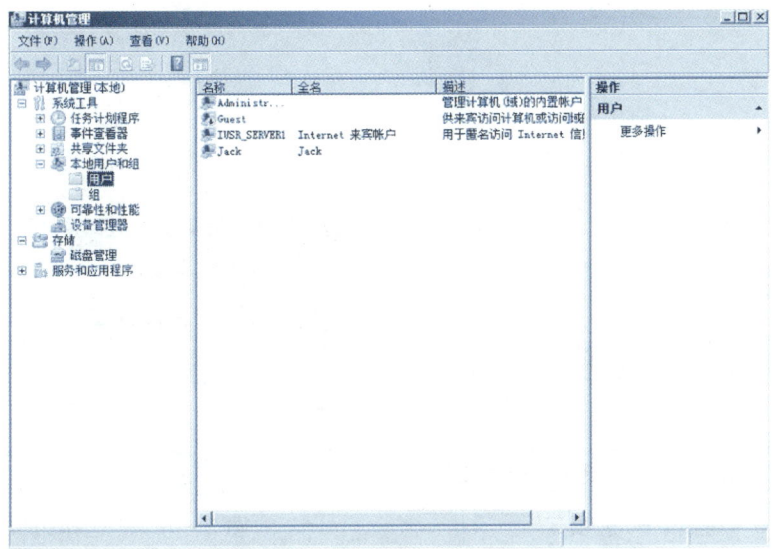

图3-7　本地用户添加成功

4）双击该用户，如图3-8所示，修改用户的相关属性。

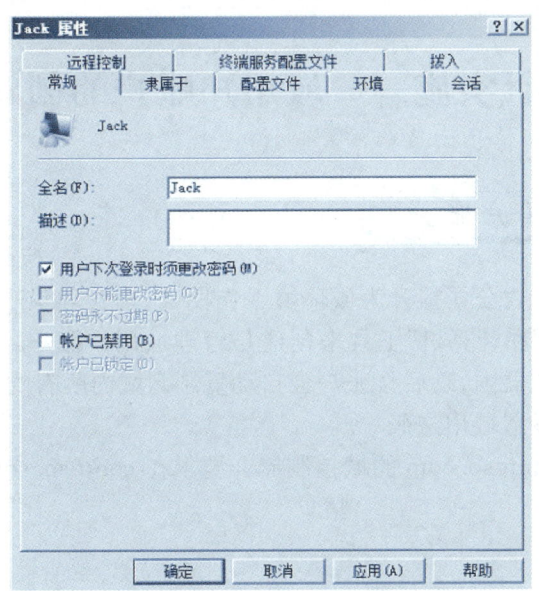

图3-8　用户"属性"对话框

5）在用户属性的"隶属于"选项卡下可以看到用户"Jack"默认隶属于"Users"组中。要使该用户隶属于新添加的工作组"Sales Intern"，则单击"添加"按钮，如图3-9所示。

6）在如图3-10所示的"选择组"对话框中，在"输入对象名称来选择"区域中输入"Sales Intern"，单击对话框的"检查名称"按钮，若无问题，单击"确定"按钮。

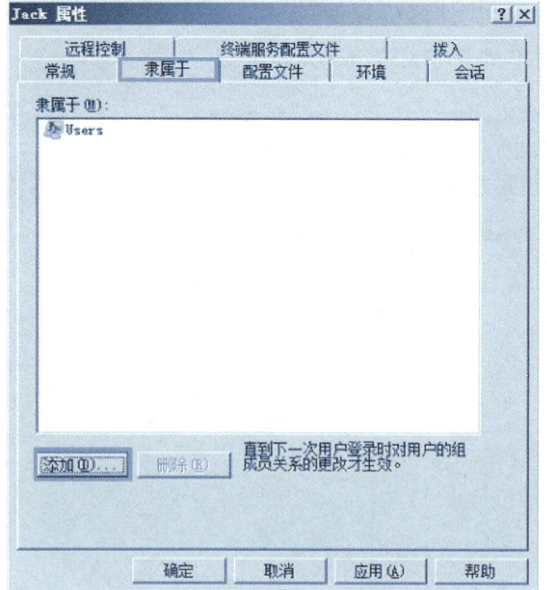

图 3-9 "隶属于"选项卡

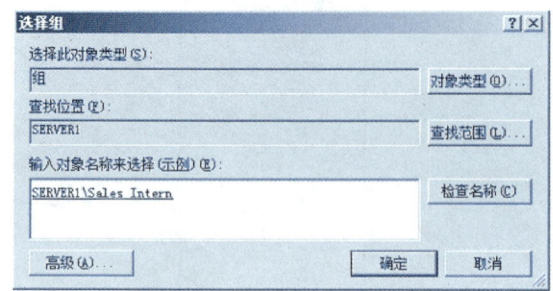

图 3-10 "选择组"对话框

可打开"Sales Intern"组的属性对话框,验证用户"Jack"已经加入该组中。用户"Rose"同样按照上述步骤创建,并加入到"Sales Intern"组中。

3.5 项目实施——域用户账户的创建和管理

3.5.1 创建域用户账户

若小东所在的这家广告公司提升为域环境工作模式,则管理员小东可以使用域控制器上的"Active Directory 用户和计算机"工具来创建与管理域用户账户。该账户会被创建到控制台所找到的第一台域控制器内,以后该账户会自动复制到域内所有的域控制器中。

【项目操作】创建和设置域用户账户。

服务器 server1 是 contoso.com 的域控制器。要求在 contoso.com 中,创建用户"Jack"和"Rose"。

> **提示**
>
> 服务器升级成为域控制器后,无法创建本地用户账户。本地用户账户控制台将会被停用,若要在活动目录域环境下创建用户和组,需要在"Active Directory 用户和计算机"中创建。

1) 在域控制器上,选择"开始"→"管理工具"→"Active Directory 用户和计算机"选项,弹出如图 3-11 所示"Active Directory 用户和计算机"控制台,在该控制台中右击域"contoso.com",在弹出的菜单中选择新建"组织单位"选项。

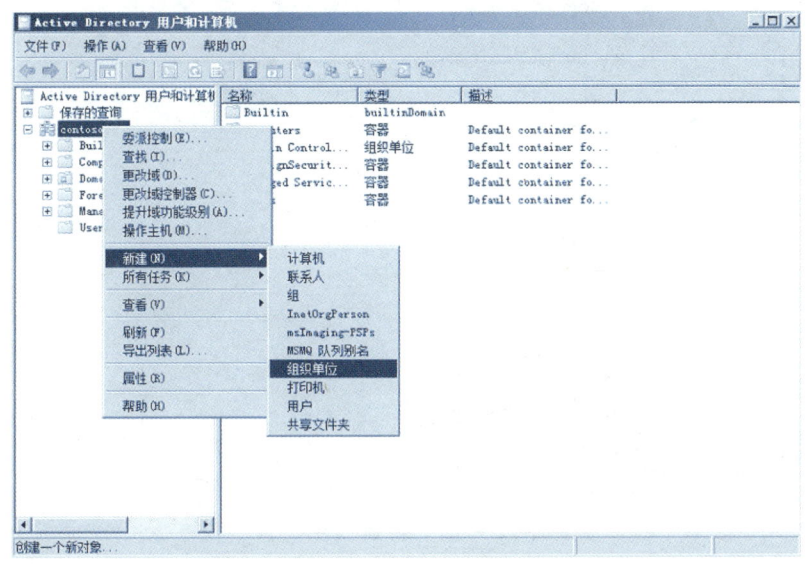

图 3-11 "Active Directory 用户和计算机"中创建"组织单位"

2）如图 3-12 所示的"新建对象-组织单位"对话框中输入组织单位的名称,如"Sales Intern",点击"确定"按钮后创建该组织单位。

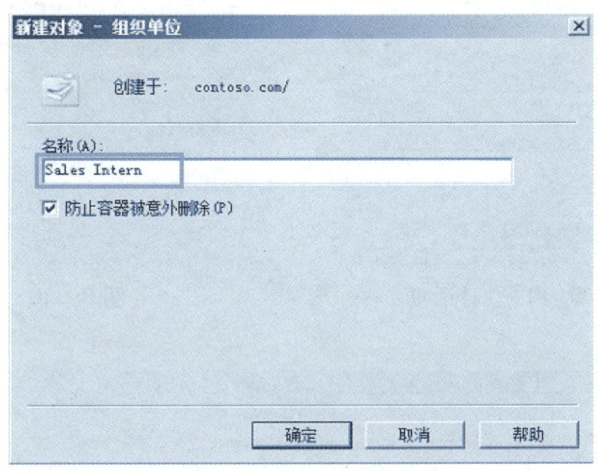

图 3-12 输入组织单位的名称

3）右击已创建好的组织单位"Sales Intern",在弹出的快捷菜单中选择"新建→用户"选项。如图 3-13 所示。

4）弹出"新建对象-用户"对话框,在该对话框中输入用户登录和姓名,如图 3-14 所示。

5）单击"下一步"按钮,弹出如图 3-15 所示的对话框,在此对话框中为用户设置符合域默认要求的复杂性密码,并设置相应的账户选项,该选项默认为"用户下次登录时须更改密码"。

6）单击"下一步"按钮,弹出如图 3-16 所示的对话框,在该对话框中显示创建域用户账户的设置信息,单击"完成"按钮即可完成域用户账户的创建。

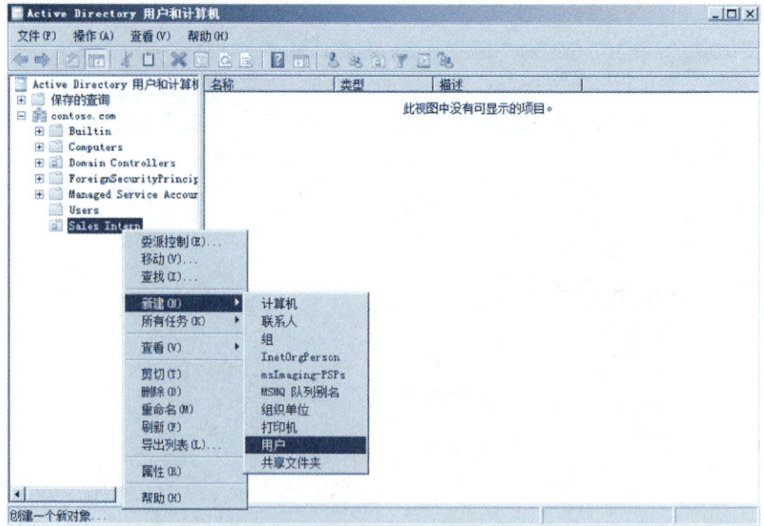

图 3-13 新建域用户

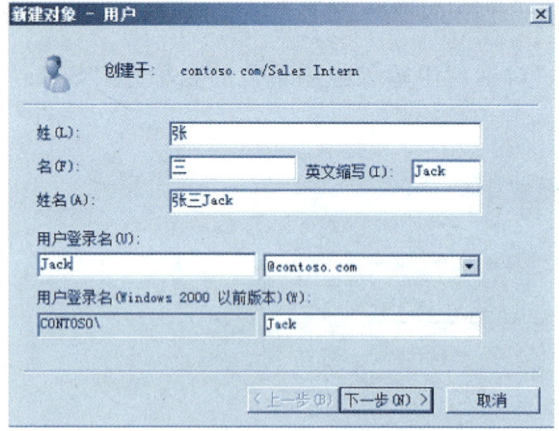

图 3-14 "新建对象-用户"对话框

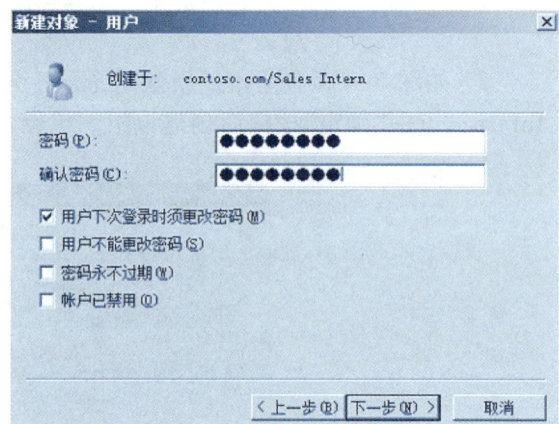

图 3-15 设置密码等

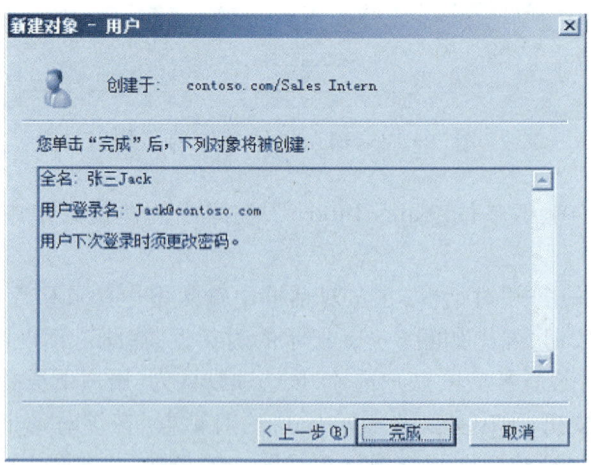

图 3-16 域用户添加成功

3.5.2　设置域用户账户属性

1. 设置域用户账户的个人信息

域用户账户的个人信息包括姓名、地址、电话、传真、移动电话、单位、部门等信息。

在"Active Directory 用户和计算机"控制台中，右击需要设置个人信息的域用户账户"Jack"，在弹出的快捷菜单中选择"属性"选项，在账户属性的"常规"选项卡中可以设置用户的详细信息，如图 3-17 所示。

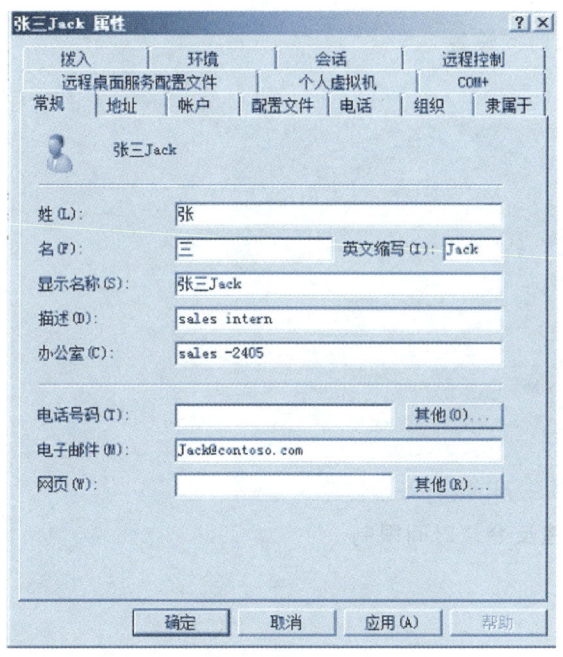

图 3-17　设置用户个人信息

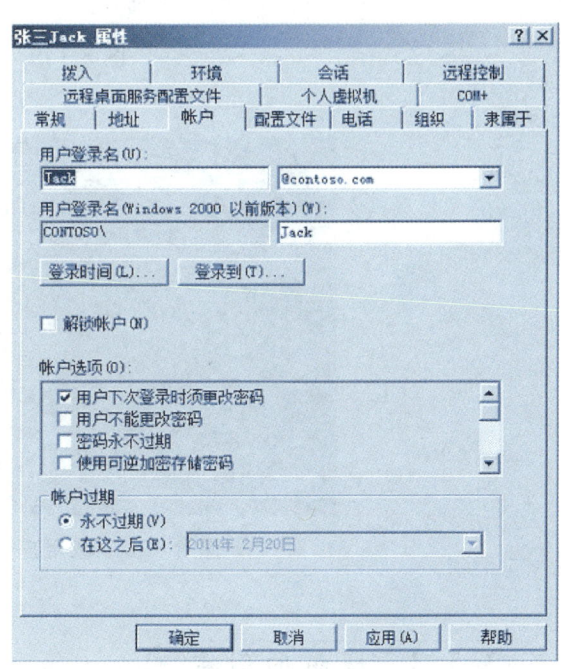

图 3-18　"Jack 属性"对话框的"账户"选项卡

2. 设置域用户账户的登录时间

1）在"Active Directory 用户和计算机"控制台中，右击需要设置个人信息的域用户账户"Jack"，在弹出的快捷菜单中选择"属性"选项，单击账户属性的"账户"选项卡，如图 3-18 所示。

2）单击"登录时间"按钮，弹出"Jack 的登录时间"对话框，在该对话框中设置允许或拒绝用户登录的时间段，如图 3-19 所示为允许域用户账户"Jack"在每周一到每周五的 8:00～19:00这个时间段内登录到域中，单击确定后，完成登录时间设置。

3）以域用户账户 jack@contoso.com 在周五时间晚上 21:00 登录到域中的客户端计算机上，弹出如图 3-20 所示界面，该错误信息表示账户因登录时间被限制导致无法登录。

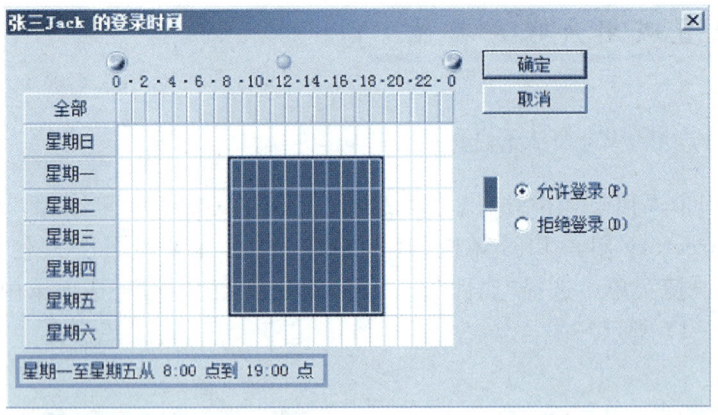

图 3-19 登录时间设置

图 3-20 域用户账户违反登录时间限制

3.5.3 域组的创建

1. 域组的类型

1）安全组：安全组主要用于设置权限，也可以群发邮件。

2）通讯组：通讯组用于与安全无关的任务中。只可以群发邮件。

2. 域组的使用

从组的使用领域来分，Windows Server 2008 域组可分为三类：全局组、本地域组和通用组。

1）全局组

① 成员范围：只能包含当前域内的用户和全局组。

② 可访问资源范围：可以访问所有域的资源。

2）本地域组

① 成员范围：包含所有域内的用户、全局组、通用组，所属域内的本地域组。

② 可访问资源范围：只可以访问当前域内的资源。

3）通用组

① 成员范围：包含所有域内的用户、全局组、通用组。

② 可访问资源范围：可以访问所有域的资源。

注：域功能级别为混合模式时不支持通用组，也不支持全局组嵌套。

3. 组嵌套的使用准则

1）建立域用户账户（Accounts）。

2）建立全局组（Global groups），将建立的用户加入到全局组中。

3）在需要访问资源所在的域中建立本地域组（Domain Local groups）。

4）对此域本地组设置对该域中资源的访问权限（Permission），用户即得到了访问权限。

以上组的使用准则称为"A、G、DL、P"策略，如图 3-21 所示。

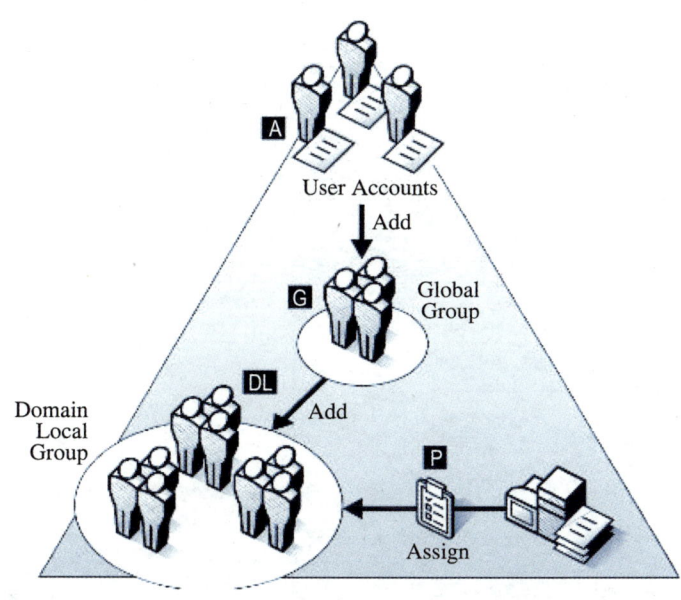

图 3-21　"A、G、DL、P"策略

4. 在组织单元"Sales Intern"中创建组作用域为全局的安全组

1）打开如图 3-22 所示"Active Directory 用户和计算机"控制台，在该控制台中域"contoso.com"的组织单位"Sales Intern"中选择"新建组"选项。

2）在如图 3-23 所示"新建对象-组"对话框中输入组名"Sales1"，并选择组作用域（本地域、全局或通用）和组类型（安全组或通讯组）。

3）在域组添加成功后，可以在如图 3-24 所示的对话框中，单击"添加"按钮添加组成员。

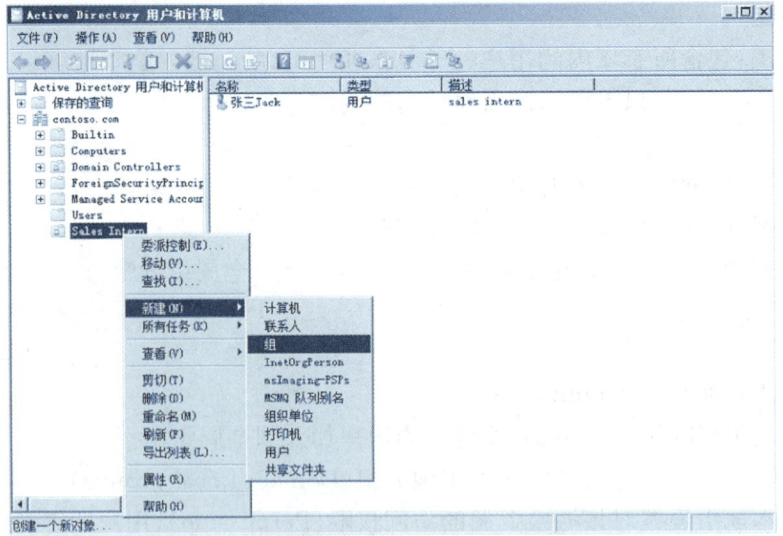

图 3-22　新建组

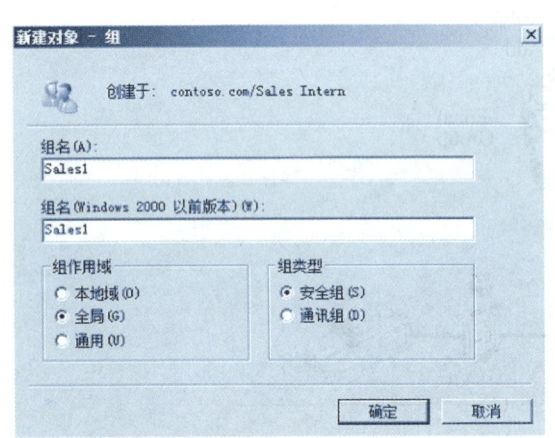

图 3-23　"新建对象-组"对话框

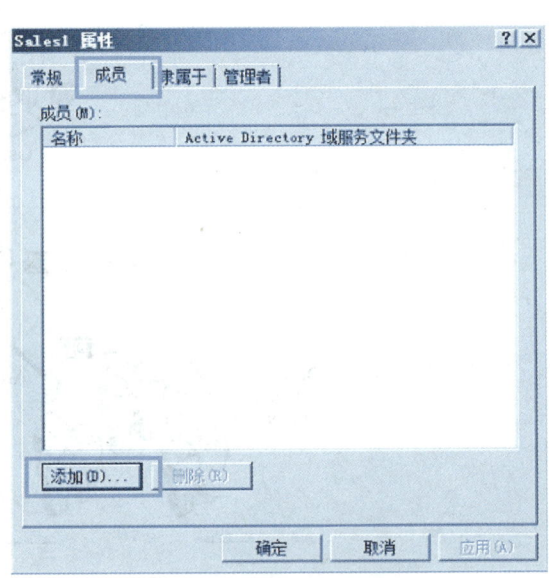

图 3-24　添加域组成员

项 目 小 结

　　Windows Server 2008 的本地用户账户建立在本地安全数据库内,用户利用本地用户账户可以登录本地计算机。域环境下的域用户账户统一存放在活动目录数据库中,活动目录数据库由域控制器承载。若要访问域中的资源,必须使用域用户账户登录。

项目思考与操作

1. 创建和停用本地用户账户。
2. Windows Server 2008 内置的用户账户有哪几种？各有什么作用？
3. 在域控制器上是否存在本地用户账户？
4. 在域控制器上创建用户、组织单位和组。
5. 域中的组有哪些类型？
6. 简述组嵌套的使用准则。

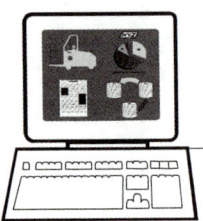

项目4

文件系统管理

4.1 项 目 描 述

文件服务器是实现文档资料集中存放,共享使用的一种途径。Winodws 服务器所提供的文件共享服务可以让用户象使用自己机器上的文件一样地使用文件服务器上的文件资料。

如图 4-1 所示,在企业中,为了保障信息的安全性,企业对文件或文件夹的安全性有不同的要求;不同用户或部门对同一文件或文件夹有不同的权限要求。

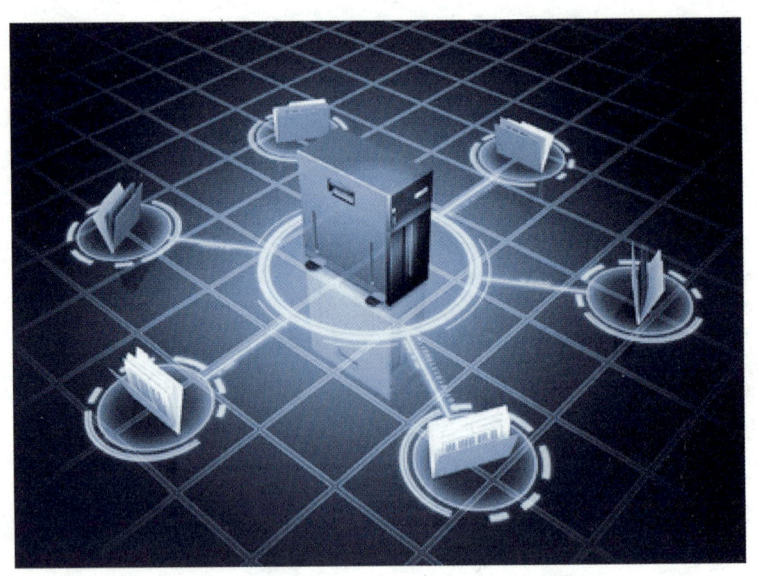

图 4-1 文件服务器

4.2　项　目　分　析

在企业需求的配置中，Windows Server 2008 系统的主要分区均采用 NTFS 文件系统。NTFS 文件系统有很多优秀的特性，使得文件在安全性、管理磁盘空间等方面得到了巨大的提升，而 NTFS 同时支持 FAT 等文件系统更大的磁盘分区，并提高了系统的稳定性，是目前 Microsoft 公司正式发布的操作系统中最广泛使用的文件系统。

Windows Server 2008 系统中可以使用共享功能和共享权限来统一管理系统的文件和打印机，在网络环境中，管理员和用户除了使用本机的软硬件资源外，还可以使用其他计算机的软硬件资源。对于用户来说，用户拥有访问资源的权限，即可使用网络中的该资源。

4.3　基础知识准备

4.3.1　文件系统概述

文件系统由三部分组成：与文件管理有关的软件、被管理文件以及实施文件管理所需的数据结构。文件系统是对文件存储器空间进行组织和分配，负责文件存储并对存入的文件进行保护和检索的系统。具体地说，它负责为用户建立文件，存入、读取、修改、转储文件，控制文件的存取，当用户不再使用时撤销文件等。目前采用的操作系统与文件系统兼容性如表 4-1 所示。

表 4-1　常用操作系统与文件系统兼容性

操 作 系 统	文 件 系 统
MS-DOS	FAT16
Linux	Ext2、Ext3、SWAP
UNIX	Ext2、Ext3、SWAP
Windows 98	FAT16、FAT32
Windows 2000	NTFS、FAT16、FAT32
Windows XP	NTFS、FAT16、FAT32
Windows Server 2003	NTFS、FAT16、FAT32
Windows Vista	NTFS、FAT16、FAT32
Windows Server 2008	NTFS、FAT16、FAT32
Windows 7	NTFS、FAT16、FAT32

NTFS 或 FAT32 是管理文件的系统。一块全新的硬盘并没有文件系统，需要使用相应的磁盘分区工具对其进行分区，格式化后才会有文件系统，由此可见文件系统对应的是分区，而不是硬盘，无论硬盘是一个分区，还是多个分区。Winodws Server 2008 支持的文件系统包括 FAT16、FAT32 和 NTFS 三种不同的文件系统。

NTFS 文件系统是 Windows NT 以及之后的 Windows 各种版本系统的标准文件系统。NTFS 取代了 FAT 文件系统。

NTFS 的特点如下。

1) NTFS 可以支持的分区（如果采用动态磁盘则称为卷）大小可以达到 2 TB。而 FAT32 支持分区的大小最大为 32 GB。

2) NTFS 支持对分区、文件夹和文件的压缩。任何基于 Windows 系统的应用程序对 NTFS 分区上的压缩文件进行读取时不需要事先由其他程序进行解压缩，当对文件进行读取时，文件将自动进行解压缩；文件关闭或保存时会自动对文件进行压缩。

3) NTFS 采用了更小的簇。更有效地管理磁盘空间。在 Windows Server 2008 的 FAT32 文件系统的情况下，分区大小在 2~8 GB 时簇的大小为 4 KB；分区大小在 8 GB~16 GB 时簇的大小为 8 KB；分区大小在 16~32 GB 时，簇的大小则达到 16 KB。而 Windows 在 NTFS 文件系统下，当分区的大小在 2 GB 以下时，簇的大小都比相应的 FAT32 簇小；当分区的大小在 2 GB 以上时（2 GB~2 TB），簇的大小都为 4 KB。因此相比之下，NTFS 比 FAT32 更有效地管理磁盘空间，最大限度地避免了磁盘空间的浪费。

4) NTFS 拥有更好的安全性。在 NTFS 分区中，可以为共享资源、文件夹以及文件设置访问许可权限。许可的设置包括两方面的内容：一是允许哪些组或用户对文件夹、文件和共享资源进行访问；二是获得访问许可的组或用户可以进行什么级别的访问。访问许可权限的设置不但适用于本地计算机的用户，也适用于通过网络的共享文件夹对文件进行访问的网络用户。在采用 NTFS 文件系统的 Windows Server 2008 中，应用审核策略可以对文件夹、文件以及活动目录对象进行审核，审核结果记录在安全日志中，通过安全日志可以查看哪些组或用户对文件夹、文件或活动目录对象进行了什么级别的操作，从而发现系统可能面临的非法访问。通过采取相应措施，将安全隐患降到最低。这些在 FAT32 文件系统下是无法实现的。

5) 微软支持 FAT32 到 NTFS 的单向转换，可以在"开始"→"运行"中输"CMD"，再输入"convert D:/FS:NTFS"（D 是所要转化的分区盘符）重新启动之后即开始转化。

4.3.2　NTFS 权限的类型

1. 标准 NTFS 文件权限

NTFS 文件权限是指应用在文件上的 NTFS 权限，如图 4-2 所示，用来控制用户对文件的访问。

下面简单解释一下 6 个权限选项的含义。

1) 读取（Read）：它可以读取文件内容、查看文件属性与权限等。文件属性指的是只读、隐藏等，你可以通过[对着文件右击后的快捷菜单中的"属性"选项]的方法来查看文件属性。

2) 写入（Write）：它可以修改文件内容、在文件后面添加数据或修改文件属性等。

3）读取和执行（Read & Execute）：它除了拥有读取的所有权限外，还具备运行应用程序的权限。

4）修改（Modify）：它除了拥有读取、写入与读取和执行的所有权限外，还可以删除文件。

5）完全控制（Full Control）：它拥有所有的 NTFS 文件权限，也就是除了上述的所有权限之外，还拥有更改权限与取得所有权的特殊权限。用户必须对 NTFS 磁盘内的文件或数据拥有适当权限后，才能访问这些资源。权限可以为标准权限与特殊权限，其中标准权限已经可以满足一般需求，而通过特殊权限可以更精确地分配权限。

6）特殊权限：表明是否已经为该项设置了自定义权限，但无法通过勾选这些复选框来设置特殊权限。要设置特殊权限，可以单击"高级"按钮。

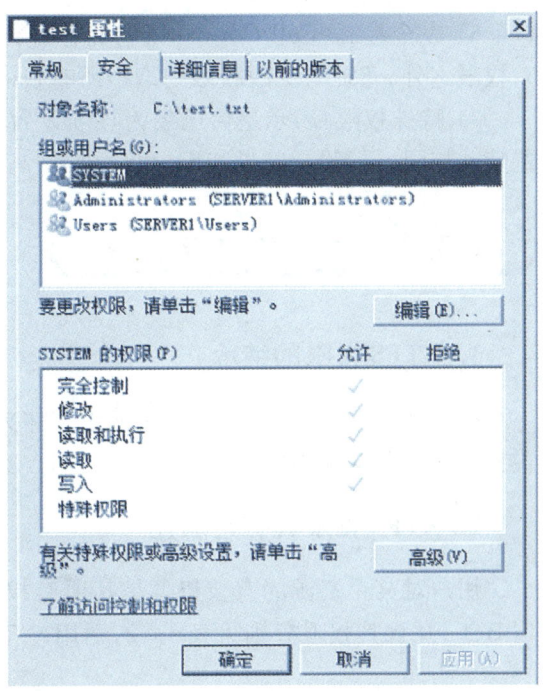

图 4-2　文件的 NTFS 权限

2. 标准 NTFS 文件夹权限

NTFS 文件夹权限用于控制用户对文件和文件夹中的文件以及子文件夹的访问，如图 4-3 所示即为文件夹 test 的 NTFS 权限。

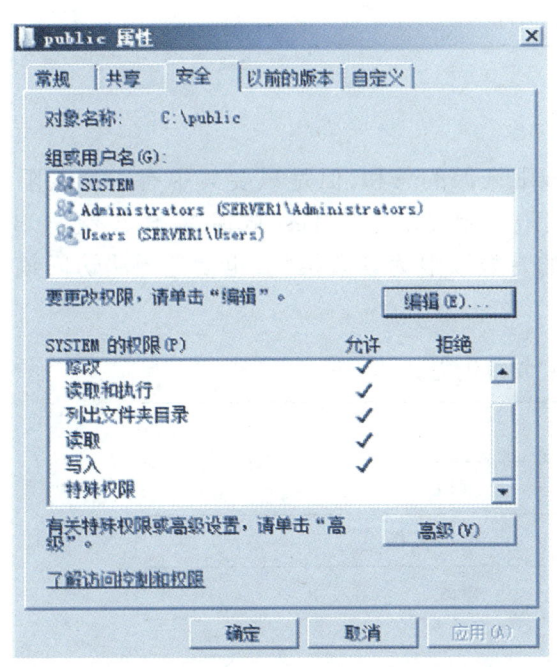

图 4-3　文件夹 public 的 NTFS 权限

下面简单解释一下 6 个权限选项的含义。

1）读取（Read）：它可以查看文件夹内的文件名与子文件夹名、查看文件夹属性与权限等。

2）写入（Write）：它可以在文件夹内新建文件与子文件夹、修改文件夹属性等。

3）列出文件夹内容（List Folder Contents）：它除了拥有读取的所有权限之外，还具备有遍历文件夹（Traverse Folder）权限，也就是可以打开或关闭此文件夹。

4）读取和执行（Read & Execute）：它拥有与列出文件夹内容几乎完全相同的权限，只有在权限继承方面有所不同：列出文件夹内容权限只会被文件夹继承，而读取和执行会同时被文件夹与文件来继承。

5）修改（Modify）：它除了拥有前面的所有权限外，还可以删除此文件夹。

6) 完全控制(Full Control)：它拥有所有的 NTFS 文件夹权限，也就是除了拥有前述的所有权限之外，还拥有更改权限与取得所有权的特殊权限。

7) 特殊权限：表示是否已经为该项设置了自定义权限，但无法通过单击这些复选框来设置特殊权限。要设置特殊权限，可以单击"高级"按钮。

4.3.3 用户的有效权限

1. NTFS 权限的继承

在默认情况下，位于文件夹下的子文件夹与文件会继承上一级文件夹的权限。也可以设置为不继承父文件夹的权限，而直接使用自身的权限设置。

2. NTFS 权限具有累加性

用户对某个资源的有效权限是其所有权限来源的总和。例如，用户 Test 同时属于 A 组与 B 组，并且其权限分别见表 4-2，则用户 Test 最终的有效权限为"修改"的权限。

表 4-2 权限的累加性

用户或组	权　　限
用户 Test	写入
组 A	读取
组 B	读取与执行

用户 Test 最后的有效权限为"写入＋读取＋运行"

3. "拒绝"权限的优先级较高

虽然用户对某个文件的有效权限是其所有权限来源的总和，但是只要其中有一个权限被设置为拒绝的话，则用户将不会拥有此项权限。例如，用户 Test 同时属于 A 组与 B 组，并且权限分别见表 4-3，则用户 Test 最终的有效权限为读取拒绝，也就是无法访问该文件。

表 4-3 "拒绝"权限优先

用户或组	权　　限
用户 Test	读取
组 A	读取被拒绝
组 B	修改

用户 Test 最后的有效权限为"拒绝访问"

4.4 项目实施——NTFS 权限的指派

4.4.1 设置文件夹的 NTFS 访问权限

某小型企业为工作组环境,有 50 台客户端,即将配置一台文件服务器,提供客户端的访问。在文件服务器的 D 盘下,创建公共共享文件夹"public",允许所有人访问此共享文件夹。"Public"文件夹下,设有 3 个部门"HR"、"IT"和"SALES"的部门独立文件夹。独立文件夹下有每个员工的专属文件夹。假设有 6 个员工隶属于对应组,需要通过文件服务器访问共享资源,部门员工分类如表 4 - 4:

表 4 - 4 部门员工分类

组	用户
HR group	用户 a 用户 b
IT group	用户 c 用户 d
SALES group	用户 e 用户 f

需求:如图 4 - 4 所示,每个员工只能访问自己部门文件夹,对个人的专属文件夹为完全控制权限,无法访问同部门下其他同事的文件夹。

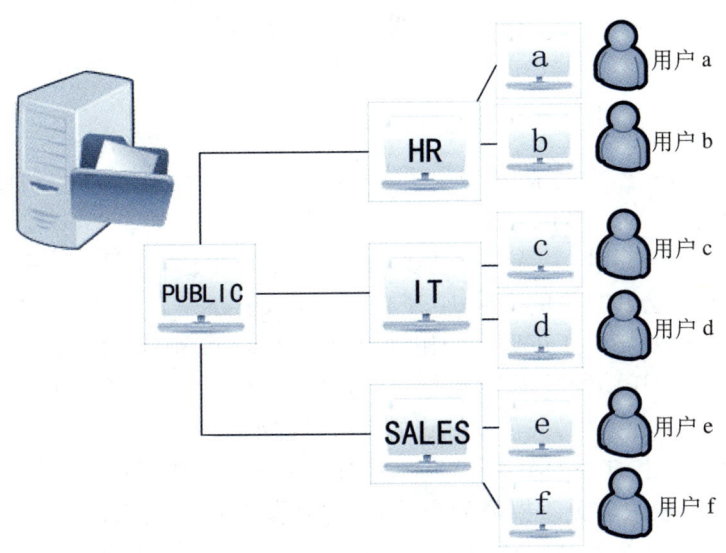

图 4 - 4 共享资源架构简介

【项目操作】当前以 Administrator 管理员账户登录文件服务器,创建相关用户和组,把对应用户加入对应组中。创建 D 分区下的文件夹"PUBLIC"。如图 4 - 5 和图 4 - 6 所示。

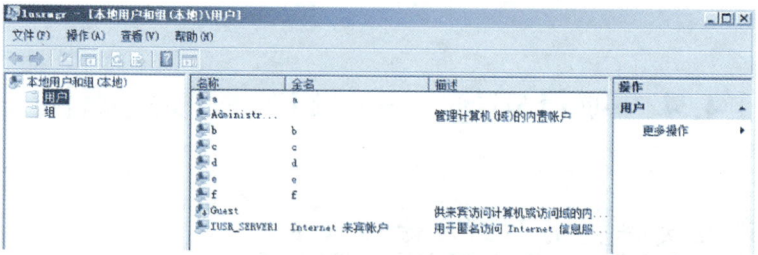

图 4-5　用户 a、b、c、d、e、f

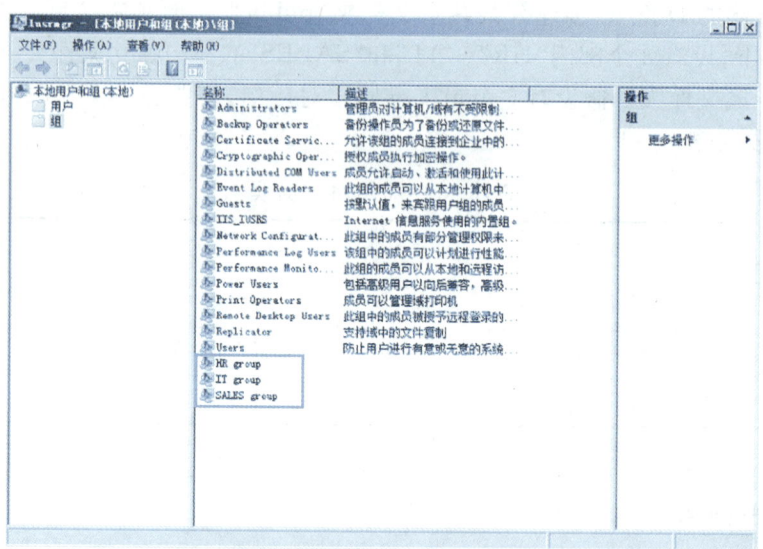

图 4-6　组 IT、HR、SALES

1. 指派文件夹和文件的 NTFS 权限

只有 Administrator 组内的成员、文件/文件夹的所有者、具备完全控制权限的用户,才有权指派这个文件/文件夹的 NTFS 权限。

1) 一个新的 NTFS 磁盘,系统会自动设置其默认的权限值,如图 4-7 所示为 D 分区的默认权限,其中有一部分会被其下的文件夹、子文件夹或文件继承。用户可以更改这些默认值。

2) 右键单击文件夹"PUBLIC",在弹出的菜单中选择"属性"命令,选择"安全"选项卡,打开如图 4-8 所示的"PUBLIC 属性"对话框,其中已有一些从父项对象(D 分区)继承的默认权限设置。如 Users 组的权限中,灰色勾标记的权限是继承的。

3) 单击"编辑"按钮,打开如图 4-9 所示的"PUBLIC 的权限"对话框,在此处可以给用户指派文件夹的 NTFS 权限。更改权限的方法是:选择某个用户或组,在相应的列表中勾选某条权限右方的"允许"或"拒绝"复选框即可。但无法直接将灰色的勾删除。

4) 如果要指派其他用户或组的权限(如组 HR group、IT group 和 SALES group),可以在"PUBLIC 的权限"对话框中单击"添加"按钮,打开如图 4-10 所示的"选择用户或组"对话框,在此直接输入对象名称。也可以单击"高级"→"立即查找"按钮,在"搜索结果"列表中选择用户或组,完成后单击"确定"按钮。

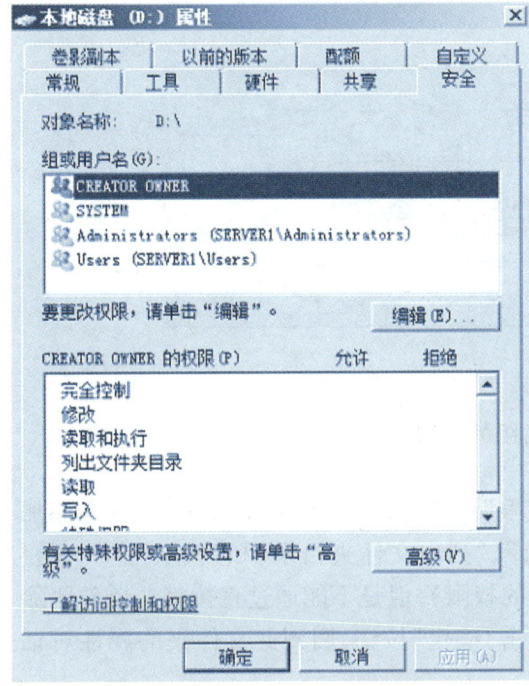

图 4-7　D 分区的默认权限

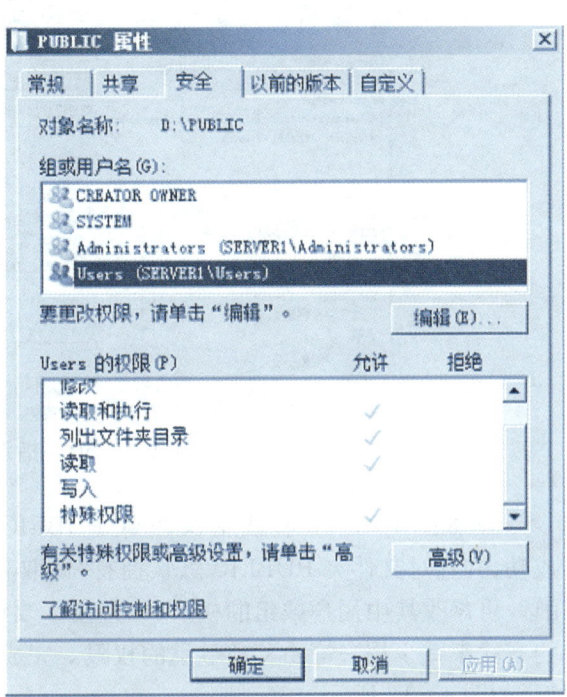

图 4-8　D:\PUBLIC 文件夹的安全属性

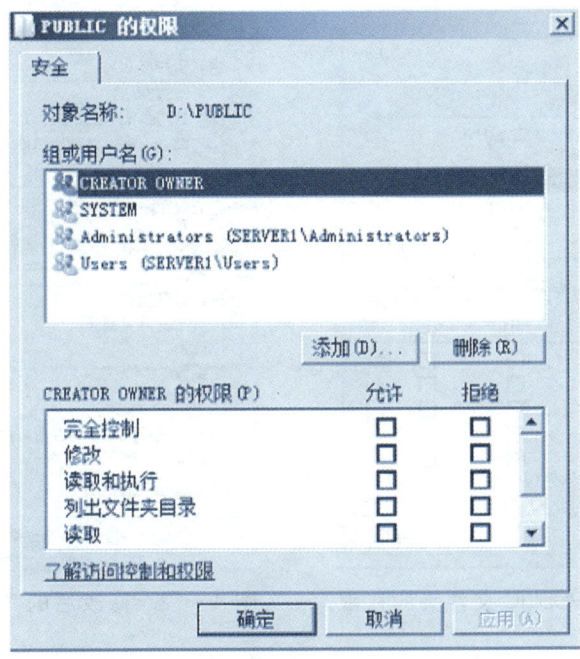

图 4-9　D:\PUBLIC 文件夹的默认权限

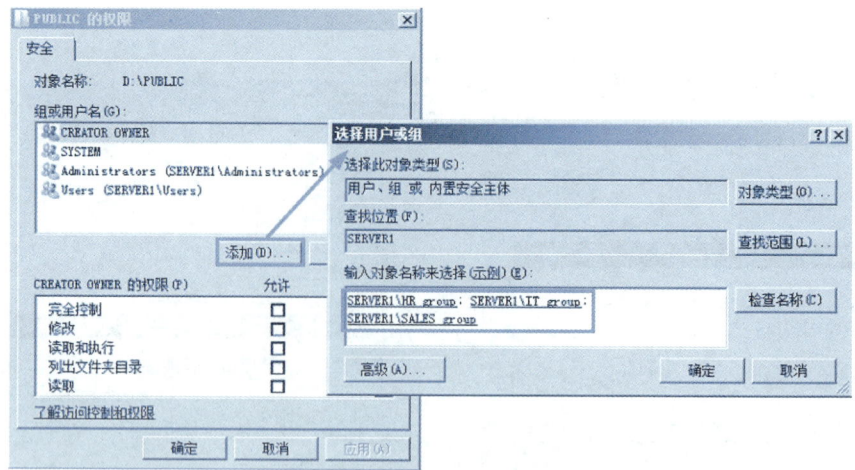

图 4-10　指派其他组的权限

5）如图 4-11 所示，此时又回到"PUBLIC 的权限"对话框，发现 HR、IT、SALES 组添加成功，并且对文件夹 PUBLIC 默认拥有"读取和执行"、"列出文件夹目录"和"读取"这 3 项权限。可修改其中用户或组的权限（如直接修改组 IT 的权限），但是不能通过直接将灰色勾删除的方式来减少用户等由父项继承的权限。完成后单击"确定"按钮，回到此文件夹的属性对话框，如图 4-12 所示。

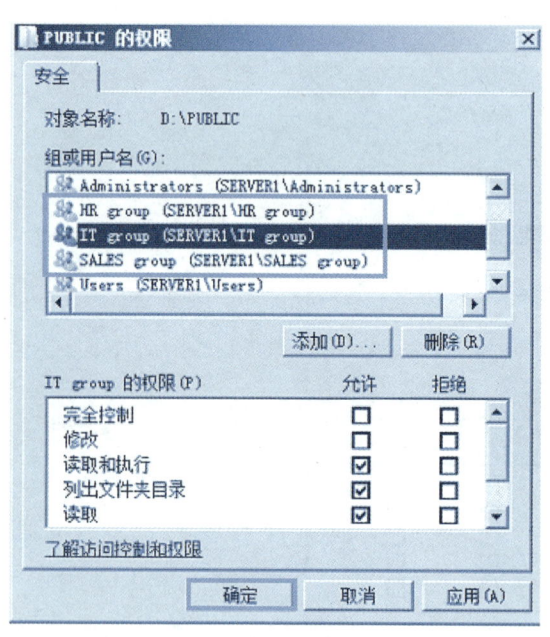

图 4-11　修改后的 D:\PUBLIC 文件夹的权限

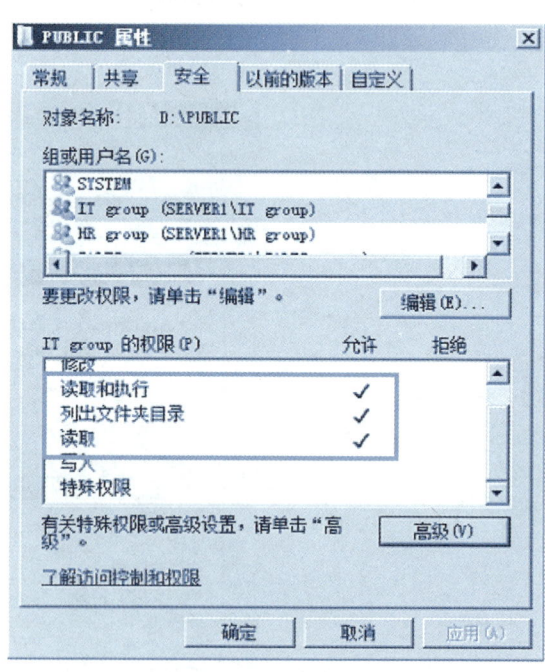

图 4-12　修改后的 D:\PUBLIC 文件夹的属性

6）如图,4-13 在文件夹 PUBLIC 下创建 HR、IT、SALES 文件夹,可以看到子文件夹（如 HR）默认继承了父文件夹 PUBLIC 的权限。

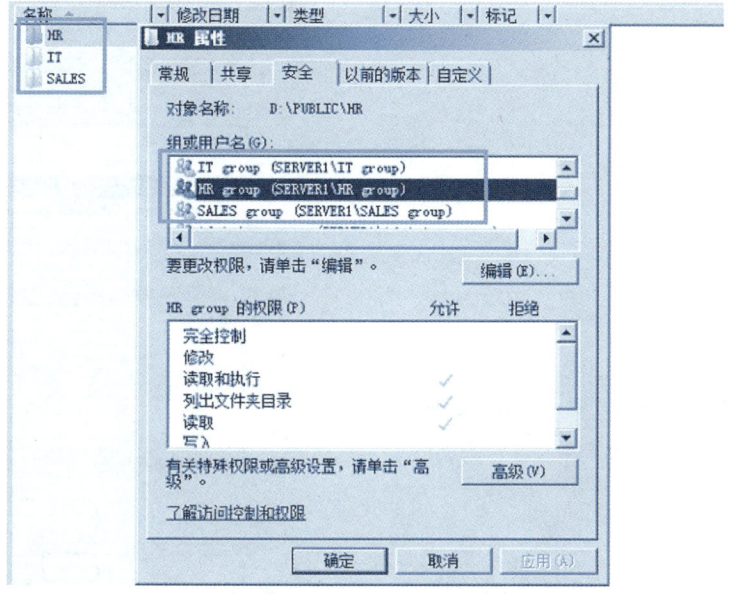

图 4 - 13　继承父项权限的 HR 属性

7）如果要断开继承父项的权限，则单击图 4 - 13 所示对话框中的"高级"按钮，打开如图 4 - 14所示的"HR 的高级安全设置"对话框，单击"编辑"按钮设置权限。其中，第一个复选框 "包括可从该对象的父项继承的权限"表示要继承父项的权限设置；第二个复选框"使用可从此 对象继承的权限替换所有后代上现有的所有可继承权限"表示强制子对象继承该文件夹的 权限。

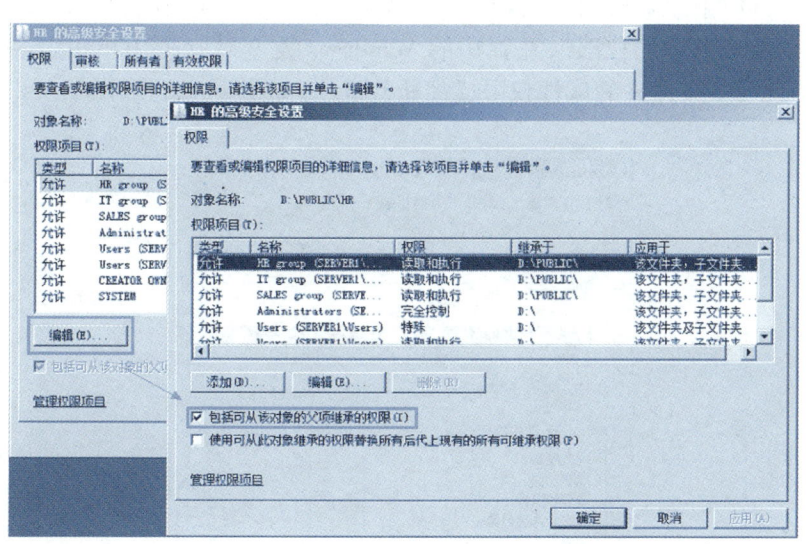

图 4 - 14　断开与父项权限的继承

8）这里撤选第一个复选框，单击"确定"按钮。此时会弹出如图 4 - 15 所示的"Windows 安全"信息提示框，这里单击"复制"按钮，可保留原来从父项继承的权限。如果单击"删除"按 钮，则可将这些继承下来的权限删除。

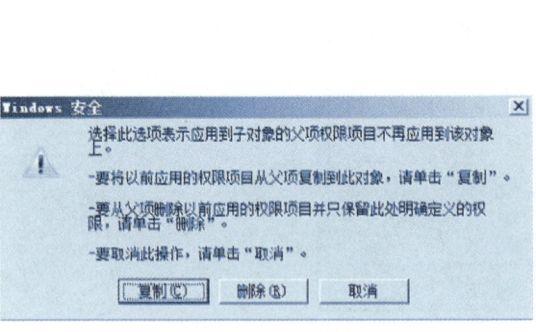

图 4 - 15　Windows 安全

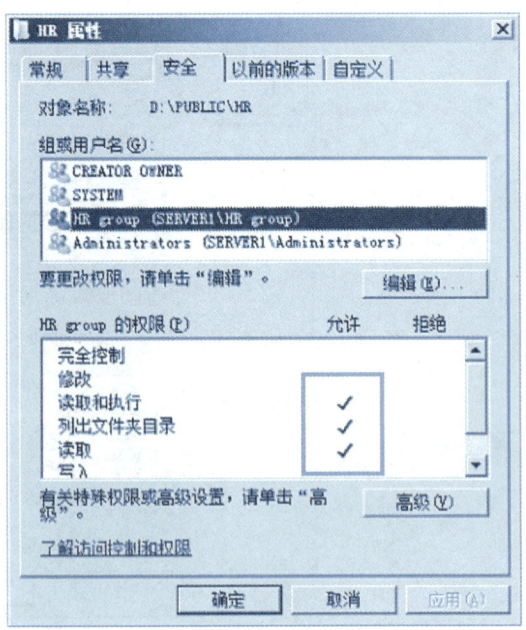

图 4 - 16　继承的权限状态发生变化

9) 回到"HR 属性"对话框,此时继承下来的权限已变成可编辑的状态,此时我们只需把 IT、Sales 和 users 组删除则可确保只有 HR 组的用户才能访问 HR 文件夹。如图 4 - 16 所示。

10) 在 HR 文件夹下创建对应用户专属文件夹(a 和 b),此时 a 和 b 文件夹继承父项 HR 权限,如图 4 - 17 所示。根据项目需求,只允许 a 用户和 b 用户只能访问自己的专属文件夹,且为完全控制权限。

11) 点击 4 - 17 图中"高级"按钮,在 a 的高级安全设置对话框中单击"编辑"按钮,撤选"包括可从该对象的父项继承的权限",在弹出的 Windows 安全对话框中单击"复制"按钮,点击"确定"按钮后,此时 a 文件夹的属性权限已经断开继承,如图 4 - 18 所示。

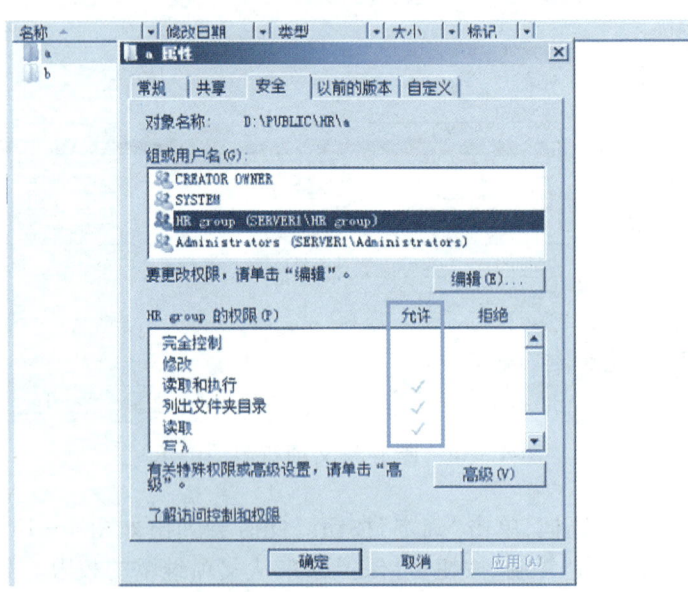

图 4 - 17　a 文件夹的属性

12）单击图 4－18 中的"编辑"按钮，删除 HR group，添加用户 a，且勾选"完全控制"为"允许"，如图 4－19 所示。

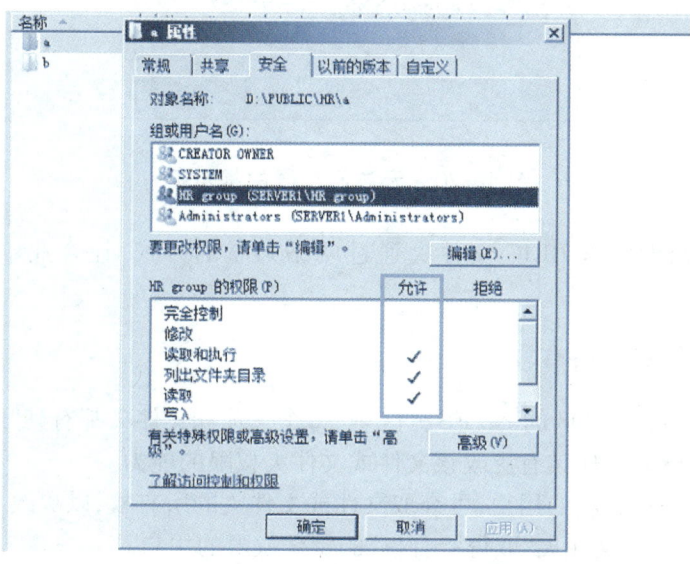

图 4－18　继承的权限发生变化

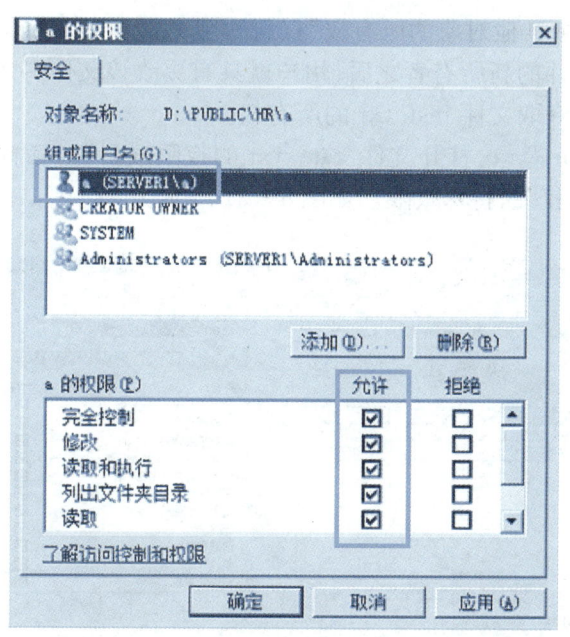

图 4－19　用户 a 的完全控制权限

13）文件权限的指派方式与文件夹权限的指派方式类似，此处不再赘述，请参阅有关说明。把其余文件夹（如 IT、SALES 文件夹中的 c、d、e、f 文件夹）按照设置 HR 属性的方式设置完成后，测试如图 4－20 所示，当用户 a 登录并试图访问 IT 和 SALES 文件夹时，则会"您当前无权访问该文件夹"警告框，若点击继续，则需输入管理员密码。

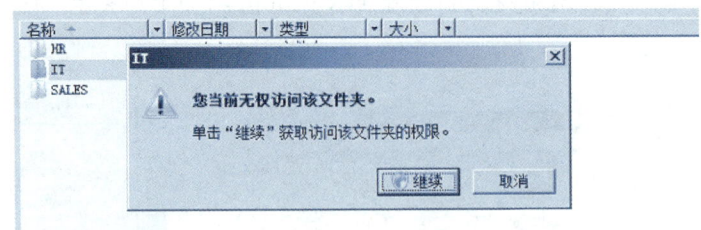

图 4-20　无访问权限的提示框

后续章节会介绍将 PUBLIC 文件夹通过网络共享的方式,让企业中不同部门的用户访问。

2. 文件与文件夹的所有权

在 Windows Server 2008 的 NTFS 分区内,每个文件和文件夹都有其"所有者"(默认是该文件或文件夹的创建者),他具有更改该文件或文件夹权限的能力。

需要具备以下条件之一的用户,可夺取文件或文件夹的所有权,以更改其所有者。

1)拥有对该文件或文件夹"取得所有权"的特殊权限的用户。

2)无论对文件或文件夹有何种权限,administrators 组的成员永远拥有"取得所有权"权限。

3)具备"取得文件或其他对象的所有权"权利的用户。

在成为文件夹或文件的新所有者之后,用户就具有更改该文件夹或文件权限的能力。

【项目操作】用户 a 夺取文件 test. txt 的所有权。

1)以 Administrator 登录,打开文件"test. txt 的权限项目"对话框,为用户 a 指派对文件 test. txt 拥有"取得所有权"的特殊权限。如图 4-21 所示。

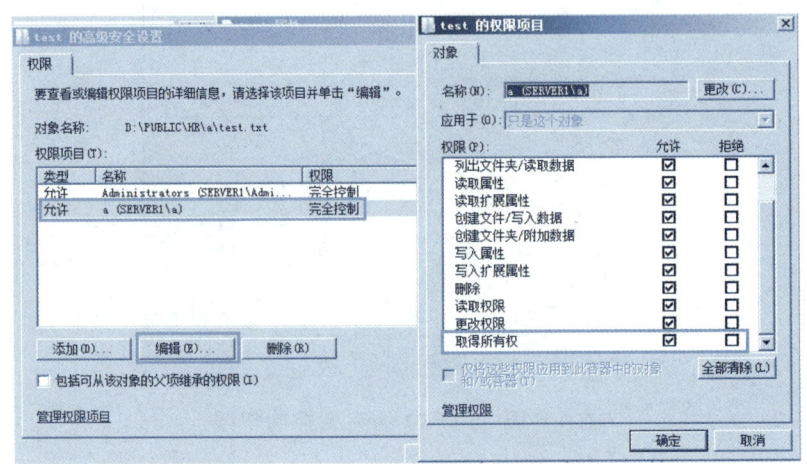

图 4-21　"取得所有权"对话框

2)以用户 a 登录,用鼠标右键单击文件,在弹出的菜单中选择"属性"命令,选择"安全"选项卡,单击"高级"按钮,打开如图 4-22 所示的"test 的高级安全设置"对话框,选择"所有者"

选项卡。可以看出对于文件 C:\test.txt,当前的所有者是 administrators 组,并且此处只能从列表中选择将所有者更改为用户 a 自己。

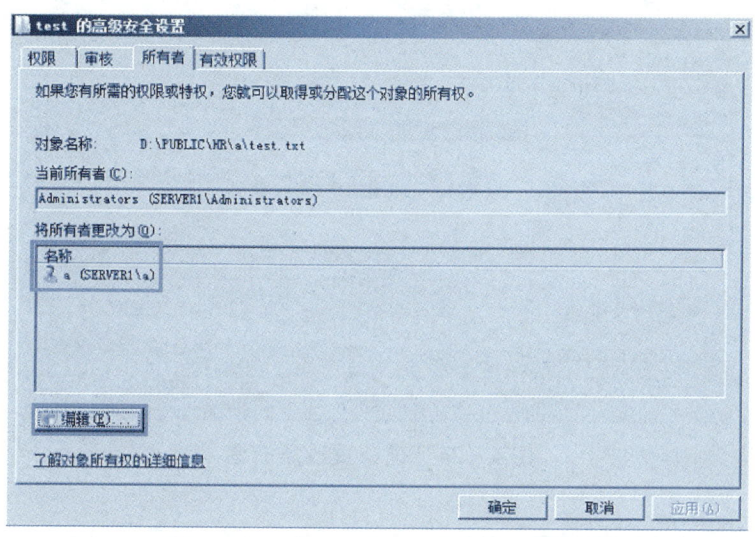

图 4 - 22 "test 的高级安全设置"对话框

3) 单击"编辑"按钮,将弹出一个"用户账户控制"对话框,如果要继续编辑权限,转移此文件的所有权,则必须在文本框中输入系统管理员账户的密码,然后单击"确定"按钮,打开如图 4 - 23 所示的"test 的高级安全设置"对话框,单击"其他用户和组"按钮,输入用户名 a,单击"确定"按钮,回到"test 的高级安全设置"对话框,再次单击"确定"按钮,将弹出如图 4 - 24 所示的"Windows 安全"信息提示框,单击"确定",则把文件 D:\PUBLIC\HR\a\test.txt 的所有权从 Administrators 组兑取过来,结果如图 4 - 25 所示。

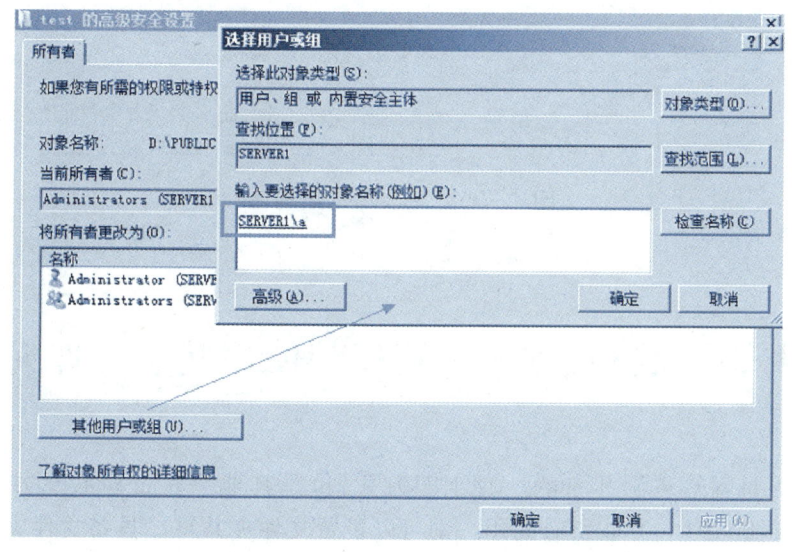

图 4 - 23 将所有者更改为 server1\a

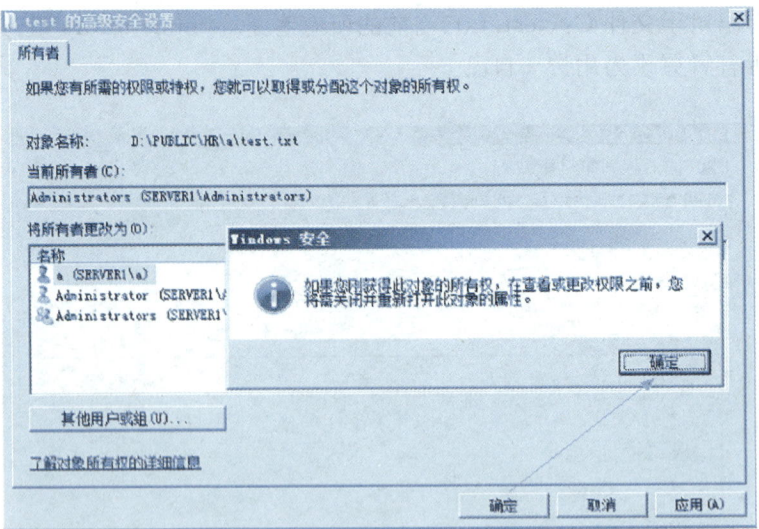

图 4 - 24　确认更改所有者

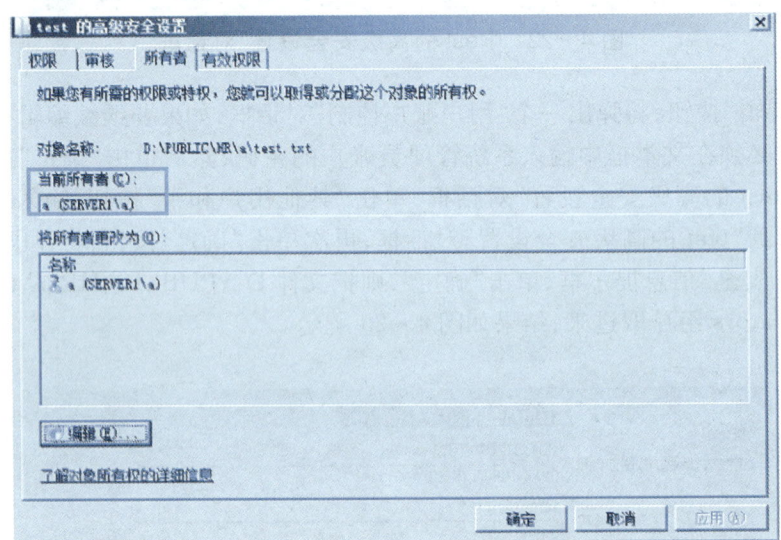

图 4 - 25　更改后的所有者

4.5　项目实施——管理和使用共享文件夹

共享文件夹是网络资源共享的一种主要方式,也是其他一些资源共享方式的基础。在 Windows Server 2008 中,并非所有的用户都可以设置文件夹共享。具备文件夹共享的用户必须是 Administrators 等内置组用户;其次,如果该文件夹位于 NTFS 分区,该用户必须被设置的文件夹具备"读取"的 NTFS 权限。

当复制一个共享文件夹时,原来共享的文件夹依旧被共享,但其复制文件夹并不共享。当一个共享文件夹被移动到另一个位置时,该文件夹不再共享。

4.5.1　设置共享文件夹

【项目操作】设置共享文件夹 Public

1）打开 Windows 资源管理器,选择被共享的文件夹"PUBLIC",右击该文件夹,在弹出的快捷菜单中选择"属性"选项,在弹出的"PUBLIC 属性"对话框中,单击"共享"选项卡。如图4-26所示。

2）单击"高级共享"按钮,在弹出如图4-27所示的"高级共享"对话框中,勾选"共享此文件夹"选项。单击"确定"按钮即可完成共享。

3）此时,在如图4-28所示的"PUBLIC 属性"对话框中,即可看到 PUBLIC 文件已共享和网络路径。

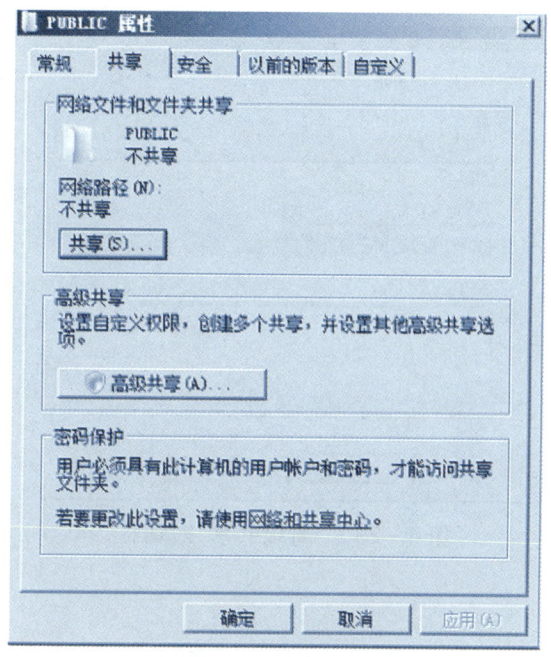

图 4-26　PUBLIC 属性

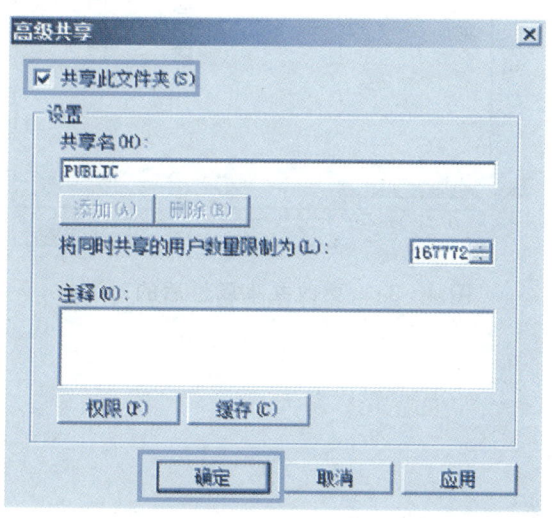

图 4-27　"高级共享"对话框

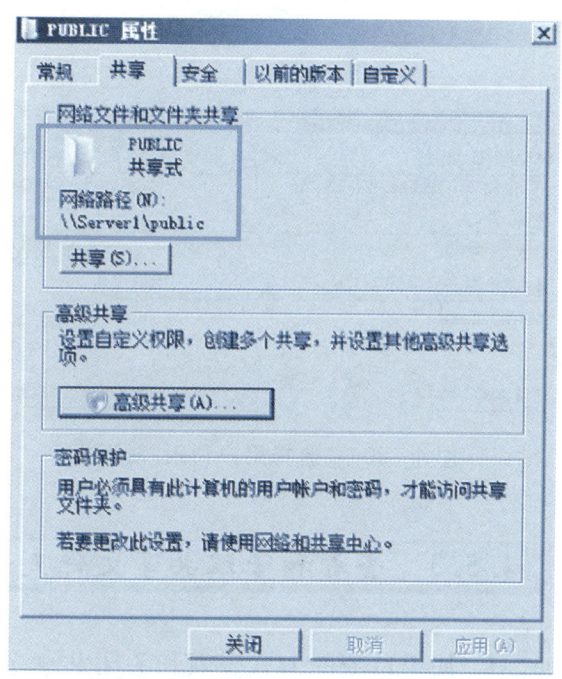

图 4-28　PUBLIC 属性

项目4　文件系统管理

4.5.2 设置共享文件夹的访问权限

【项目操作】设置共享文件夹 PUBLIC 的访问权限

在设置共享文件夹时,同时可设置文件夹的访问权限。设置共享文件夹访问权限的操作方法如下:

1) 如图 4-28 所示,在共享文件夹属性对话框的"共享"选项卡中单击"高级共享"按钮,弹出如图 4-29 所示的"高级共享"对话框。默认情况下,everyone 组对共享文件夹拥有读取权限。

2) 在如图 4-29 所示对话框中单击"权限"按钮,弹出如图 4-30 所示的"选择用户或组"对话框,可为特定的用户设置共享权限。更改共享属性后的对话框如图 4-31 所示。此处删除了组 everyone,添加了 users 组,并授予了完全控制权限。

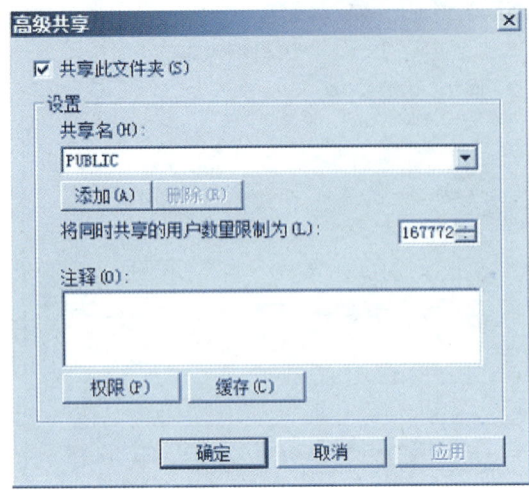

图 4-29 "高级共享"对话框

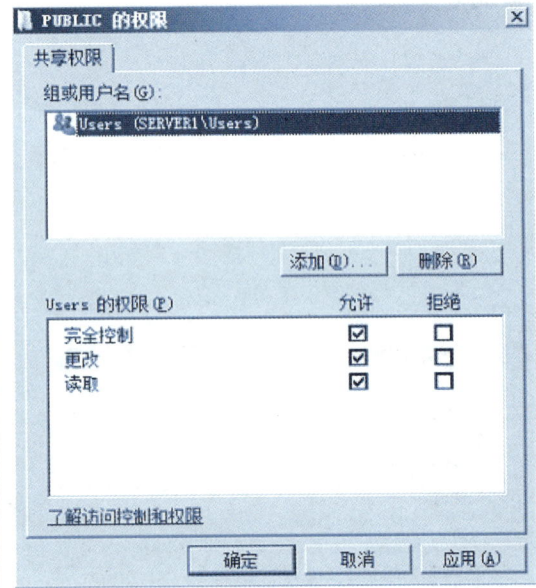

图 4-31 更改共享属性后的对话框

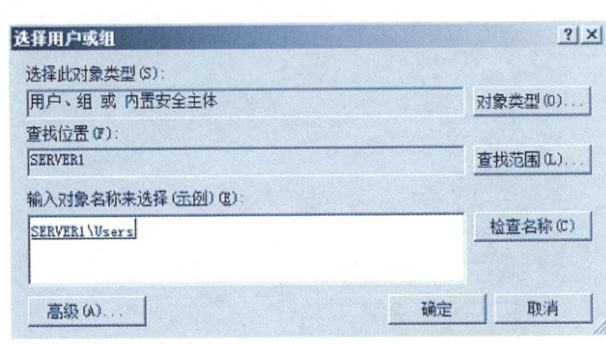

图 4-30 "选择用户和组"对话框

4.5.3 查看和管理共享文件夹

1. 使用口令的方式查看和关闭共享文件夹

1) 管理员可以通过"net share"口令查看服务器上已共享的文件夹,如图 4-32 所示。

86　操作系统与网络服务器管理 Windows Server 2008

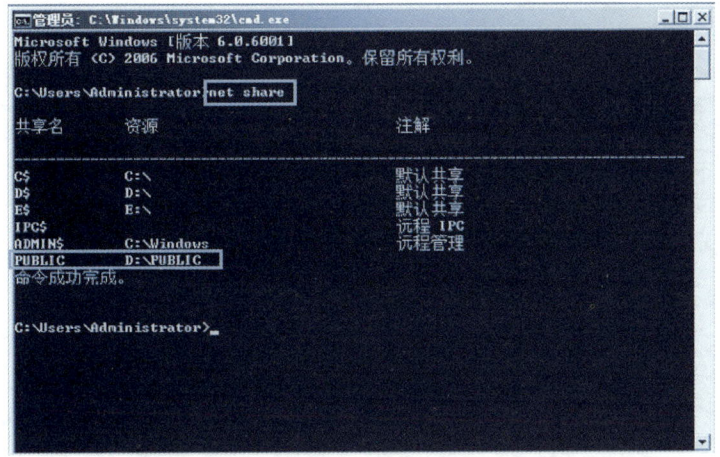

图 4 - 32　"net share"命令

2）如图 4 - 33 所示，若要关闭共享，也可通过"net share"口令关闭已共享的文件夹。

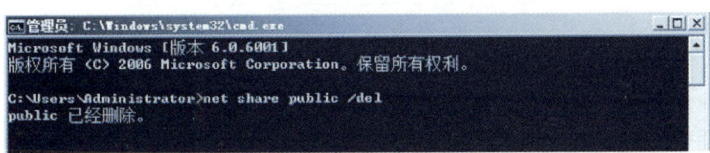

图 4 - 33　关闭 public 的共享

2. 使用图形化的方式查看和关闭共享文件夹

1）管理员也可以通过图形化方式查看服务器上已经共享的文件夹。点击"开始"→"管理工具"→共享和存储管理。如图 4 - 34 所示。

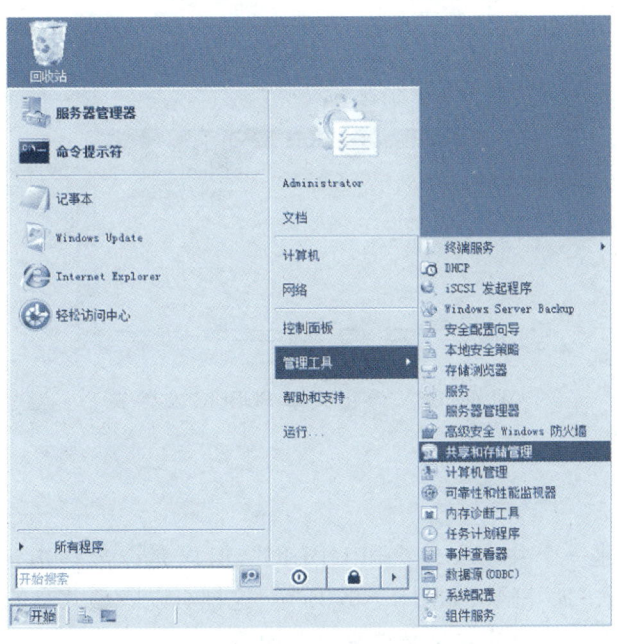

图 4 - 34　打开共享和存储管理

2）如图4-35所示，此时可以看见共享名为PUBLIC的文件夹已共享。

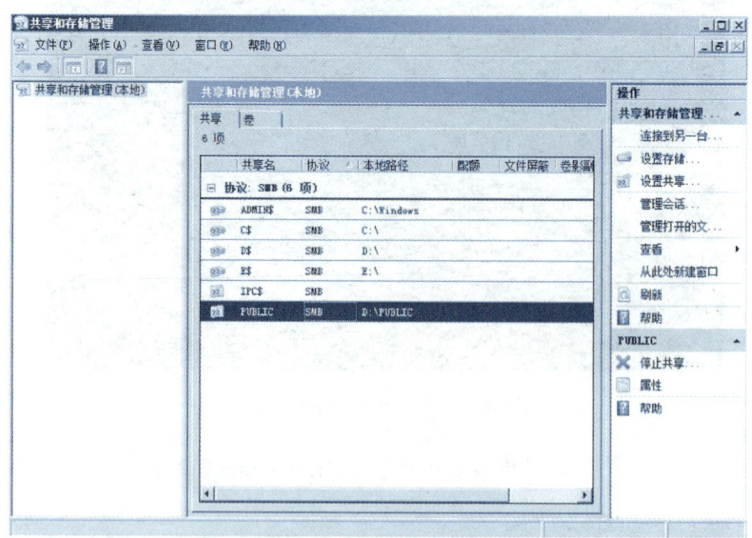

图4-35 共享和存储管理

3）若要关闭此共享，可右击"PUBLIC"，在弹出的对话框中点击"停止共享"按钮。如图4-36所示。

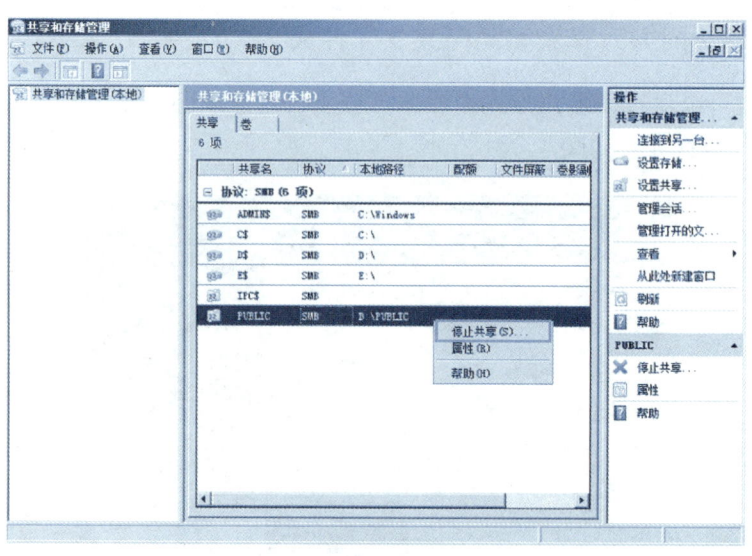

图4-36 停止共享PUBLIC文件夹

3. 设置隐藏的共享文件夹

如果用户希望创建一个共享文件夹"PUBLIC"，但只允许某些指定的用户访问，可以在"共享名"文本框中输入"＄"符号，如图4-37所示，这样可以隐藏共享的文件夹。访问用户在"网上邻居"中无法看到被隐藏的共享文件夹"PUBLIC"。

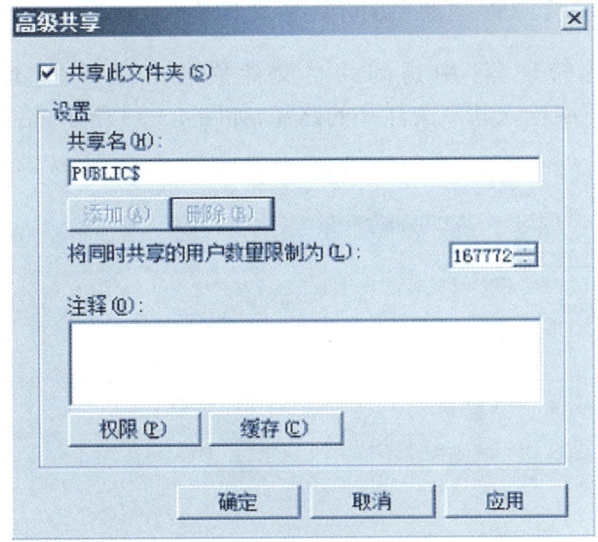

图 4 - 37　设置隐藏的共享文件夹

4.5.4　客户端访问共享文件夹

用户可以使用多种方式访问共享文件夹,例如,使用"运行"工具,使用 IE 浏览器,使用资源管理器,映射"网络驱动器"等。

1. 使用"运行"访问共享文件夹

选择"开始"→"运行"选项,输入"\\计算机名或 IP 地址\共享文件夹名称"例如,\\server1\PUBLIC,如图 4 - 38 所示,然后单击"确定"按钮,进行访问。(若文件夹设有共享和 NTFS权限,则需要输入有权访问的用户凭据。)

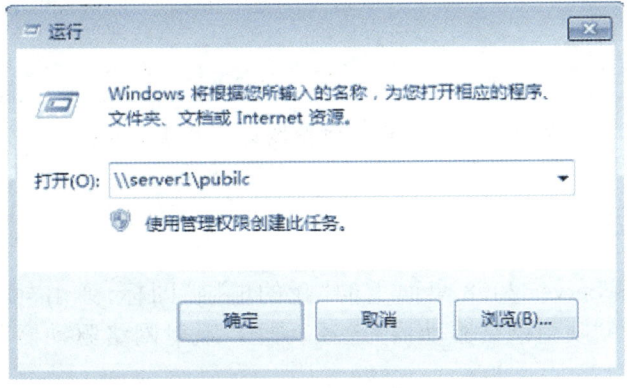

图 4 - 38　使用"运行"访问共享文件夹

2. 使用"Windows 资源管理器"访问共享文件夹

在"Windows 资源管理器"中访问共享文件夹的方法与在"运行"中访问相似,在"Windows 资源管理器"中输入共享文件夹的路径,如图 4 - 39 所示,格式为"\\计算机名或 IP 地址\共享文件夹名称"。

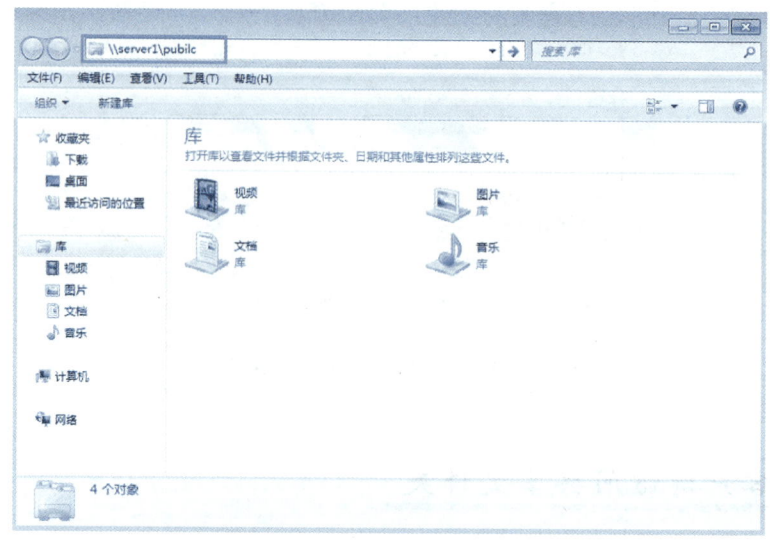

图 4 - 39 使用"Windows 资源管理器"访问共享文件夹

3. 使用 IE 浏览器访问共享文件夹

在 IE 浏览器中访问共享文件夹的方法与在"运行"中访问相似,在浏览器地址栏中输入共享文件夹的路径,如图 4 - 40 所示,格式为"\\计算机名或 IP 地址\共享文件夹名称"。

图 4-40 使用 IE 浏览器访问共享文件夹

4. 映射网络驱动器

1) 双击 Windows Server 2008 桌面上的"我的电脑"图标,弹出"我的电脑"图标,弹出"我的电脑"窗口,选择"映射网络驱动器"选项,弹出"映射网络驱动器"对话框,如图 4 - 41 所示。

2) 在该对话框中指定驱动器号和共享文件夹的 UNC 路径,此处在"驱动器"中选择"Z:",在文件夹中输入\\192.168.0.2\PUBLIC,如图 4 - 42 所示。如希望用户每次登录是都能够自动连接到共享文件夹,则勾选"登陆时重新连接"复选框,那么用户每次登录计算机时都会连

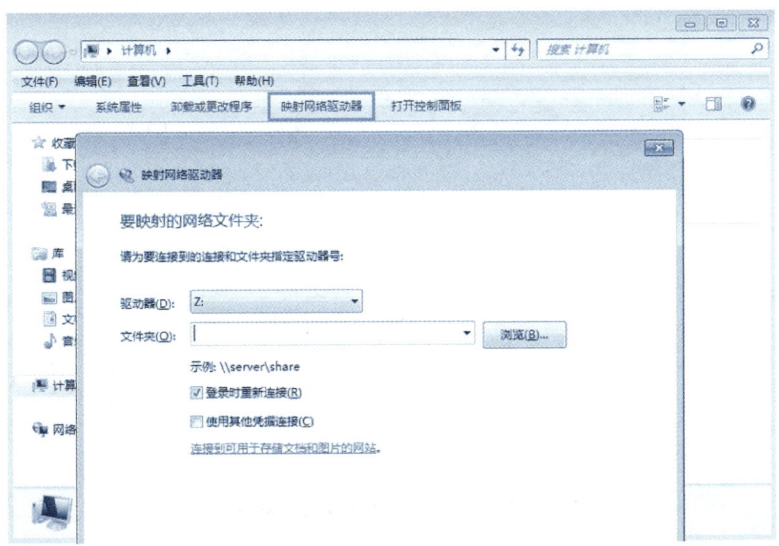

图 4 - 41 "映射网络驱动器"对话框

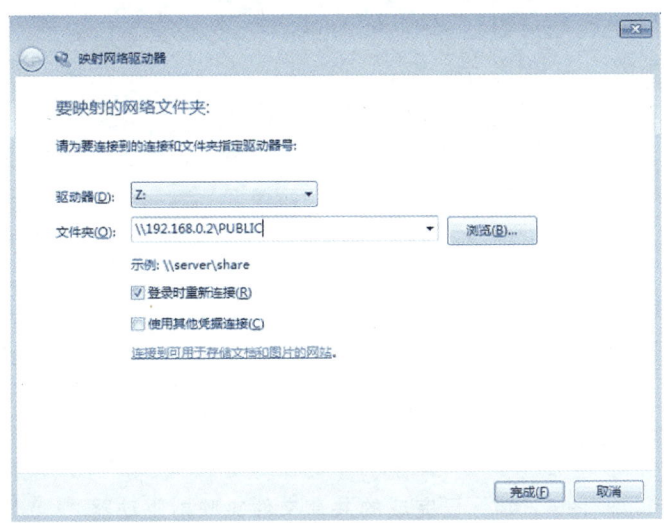

图 4 - 42

接到这个特定的共享文件夹。

　　默认情况下,会以管理员 Administrator 的身份连接使用共享文件夹,如果要使用其他用户来连接共享文件夹,则单击"其他用户名"连接,如图 4 - 43 所示,在弹出的对话框中输入用户名和密码,单击"确定"按钮。

　　3) 若再打开"我的电脑"图标,则可以看到共享文件夹映射的驱动器,如图 4 - 44 所示,此处为"PUBLIC(\\192.168.0.2)Z:",用户双击该网络驱动器即可访问共享文件夹。

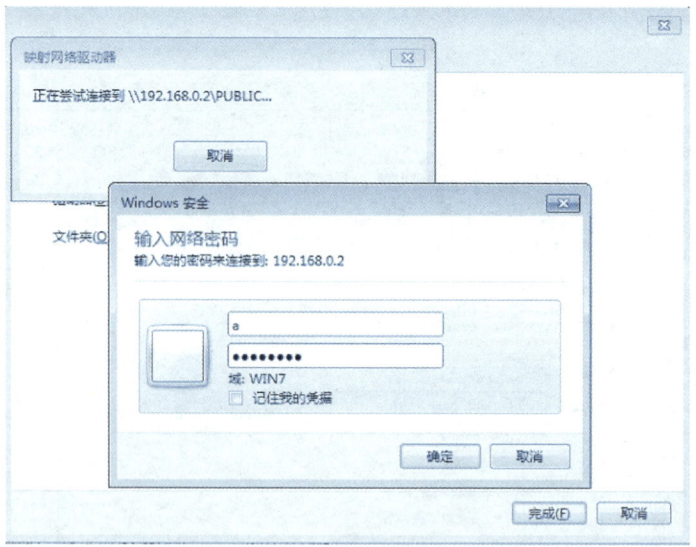

图 4 - 43 "Windows 安全"对话框

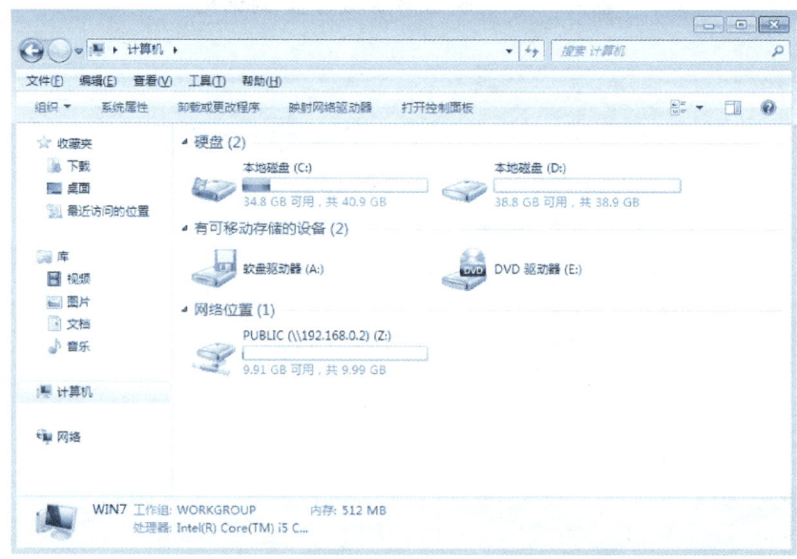

图 4 - 44 已完成的共享文件夹映射驱动器

项 目 小 结

通过本项目主要学习了 Windows Server 2008 的 NTFS 文件系统和文件夹共享。

通过对文件系统的学习,读者应掌握 NTFS 权限的两大要素:一是标准访问权限,二是特别访问权限。应掌握如何指派用户或用户组对这些文件与文件夹的使用权限。

通过对共享文件的学习，读者应掌握使用网络共享来访问自己需要的资源，以及设置资源的使用权限，合理的管理企业中的资源。

项目思考与操作

1. 简述 FAT32 文件系统和 NTFS 文件系统在文件夹或文件属性选项卡有哪些区别。

2. 掌握对文件和文件夹断开继承权限。

3. 掌握父项文件夹统一子文件和子文件夹的继承权限。

4. 在 Windows Server 2008 上对文件夹设置 NTFS 权限、开启共享并设置共享权限。

5. 用户对文件夹的 NTFS 权限为"读取"，而共享权限为"完全控制"，用户通过网络访问此文件夹时，拥有何种权限？当用户以本地登录的方式访问此文件夹时，拥有何种权限？

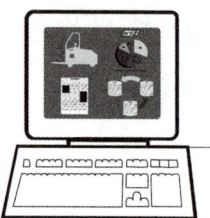

DHCP服务器的架设

5.1 项 目 描 述

在企业中,为了在网络上互相通信,每台计算机都需要 IP 地址。每台计算机的 IP 地址可以通过以下两种方法来设置:

手动输入:这种方式工作量较大,易出错导致 IP 地址冲突。会加重管理员的负担。

自动向 DHCP 服务器申请:计算机会自动向 DHCP 服务器申请 IP 地址。DHCP 服务器会分配 IP 地址给计算机。它可以减轻管理负担、避免因手动输入错误而造成的困扰。

DHCP(Dynamic Host Configuration Protocol)动态主机配置协议是一种 IP 标准,它通过 DHCP 服务器集中管理网络上计算机的动态 IP 地址和其他配置,从而简化网络管理员分配 IP 地址的工作量。

5.2 项 目 分 析

若要使用 DHCP 方式来分配 IP 地址的话,整个网络内必须至少有一台启动 DHCP 服务的服务器,也就是 DHCP 服务器。DHCP 服务器将 IP 地址租出给客户端使用,若客户端未及时更新租约,在租约到期时,DHCP 服务器会收回该 IP 地址的使用权。除了 IP 地址之外,DHCP 服务器还可以提供其他相关选项设置给客户端,如默认网关的 IP 地址、DNS 服务器的 IP 地址、DNS 域名和租期等。

对于 DHCP 服务器本身,以及其他一些特定的服务器(如域控制器、DNS 服务器、文件服务器等)是一定要手动设定静态 IP 地址的。

现实生活中自动分配 IP 地址的应用场景很多。如,通过 ADSL 上网,在拨号之后就会获得一个随机产生的公网 IP 地址,以及子网掩码、默认网关和 DNS 路由器的 IP 地址,这些就是由 ISP(Internet Service Provider,互联网服务提供商)自动分配的。同理,如果在局域网中设

置了 DHCP 服务器,当客户端接入这个网络后就会自动得到一个属于该网络的 IP 地址。

5.3　基础知识准备

5.3.1　DHCP 工作原理

1. DHCP 架构体系

如图 5-1 所示,在一个典型的启用 DHCP 服务的网络模型中,可以存在以下几种角色。

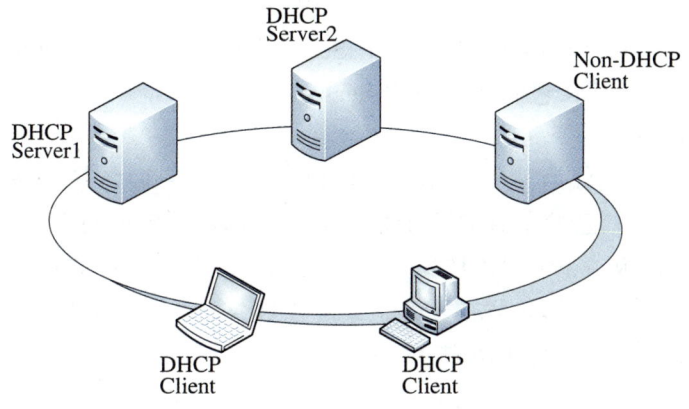

图 5-1　DHCP 架构体系

1) DHCP 服务器

DHCP 服务器为需要申请 IP 地址和租约信息等的客户端分配 IP 地址。

2) DHCP 客户端

DHCP 客户端以租约(Lease)的形式向 DHCP 服务器申请 IP 地址,包括租约生成和更新租约两种情况。后面将说明具体的工作过程。

3) 非 DHCP 客户端

对于一些重要的服务器和特殊的客户端,必须以手动设定静态 IP 地址。

2. DHCP 租约生成的工作过程

下列几种情况, DHCP 客户端会从 DHCP 服务器获取一个新的 IP 地址:

- 该客户端第一次称为 DHCP 客户端,也就是第一次从 DHCP 服务器获取 IP 地址。
- 该客户端原先租用的 IP 地址已经被 DHCP 服务器收回,并且已租给其他客户端使用。
- 该客户端自己释放原先所租用的 IP 地址,并要求租用一个新的 IP 地址。DHCP 客户端可以使用命令"ipconfig/release"自行释放 IP 地址,之后再利用命令"ipconfig/renew"来更新 IP 地址租约。
- 客户端计算机更换了网卡。

● 客户端计算机被转移到了其他网段。

以图 5 - 1 为例,网络中有两台 DHCP 服务器提供服务:DHCP Server1 和 DHCP Server2,作为一台 DHCP 客户端,DHCP Client 申请一个新的 IP 地址的过程如下(通过 4 个广播包来相互通信)。

1) DHCPDISCOVER

DHCP Client 会先送出 DHCPDISCOVER 的广播信息到网络,以便寻找一台能够提供 IP 地址的 DHCP 服务器。

2) DHCPOFFER

当网络中的 DHCP 服务器收到 DHCP 客户端的 DHCPDISCOVER 信息后,它就会从 IP 地址池(IP pool)中,挑选一个尚未出租的 IP 地址,然后利用广播的方式传送给 DHCP Client。之所以用广播的方式,是因为在此时 DHCP 客户端还没有 IP 地址,在尚未与 DHCP 客户端完成租用 IP 地址的程序之前,这个 IP 地址会暂时被保留起来,以避免再分配给其他的 DHCP Client。此时网络中 DHCP Server1 和 DHCP Server2 都会广播 DHCPOFFER 的包,假设这里第一个发出 DHCPOFFER 包的是 DHCP Server1

3) DHCPREQUEST

当 DHCP Client 挑选好第一个收到的 DHCPOFFER 信息后,它就利用广播的方式,响应一个 DHCPREQUEST 信息给所有 DHCP 服务器。之所以用广播的方式,是因为它不但要通知所挑选到的 DHCP 服务器(DHCP Server1),还必须通知没有被选上的 DHCP 服务器(DHCP Server2),以便这些 DHCP 服务器能够将其原本欲分配给此 DHCP Client 的 IP 地址释放出来,供其他的 DHCP Client 使用。

4) DHCPACK

DHCP Server1 收到 DHCP Client 要求 IP 地址的 DHCPREQUEST 信息后,就会利用广播的方式送出 DHCPACK 确认信息给 DHCP Client,之所以用广播的方式,是因为此时 DHCP Client 还没有 IP 地址,此信息内包含着 DHCP Client 所需的 TCP/IP 配置信息,例如 IP 地址、子网掩码、默认网关、DNS 服务器和租约期限等。

DHCP 客户端在收到 DHCPACK 信息后,就完成了获取一个新的 IP 地址的过程,利用这个 IP 地址来与网络中其他的计算机通信。

DHCP 客户端成功申请到租约后,对于有线网络,默认的租约期限是 6 天(无线网络为 8 小时),如果 DHCP 客户端想要延长其 IP 租约期限,则 DHCP 客户端必须更新其 IP 租约。

3. DHCP 更新租约的工作过程

下列几种情况,DHCP 客户端会自动向 DHCP 服务器更新租约:

1) DHCP 客户端重新启动时

每一次客户端计算机重新启动时,都会自动将 DHCPREQUEST 广播信息发送给 DHCP 服务器,以便要求租用原来的 IP 地址。若租约无法更新,客户端会尝试与默认网关通信,若通信成功且租约未到期,则继续使用原来的 IP 地址;若客户端所在的网络发生了变化或网络中无 DHCP 服务器相应,客户端将改用网络 169.254.X. Y/16 中的 IP 地址(APIPA,自动专有 IP 地址),然后每隔 5 分钟再尝试更新租约。

2）IP 租用时间过半时

此时 DHCP 客户端会自动发送一个 DHCPREQUEST 信息给出租此 IP 地址的 DHCP 服务器。无论是否成功，由于租约未到期，客户端都将继续使用原来的 IP 地址。

3）IP 租用时间过半且更新失败，等到 IP 租用时间过 7/8 时

DHCP 客户端再次利用 DHCPREQUEST 广播信息，向所有 DHCP 服务器更新租约。若更新成功，则继续使用原 IP 地址；否则，此客户端会立即释放其正在使用的 IP 地址，然后重新向 DHCP 服务器申请一个新的 IP 地址（利用 DHCPDISCOVER 信息）。

最后，DHCP 服务器会单播一个 DHCPACK 信息给 DHCP 客户端，表示租约更新成功。

> **提示：**
> 如果所有的 DHCP 服务器都无法向 DHCP 客户端提供 IP 地址，则启用 APIPA（自动专有 IP 地址）。

5.4 项目实施——DHCP 服务器的安装与配置

某企业为工作组环境，有 80 台客户端，DHCP 服务器的 IP 地址 192.168.0.2。要求管理员对 DHCP 服务器进行安装并配置，需求如下：

1）为所有通过该服务器获得 IP 地址的 DHCP 客户端统一指定 DNS 服务器 IP 地址为 192.168.0.1

2）为子网 192.168.0.0/24 建立一个作用域 scope A，其可用的 IP 地址范围为：192.168.0.100～192.168.0.200（192.168.0.100～192.168.0.119 为排除地址段），默认网关统一指向 192.168.0.254，连续租用时间不超过 6 天。

3）为所有获得该子网 IP 地址的 DHCP 客户端统一指定 DNS 服务器为 192.168.0.1。

4）为总经理的计算机绑定一个固定的 IP 地址：192.168.0.188。

5.4.1 DHCP 服务器的安装

【项目操作】安装 DHCP 服务器。

1）在"服务器管理器"控制台中，单击"添加角色"，打开"添加角色向导"对话框。如图 5-2 所示，在"选择服务器角色"页，勾选"DHCP 服务器"复选框，单击"下一步"按钮。在"DHCP 服务器"页浏览有关信息，然后单击"下一步"按钮，根据向导开始设置 DHCP 服务器的安全选项。

2）如图 5-3 所示，在"选择网络连接绑定"页，向导会自动检测到具有静态 IPdizhi 的网络连接。选中"192.168.0.2"这个网络连接为 DHCP 客户端提供服务，单击"下一步"按钮。

3）如图 5-4 所示，在"指定 IPv4 DNS 服务器设置"页，输入 DNS 服务器地址为"192.168.0.1"，单击"下一步"按钮。

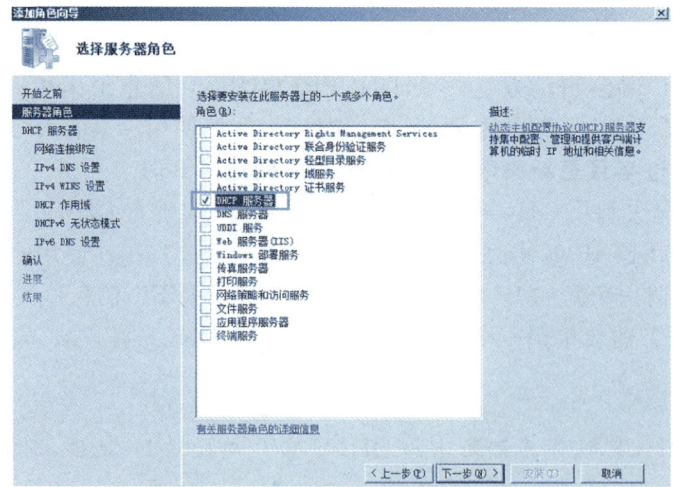

图 5-2　添加 DHCP 服务器角色

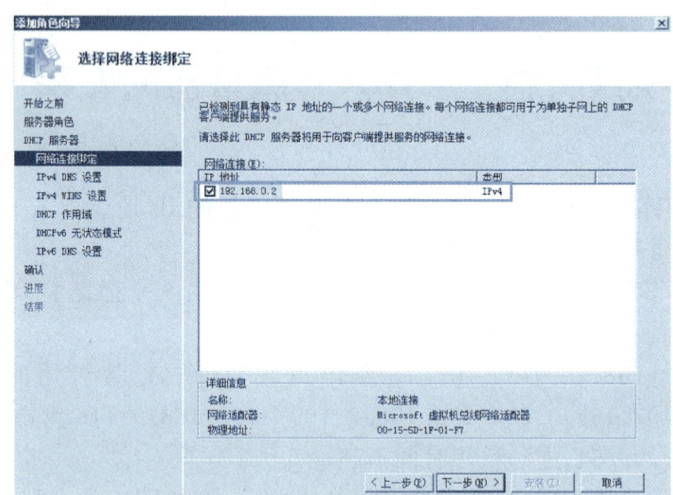

图 5-3　选择网络连接绑定

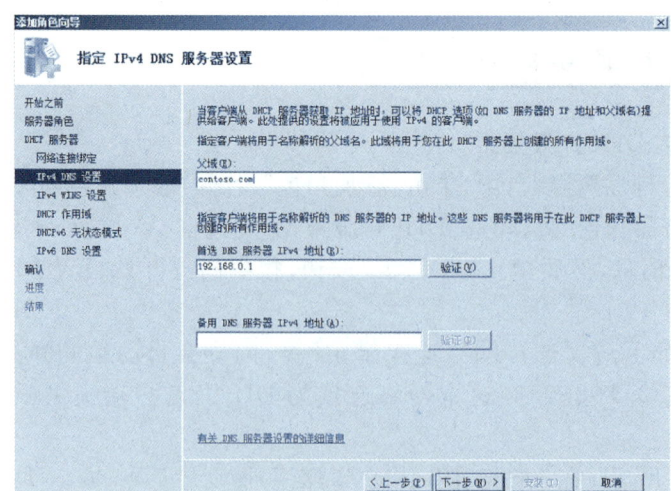

图 5-4　指定 DNS 服务器设置

4）在如图 5-5 所示的"指定 IPv4 WINS 服务器设置"页,选择"此网络上的应用程序不需要 WINS",这里暂时不做任何设置。单击"下一步"按钮。

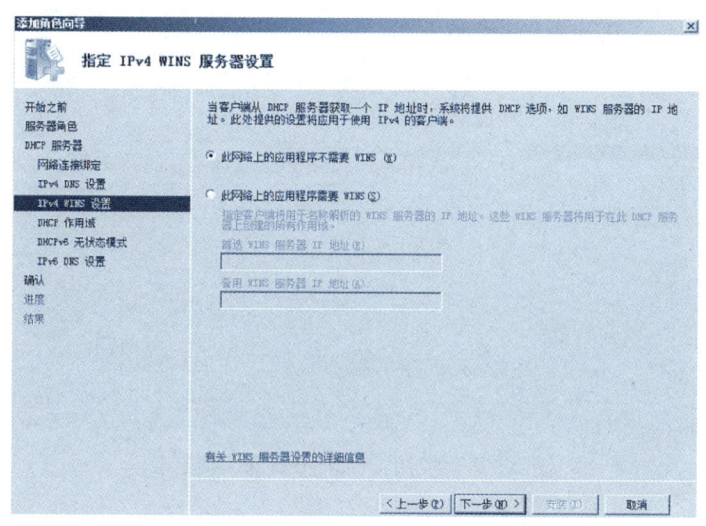

图 5-5　指定 WINS 服务器设置

5）DHCP 作用域就是在同一网段内可分配 IP 地址的范围。如图 5-6 所示,在"添加或编辑 DHCP 作用域"页,单击"添加"按钮,打开"添加作用域"对话框。这里根据需求依次输入作用域名称、起始和结束 IP 地址、子网掩码、默认网关和子网类型。勾选"激活此作用域"复选框,单击"确定"按钮,然后单击"下一步"按钮。

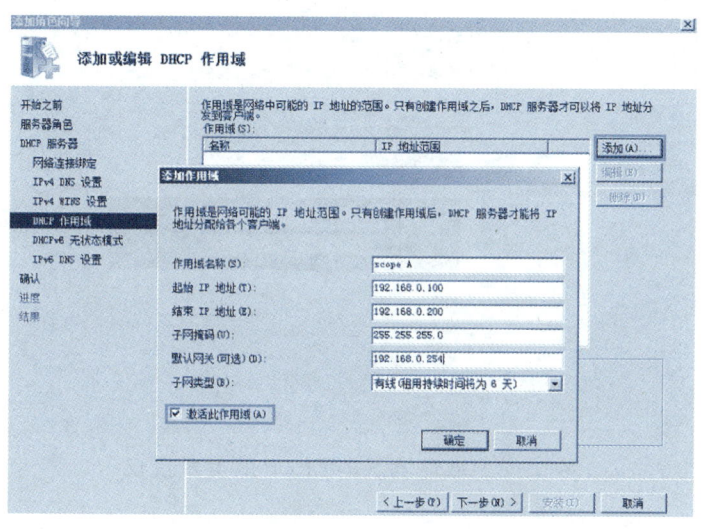

图 5-6　建立并激活 DHCP 作用域

6）如图 5-7 所示,在"配置 DHCPv6 无状态模式"页,若保持默认选项,则还必须指定 DHCPv6 DNS 服务器设置,这里选择"对此服务器禁用 DHCPv6 无状态模式"单选项,然后单击"下一步"按钮。

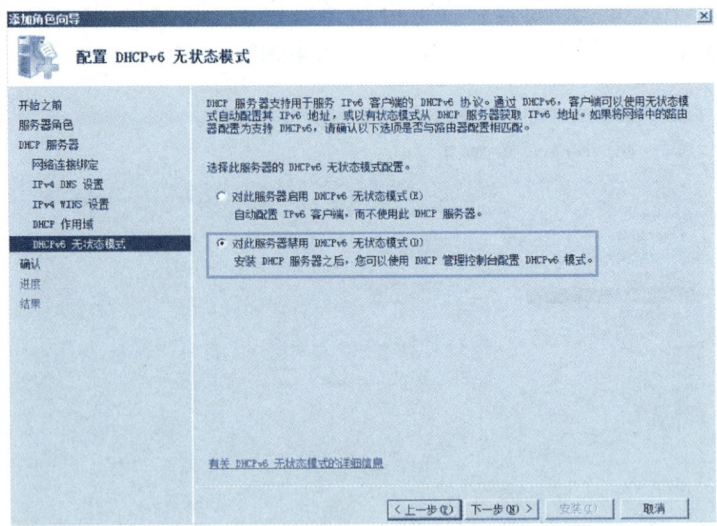

图 5-7　禁用 DHCPv6 无状态模式

提示：

若在域环境中，会出现一个"Windows 安全"对话框，提示输入在 contoso.com 域中有权为此 DHCP 服务器授权的用户账户和密码。如图 5-8 所示。

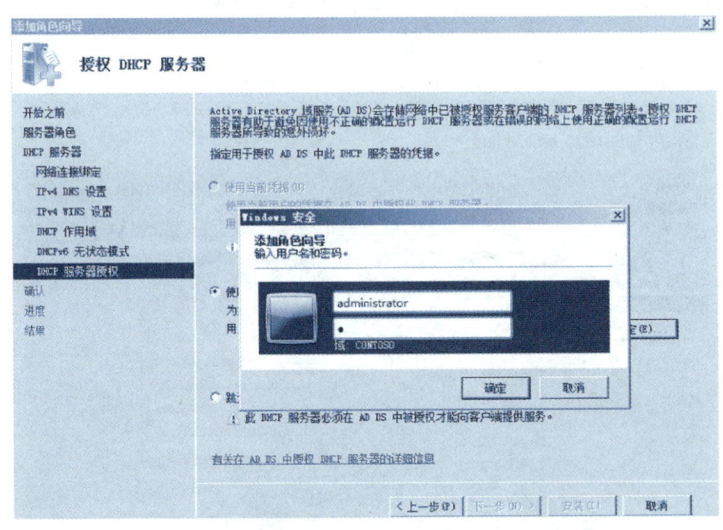

图 5-8　域环境下的 DHCP 服务器授权

所谓 DHCP 授权，是域环境下的一种安全机制，也就是在 AD 中注册 DHCP 服务，以正常相应 DHCP 客户端的请求。如果在网络中未授权一台 DHCP 服务器，那么其他性能较强的 DHCP 服务器可能会首先相应客户端的请求，客户端将可能得到一个其他网络的 IP 或者是一个不在预定范围内的随意的 IP 地址。授权能有效地保障处于域中的 DHCP 服务器正常工作。

7) 在如图5-9所示的"确认安装选择"页,单击"安装"按钮,立即开始安全和配置 DHCP 服务器。安装进度显示如图5-10所示,此时开始启动安装和配置 DHCP 服务网的过程,之后收集安装结果。

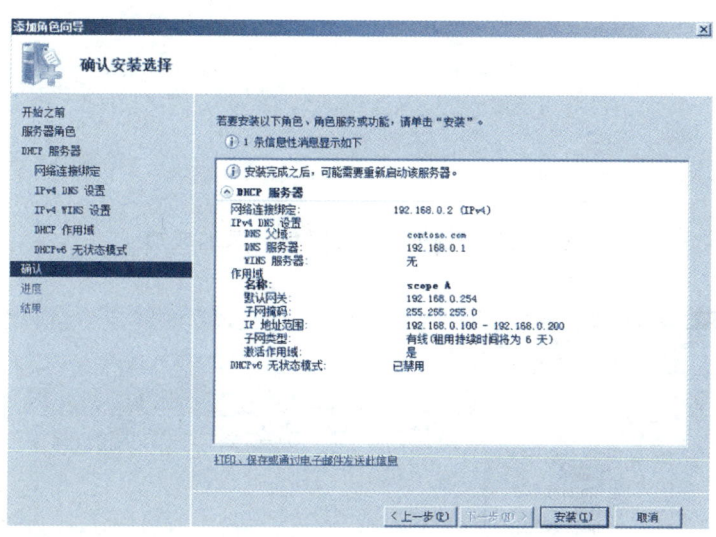

图5-9 确认安装选择

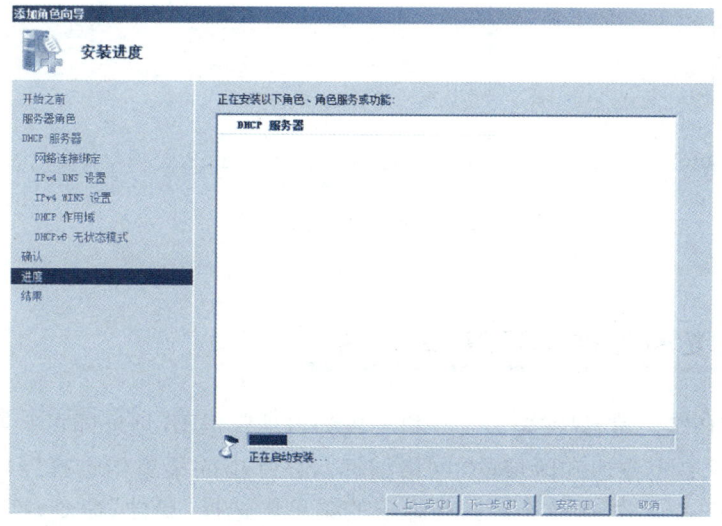

图5-10 安装进度

8) 在"安装结果"页将显示"安装成功"信息,单击"关闭"按钮,打开"服务器管理器"控制台,如图5-11所示,在已安装角色列表中包含了 DHCP 服务器,可以点击"开始"→"管理工具"→"DHCP",展开 DHCP 服务器上的作用域 scope A 的地址池,将看到此作用域内所有可用的 IP 地址范围。如图5-12所示。

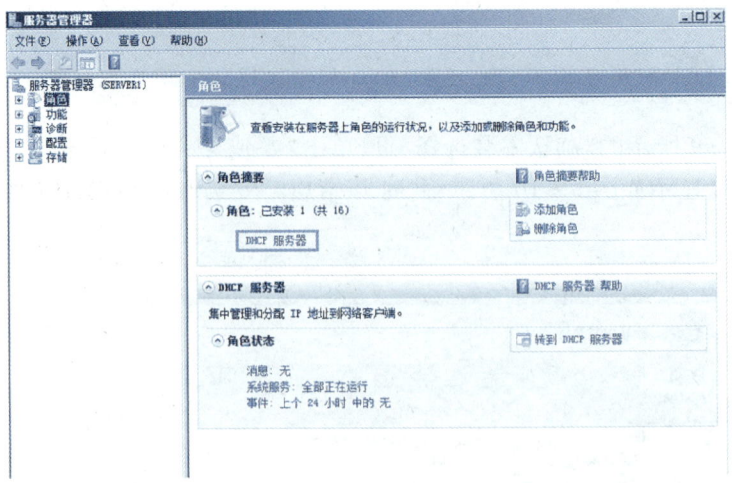

图 5-11　DHCP 服务器角色添加成功

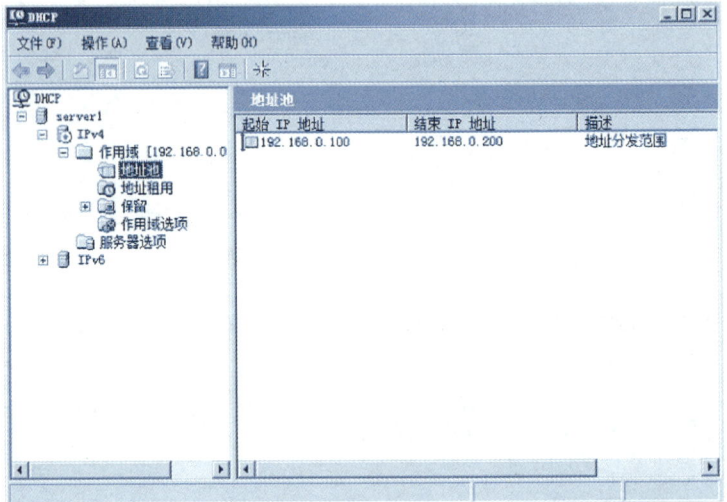

图 5-12　IP 地址池

5.4.2　配置和测试 DHCP 客户端

要成为 DHCP 客户端，只需要将计算机设置为自动获得 IP 地址即可。方法如下。

右键单击桌面右下方通知区域的"网络图标"，在弹出的菜单中选择"打开网络和共享中心"，单击某个网络接口(如本地连接)，在弹出的菜单中选择"属性"命令，打开"IPv4 属性"对话框，然后如图 5-13 所示的"Internet 协议版本 4(TCP/IPv4)属性"对话框中选择"自动获取 IP 地址"单选项，根据需要还可以选择"自动获取 DNS 服务器地址"单选项。

此时在 DHCP 服务器的配置界面刷新作用域 scope A 的"地址租用"，在右边的窗格中将显示出已分配出去的 IP 地址的列表。如图 5-14 所示。客户端得到了地址池的第一个 IP 地址"192.168.0.100/24"。

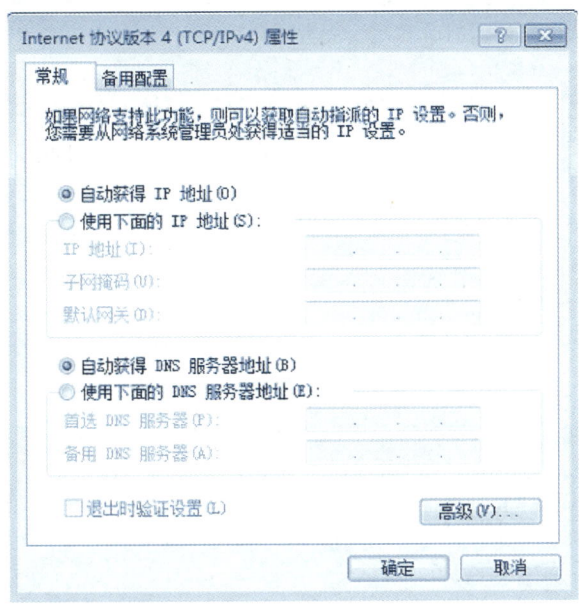

图 5 - 13　配置 DHCP 客户端

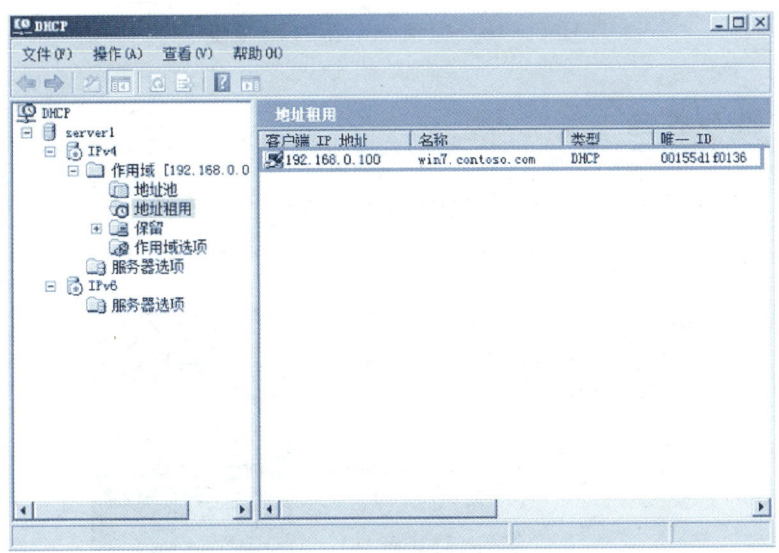

图 5 - 14　查看地址租用

客户端也可使用命令行的方式释放、更新租约和查看详细参数。

运行命令"ipconfig/release"释放当前的 IP 地址,如图 5 - 15 所示。

运行命令"ipconfig/renew"申请一个新的 IP 地址,如图 5 - 16 所示。

运行命令"ipconfig/all"可查看当前 IP 地址租约的详细信息。能查看到一些主要参数,如子网掩码、默认网关、DHCP 服务器和 DNS 服务器等,还能查看租约的起始和终止时间。

以上的参数都是在运行添加 DHCP 服务器角色向导的过程中设定的。后面将要讲解如何在安装完成后进行手工的配置和管理 DHCP 服务器和作用域。

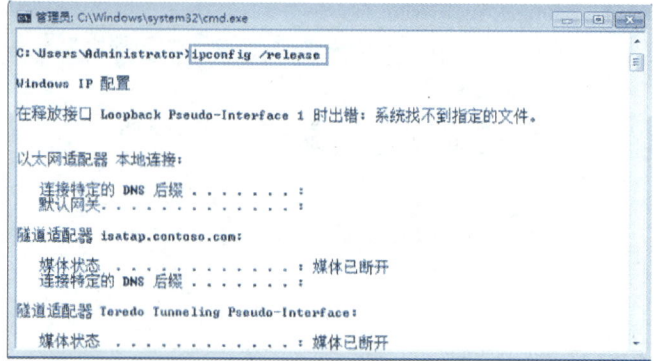

图 5 - 15　释放当前 IP 地址

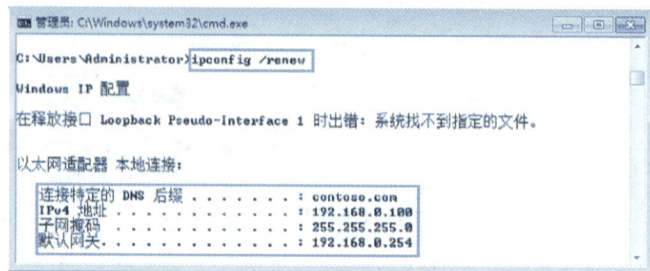

图 5 - 16　申请一个新的 IP 地址

5.4.3　添加排除

根据需求,在作用域 scope A 中还需要排除两端连续的 IP 地址。

1) 点击"开始"→"管理工具"→"DHCP"打开 DHCP 管理窗口。如图 5 - 17 所示。

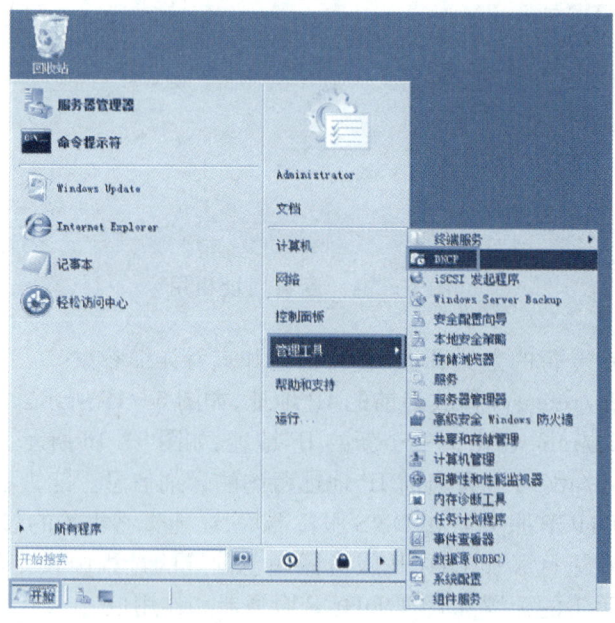

图 5 - 17　打开 DHCP 控制台

2）依次展开"DHCP"→"服务器名"→"IPv4"→"作用域"，用鼠标右键单击"地址池"，在弹出的菜单中选择"新建排除范围"命令，打开如图 5-18 所示的"添加排除"对话框，输入192.168.0.100～192.168.0.119，单击"添加"按钮。

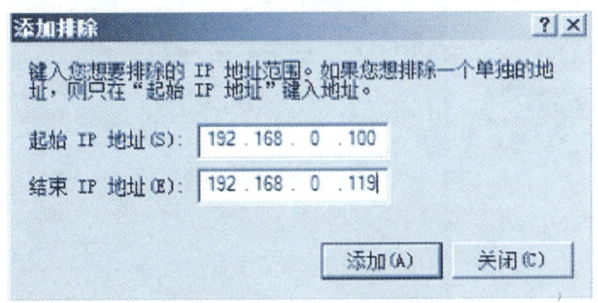

图 5-18　添加排除范围

3）添加完成后，可在"作用域"下选择"地址池"，在右边窗格中将看到新建的排除地址范围，如图 5-19 所示。

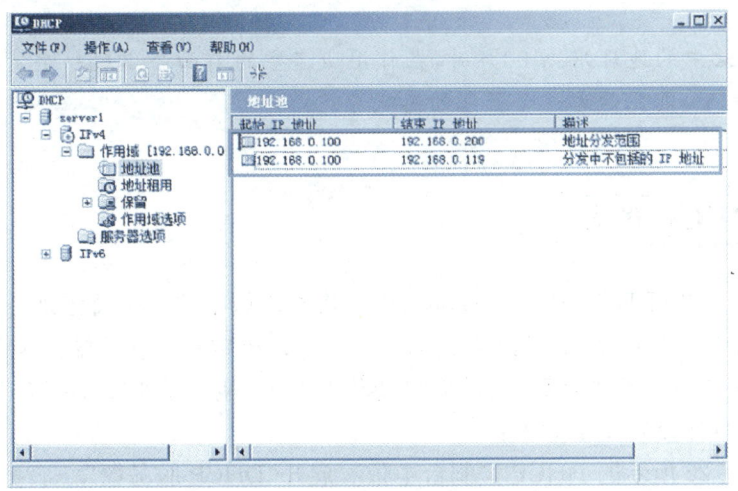

图 5-19　新的地址池

4）此时客户端重新申请 IP 地址，使用命令"ipconfig/all"进行测试，得到如图 5-20 所示的结果，这次客户端获得了新地址池中的第一个 IP 地址。

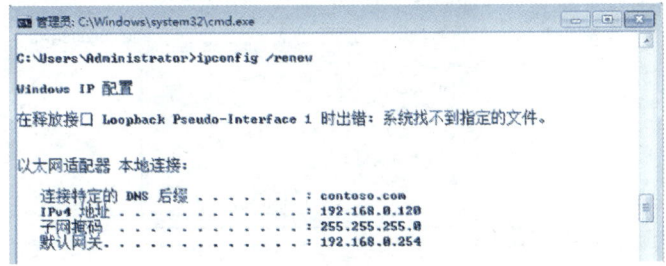

图 5-20　添加排除后获得新的地址

5）若在 DHCP 服务器上刷新"地址租用"，将看到如图 5－21 中右边窗格所示的结果。

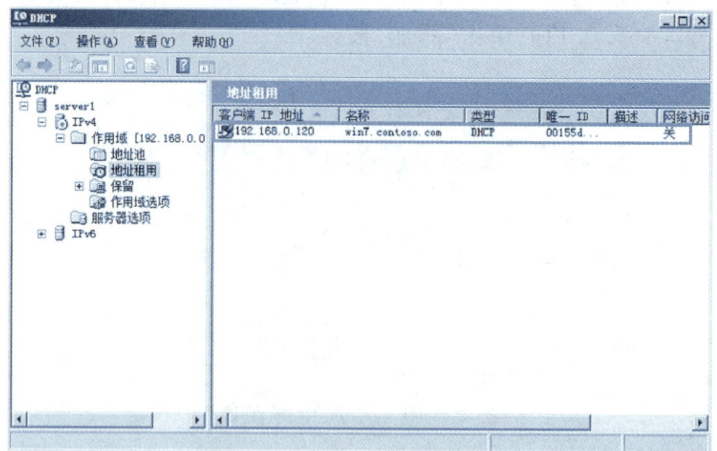

图 5－21　查看地址租用

提示：

　　当 IP 地址池中的地址用到 90％时，在作用域名字的前面会出现一个黄色的感叹号；当地址全部分配完毕，则显示为一个蓝色的感叹号。

5.4.4　DHCP 保留

　　所谓 DHCP 保留(DHCP Reservation)，就是将作用域中的某个特定地址与指定客户端网卡的 MAC 地址绑定，从而使 IP 地址为该网卡专用。以绑定一台客户端网卡 MAC 地址为例，在 scope A 中，设置总经理的计算机(前面自动获得的 IP 地址是 192.168.0.120)保留地址为 192.168.0.188，具体设置步骤如下：

　　1）在如图 5－22 所示的 DHCP 控制台中依次展开"DHCP 服务器"→服务器名→"IPv4"→

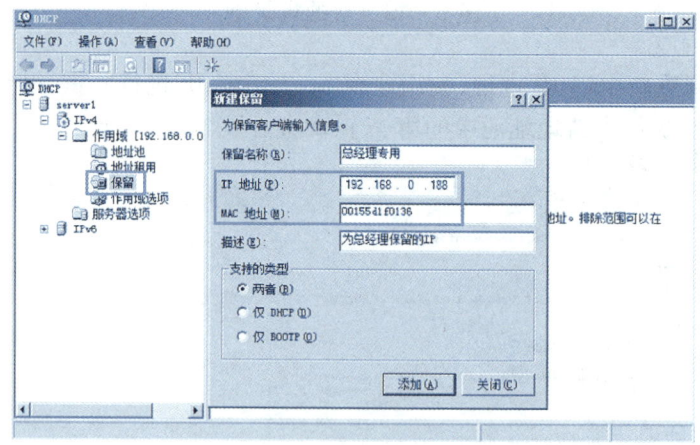

图 5－22　新建保留

"作用域",用鼠标右键单击"保留",在弹出的菜单中选择"新建保留"命令,打开"新建保留对话框。输入保留名称"总经理专用",设置 IP 地址为 192.168.0.188,然后在此客户机上使用命令"getmac"或"ipconfig/all"查看自己的 MAC 地址,填写时注意删除其中的连接符。单击"添加"按钮。

2)客户端运行命令"ipconfig/release"释放当前的 IP 地址,再执行命令"ipconfig/renew",获取到新的地址为 192.168.0.188,结果如图 5-23 所示。

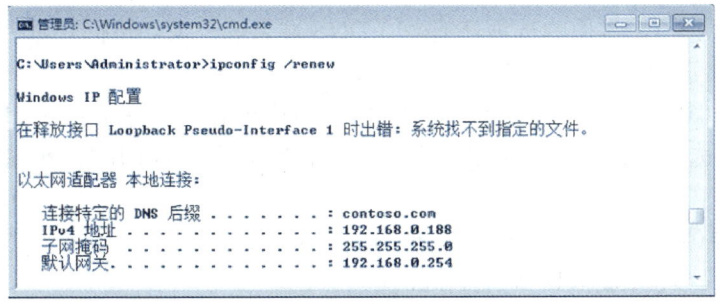

图 5-23 得到保留的地址

3)在 DHCP 服务器上刷新"地址租用",如图 5-24 所示,在右边窗格中会显示新增加的一条保留。同时,之前分配出去的 IP 地址租用 192.168.0.120 自动消失。

图 5-24 查看保留的地址租用

5.4.5 配置 DHCP 选项

除了 IP 地址和子网掩码之外,客户端还可以从 DHCP 服务器获得其他 IP 设置参数,包括路由器(默认网关)的 IP 地址、DNS 服务器的 IP 地址、DNS 域名和租约时间等。这些参数统一称为 DHCP 选项。

1. DHCP 选项的类型

从作用范围划分,DHCP 选项包括以下 3 种类型。

1) 服务器选项:在该服务器上所有作用域生效。优先级最高。

2) 作用域选项:仅在该作用域生效。优先级其次。

3) 保留选项:仅在该保留条目所对应的特定计算机上有效。优先级最低。

通常会在服务器选项中配置 006 DNS 服务器和 044 WINS 服务器,在作用域选项中配置 003 路由器(默认网关)。常用的选项还有 015 DNS 域名等选项。下面根据要求来分别设置作用域选项和服务器选项。

如图 5-25 和图 5-26 所示,在 DHCP 控制台中依次展开服务器名→"IPv4"→"作用域",右键单击"作用域选项",在弹出的菜单中选择"配置选项"命令,打开"作用域选项"对话框,配置如下:

- 003 路由器(默认网关),添加 IP 地址"192.168.0.254"。
- 006 DNS 服务器,添加 IP 地址"192.168.0.1"。

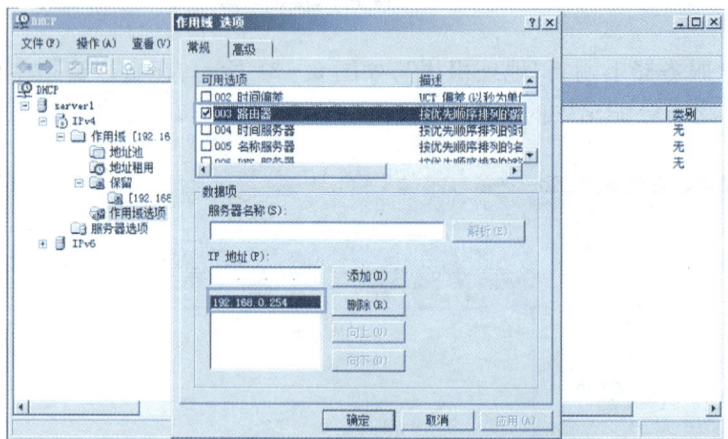

图 5-25 设置作用域选项(003 路由器)

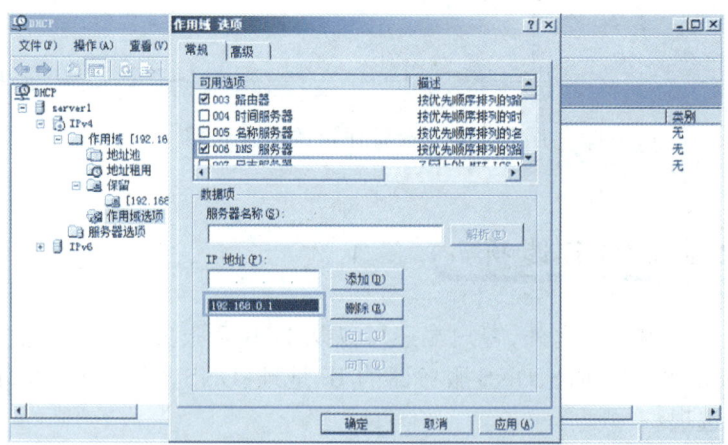

图 5-26 设置作用域选项(006 DNS 服务器)

如图 5-27 所示,同样的方法配置服务器选项。在"服务器选项"对话框中配置如下选项:
● 006 DNS 服务器,添加一个不同的 IP 地址"8.8.8.8"。

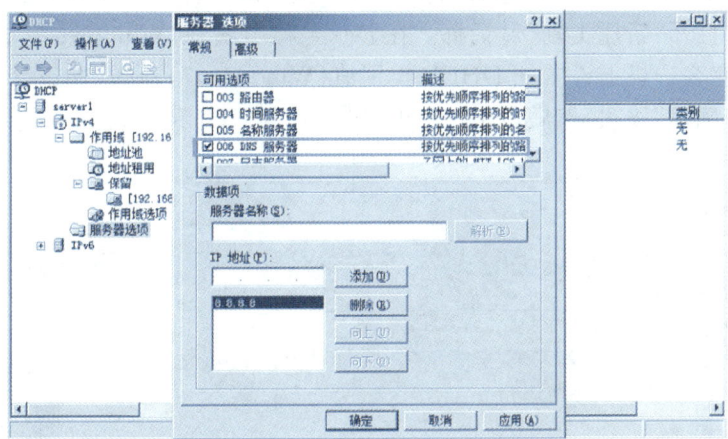

图 5-27　设置服务器选项(006 DNS 服务器)

设置完成后单击"确定"按钮,然后在客户端重新申请 IP 地址来测试这两种选项。结果如图 5-28 所示。

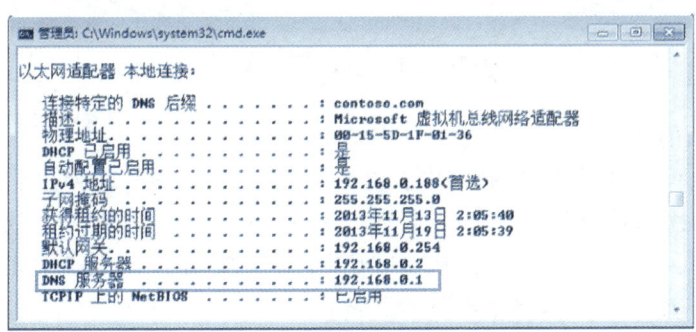

图 5-28　测试配置的选项

由此可看出,当作用域选项和服务器选项设置发生冲突时,客户端启用的是作用域选项的设置。

2. DHCP 用户类别选项

类别选项使得所有属于某一类的计算机都能应用一套特定的作用域设置。在服务器选项、作用域选项和保留选项都可以配置普通选项,也可以配置用户类别选项。并且候着优先级更高。

【项目操作】配置 DHCP 用户类别项。

企业环境中运行若干 Windows 7 的客户机,分散于不同的作用域内,若要想将它们归为一类,对此类计算机的首选 DNS 服务器的 IP 地址统一设置为 8.8.8.8,则必须配置用户类别选项。步骤如下:

1）在 DHCP 服务器上定义相应的类别

如图 5-29，"开始"→"管理工具"→"DHCP"，在 DHCP 控制台依次展开服务器名，在 IPv4 处鼠标右击，在弹出的菜单中选择"定义用户类别"命令，打开"DHCP 用户类别"对话框，单击"添加"按钮，打开"新建类别"对话框。在显示名称中填写"Windows 7"，在下面的 ASCII 一栏中填写之前在客户机上设置的 DHCP 类别值（Windows 7），同时左边会自动出现对应的二进制值。单击"确定"按钮，然后单击"关闭"按钮，回到 DHCP 控制台界面。

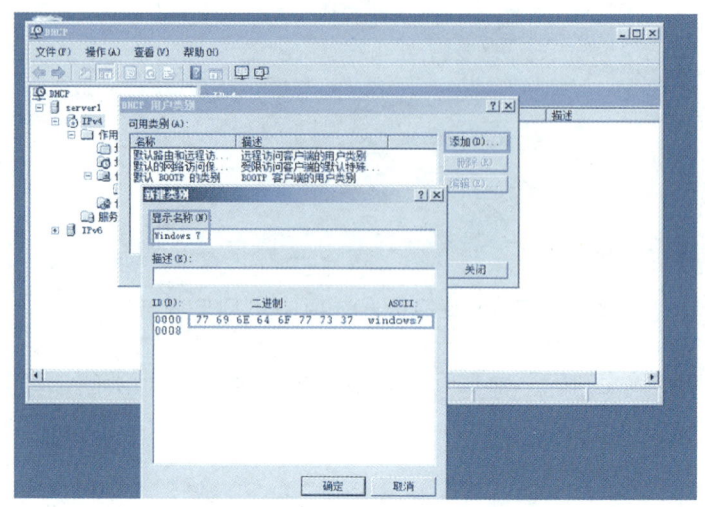

图 5-29　新建用户类别

2）配置类别项的值

如图 5-30 所示，在 DHCP 控制台中右键单击"服务器选项"，在弹出的菜单中选择"配置选项"命令，在"服务器选项"对话框中选择"高级"选项卡，在"用户类别"下拉框中选择"Windows 7"，在"可用选项"列表中选中"006 DNS 服务器"复选框，在"IP 地址"文本框中输入 8.8.8.8，然后单击"添加"按钮，再单击"确定"按钮。

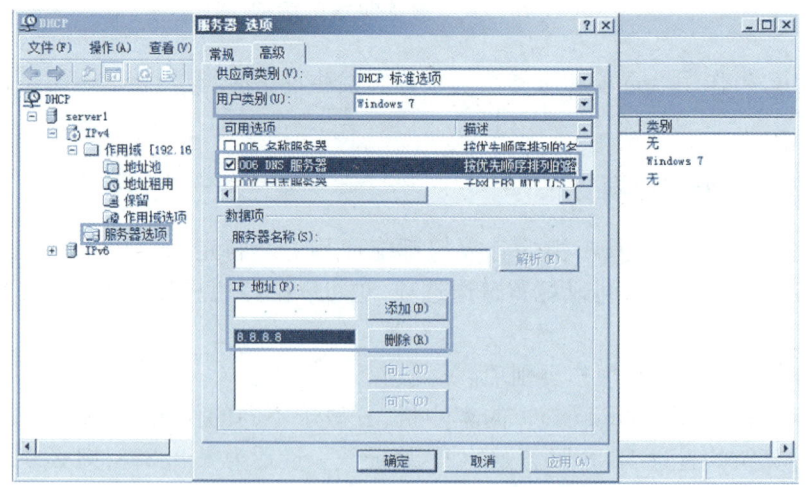

图 5-30　配置用户类别选项的值

3) 为 DHCP 客户端设置用户类。

在 Windows 7 客户端执行 ipconfig/all 命令查看当前所获得的 DNS 服务器的 IP 地址,如图 5 - 31 所示。再执行命令 ipconfig/setclassid* Windows7(此处的 * 号代表为默认第一个适配器的名称,即"本地连接",也可输入 ipconfig/setclassid"本地连接"Windows7),如图 5 - 32 所示,此时显示 DHCPv4 类 ID 为 Windows7,且 DNS 服务器 IP 地址为 8.8.8.8。若需要切换回默认用户类别,执行命令 ipconfig/setclassid* 即可。

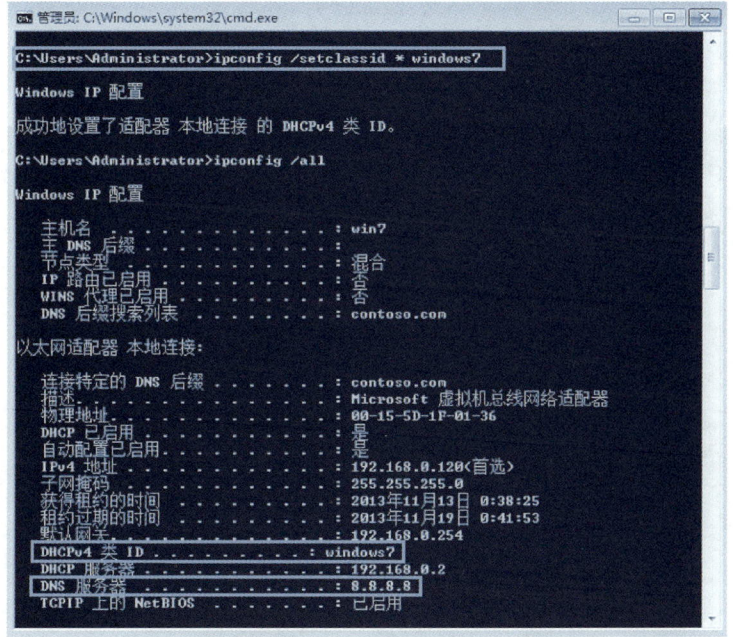

图 5 - 31　默认类别的详细信息

图 5 - 32　Windows7 用户类选项配置的值

5.5 项目实施——DHCP 数据库的管理

在企业环境中,若有误操作或一些其他因素导致 DHCP 服务器的配置信息出错或丢失。此时,手工恢复非常复杂,且工作量较大。因此,管理员应当注意备份 DHCP 配置信息,一旦出现问题,即可进行还原。DHCP 服务器内置的备份与还原功能。操作十分简单。

5.5.1 DHCP 数据库

DHCP 数据库用来存储 DHCP 服务所需的各种原始配置信息。数据库的大小取决于网络上的 DHCP 客户端的数量。随着客户端在网络上的启动和停止,DHCP 数据库将随着时间推移而不断增大。

默认情况下,DHCP 服务器的数据库文件都存储在"％systemdrive％\system32\dhcp"文件夹内。其中 dhcp.mdb 为数据库文件,其他文件是一些辅助性文件,子文件夹 backup 是数据库的备份。默认情况下,DHCP 数据库每隔一小时会自动备份一次。

5.5.2 备份和还原 DHCP 数据库

备份 DHCP 数据库,可以防止用户在 DHCP 数据库丢失或损坏时丢失数据。DHCP 服务器服务支持 3 种备份方法。

1. 自动进行的同步备份。其默认的备份间隔为 60 分钟。

2. 执行 DHCP 控制台中的"备份"命令执行的异步备份(手动)。

3. 使用 Windows Server backup 功能或第三方备份程序进行备份。

【项目操作】备份和还原 DHCP 数据库

1) 打开"DHCP"控制台,在控制台中,展开"DHCP"选项,选择已经建立好的 DHCP 服务器,右击服务器名,选择"备份"选项,如图 5-33 所示。

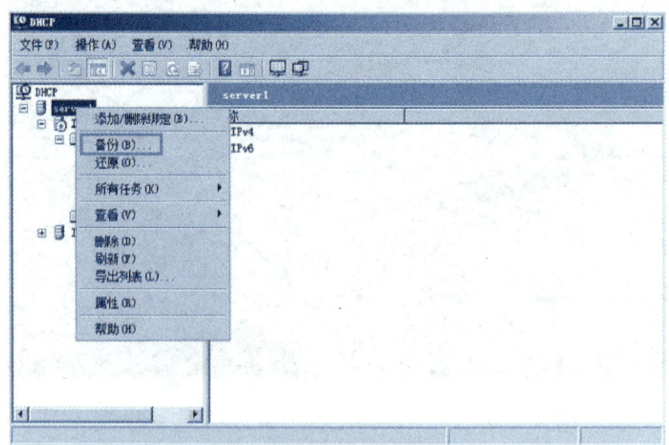

图 5-33 选择备份

2) 此时会弹出一个要求用户选择备份路径的选项。默认情况下，DHCP 服务器的配置信息放于"％systemdrive％\system32\dhcp\backup"目录下，如图 5-34 所示。若有必要，用户可以手动更改备份的位置。单击"确定"按钮后即可完成对 DHCP 服务器配置文件的备份操作。

3) 当出现配置故障时，用户需要还原 DHCP 服务器的配置信息，右键点击 DHCP 服务器名，选择"还原"选项即可，同样会弹出一个确定还原位置的选项，选择用户备份时使用的文件夹单击"确定"按钮，这时会弹出一个"DHCP"的对话框，如图 5-35，单击"是"按钮后，DHCP 服务器即可自动恢复到最初的备份配置。

图 5-34　选择要备份文件的位置

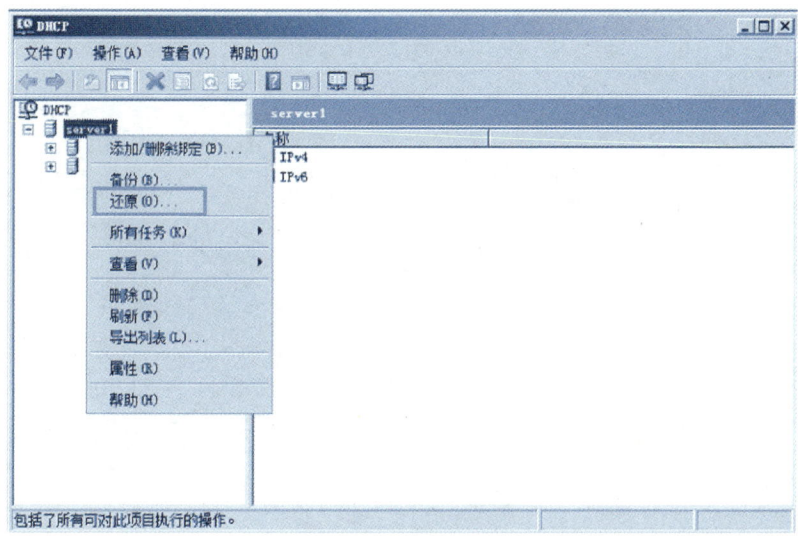

图 5-35　选择还原

项 目 小 结

通过本项目的学习，读者应当了解 DHCP 服务在企业网络中的应用非常广泛，它可以减轻管理员管理 IP 地址的负担，避免因手动设置 IP 地址级子网掩码所产生的地址冲突等问题。掌握 ipconfig 等相关口令的使用。

若企业规模扩大，DHCP 服务器部署在活动目录的环境中，应当注意对 DHCP 服务器进行授权操作。未经授权的 DHCP 服务器无法启动 DHCP 服务。

项目思考与操作

1. 简述 DHCP 服务的作用。

2. 简述 DHCP 客户端申请一个新 IP 地址的工作过程。

3. 为一台服务器设定固定 IP 地址，安装和配置 DHCP 服务器，创建作用域。

4. 配置作用域选项，如 003 路由器、006 DNS 服务器、015 DNS 域名和 044 WINS/NBNS 服务器。

5. 添加用户类别，为客户端设置类别。

6. 对 DHCP 数据库的备份和还原。

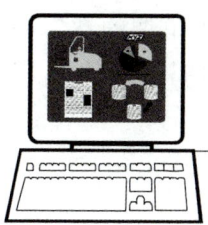

项目 6

DNS 服务器的架设

6.1 项目描述

某公司搭建了局域网(192.168.0.1/24),公司拥有内部网站,员工需要通过域名进行访问,同时也需要访问 Internet 上的网站。该公司已经申请了域名 wyh.com,公司需要 Internet 上的用户通过域名访问公司的网页。为了保证可靠性,不能因为 DNS 的故障,导致网页不能访问。

6.2 项目分析

小崔是此公司的系统工程师,需要在公司内部构建一台 DNS 服务器,为局域网中的客户端和服务器提供域名解析的服务。DNS 服务器管理 wyh.com 域的域名解析,DNS 服务器的域名为 DNS1.wyh.com, IP 地址为 192.168.0.1。辅助 DNS 服务器的域名为 DNS2.wyh.com, IP 地址为 192.168.0.2。同时还需要为客户端提供 Internet 上的主机的域名解析。要求分别能解析以下域名:产品部(product.wyh.com:192.168.0.5), OA(Office Automation)系统(oa.wyh.com:192.168.0.6)。

6.3 基础知识准备

目前,我们所使用的网络大多是基于 TCP/IP 协议的,尤其是目前使用最为广泛的万维网了。TCP/IP 网络中计算机之间的通信联系都是基于 IP 地址的,也就是如果你需要访问对方机器上的某个服务的时候必须事先知道且记住它的 IP 地址。但是,在实际应用

中，面对 Internet 上数以万计的计算机和服务器，谁又会记得住那一串单调的数字呢？因此，大家基本上都是通过访问计算机名字，然后通过某种机制将计算机名字解析为 IP 地址来实现。

6.3.1 DNS 概述

DNS 就是目前最为有效使用最广的计算机名字解析方式，也是目前 Internet 所使用的方式。DNS 是域名系统(Domain Name System)的缩写，该系统用于命名组织到域层次结构中的计算机和网络服务。DNS 命名可以运用于 Internet 等 TCP/IP 网络中，通过简单且便于记忆的字符名称来查找计算机和服务。当用户在应用程序中输入 DNS 名称时，DNS 服务可以将此名称解析为与之相关的其他信息，如 IP 地址。

1. DNS 域名空间

整个 DNS 结构是一个如图 6-1 所示的层次树状结构，称为 DNS 命名空间。

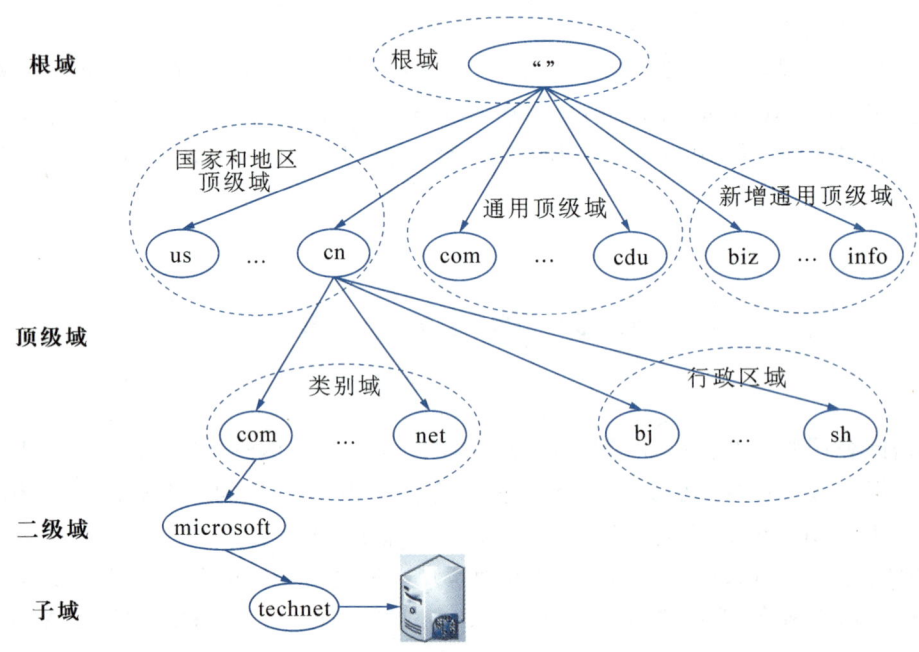

图 6-1 DNS 域名空间

位于树状结构最上层的是根域(root)，一般由"."表示。Root 目前由多个机构管理，如 InterNIC 组织与 Network Solutions 公司。root 内有多台 DNS 服务器。

root 之下为顶级域，其中有数台 DNS 服务器。顶级域是在 Internet 中所能看到的最高等级的域，名字由 2~3 个英文字母组成。解释如下：

3 个字母的域一般代表通用顶级域，如表 6-1 所示。

表 6-1 顶级通用域名

顶级通用域名	组织类型	顶级通用域名	组织类型
com	商业机构	mil	军事部门
edu	教育机构	net	网络组织
gov	政府部门	org	非盈利组织
int	国际机构		

2 个字母的域一般代表国家或地区,如表 6-2 所示。

表 6-2 顶级国家域名

顶级域名	国家或地区	顶级域名	国家或地区	顶级域名	国家或地区
ar	阿根廷	hr	克罗地亚	pe	秘鲁
at	奥地利	hu	匈牙利	ph	菲律宾
au	澳大利亚	id	印度尼西亚	pl	波兰
be	比利时	ie	爱尔兰	pt	葡萄牙
br	巴西	il	以色列	ro	罗马尼亚
ca	加拿大	in	印度	ru	俄罗斯
ch	瑞士	ir	伊朗	sa	沙特阿拉伯
cl	智利	is	冰岛	se	瑞典
cn	中国	it	意大利	sg	新加坡
co	哥伦比亚	jp	日本	th	泰国
de	德国	kr	韩国	tr	土耳其
dk	丹麦	lt	立陶宛	ua	乌克兰
eg	埃及	mx	墨西哥	uk	英国
es	西班牙	nl	荷兰	us	美国
fi	芬兰	no	挪威	uy	乌拉圭
fr	法国	nz	新西兰	yu	南斯拉夫
gr	希腊	pa	巴拿马	za	南非

顶级域之下为二级域,供公司和组织来申请、注册使用,如 "microsoft. com" 是由 Microsoft 公司所注册的。如果某公司的网络要连接到 Internet,则域名必须经过申请和审核才可使用。

公司、组织等可以在其二级域名下,再细分多层的子域,如图 6-1 所示,在 microsoft. com 之下为其分子域 technet,其域名为 technet. microsoft. com。

在 technet 内,有一台 Web 服务器,其被添加了一条主机 A 记录为 www,因此其 FQDN (完全限定域名)为 www. technet. microsoft. com。

2. DNS 服务器的工作原理

DNS 由 DNS 客户端、本地 DNS 服务器以及 Internet 中其他的 DNS 服务器构成。

例如,客户端通过 ADSL 上网,首先拨号连接到 ISP 的一台 DHCP 服务器,由它为客户端动态分配一个公网 IP,并指定一台公网中的服务器作为客户端的本地 DNS 服务器。当客户端在 IE 地址栏输入某个网站的 FQDN 后,该名称首先发往客户端的本地 DNS 服务器,如果在这台本地 DNS 服务器的 DNS 缓存中查找不到这条记录,就会立刻将查询请求转发给 Internet 中其他的 DNS 服务器。由于 Internet 中的每个区域都有若干权威 DNS 服务器,通过他们最终能找到该 FQDN 对应的 IP 地址。解析成功后,在客户端 IE 浏览器的左下角会立即出现一个 IP 地址,也就是名称解析的结果。

若此时 Internet 中参与查询的一台很重要的 DNS 服务器发生了故障,导致查询不能正常进行,那么 DNS 客户端将无法浏览该网页。

6.3.2 DNS 的查询方式

当 DNS 客户端向 DNS 服务器解析 IP 地址时,或 DNS 服务器(此时在扮演着 DNS 客户端的角色)在向其他的 DNS 服务器解析 IP 地址时,有以下两种方式。

1. 递归查询

在递归查询中,DNS 客户端在送出查询请求后,若 DNS 服务器内没有所需的记录,它就会代替客户端向其他 DNS 服务器进行查询。也就是说,DNS 客户端要求它所查询的那台 DNS 服务器给出最终的解析结果。

一般由 DNS 客户端所提出的查询请求属于递归查询方式。

很多情况下,递归查询往往需要迭代查询来完善,递归查询时,DNS 客户端只需要等待最终 DNS 服务器所回应的最终结果。

2. 迭代查询

在迭代查询中,当 DNS 客户端送出查询请求后,若第一台 DNS 服务器内没有所需的记录,它会向另一台 DNS 服务器或根提示服务器进行查询。也就是说,DNS 客户端要求其查询的那台 DNS 服务器在不转发查询请求的情况下给出最佳的结果。

一般由 DNS 服务器向外发出的查询属于迭代查询方式。

下面以图 6-2 所示的 DNS 客户端 Computer1 向本地 DNS 服务器 Server1 解析 example. microsoft. com 的 IP 地址为例来说明其工作流程。

1) DNS 客户端向本地 DNS 服务器查询 example. microsoft. com 的 IP 地址(递归查询)。

2) 若本地 DNS 服务器没有所要查询的记录,则默认情况下,它会将此查询请求转发到负责 root 区域的一台权威的根名称 DNS 服务器(迭代查询)。

3) 根名称服务器从要查询的主机名称(example. microsoft. com)得知此主机位于顶级域. com 之下,故它会将负责. com 区域的一台权威 DNS 服务器的 IP 地址传送给本地 DNS 服务器。

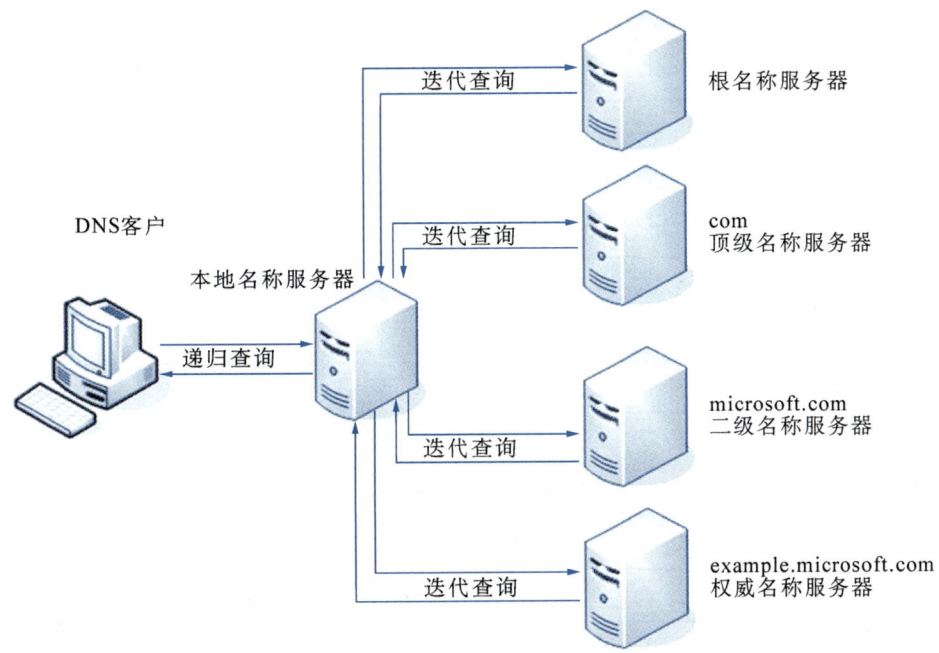

图 6 - 2　DNS 的查询方式

4）本地 DNS 服务器得到. com 权威 DNS 服务器的 IP 地址后,会直接向. com 权威 DNS 服务器查询 example. microsoft. com 的 IP 地址(迭代查询)。

5）. com 的权威 DNS 服务器从要查询的主机名称(example. microsoft. com)得知此主机位于域 Microsoft. com 之内,故它会将负责 Microsoft. com 区域的一台权威 DNS 服务器的 IP 地址传送给本地 DNS 服务器。

6）本地 DNS 服务器得到负责 Microsoft. com 区域的权威 DNS 服务器的 IP 地址后,会直接向其查询 example. microsoft. com 的 IP 地址(迭代查询)。

7）Microsoft. com 的权威 DNS 服务器将 example. microsoft. com 的 IP 地址传送给本地 DNS 服务器。

8）本地 DNS 服务器再将 example. microsoft. com 的 IP 地址传送给 DNS 客户端。

DNS 客户端得到 example. microsoft. com 的 IP 地址后,就可以跟服务器 example. microsoft. com 通信了。

全国主要城市及地区 DNS 服务器信息,见表 6 - 3 和表 6 - 4。

表 6 - 3　电信 DNS 列表

城市及地区	电信 dns 列表			
a 安徽	202. 102. 192. 68	202. 102. 199. 68	61. 132. 163. 68	202. 102. 213. 68
a 澳门	202. 175. 3. 8	202. 175. 3. 3		
b 北京	202. 96. 199. 133	202. 96. 0. 133	202. 106. 0. 20	202. 106. 148. 1
c 重庆	61. 128. 128. 68	61. 128. 192. 68		

城市及地区	电信 dns 列表			
f 福建	202.101.115.55	218.85.157.99		
g 甘肃	202.100.64.68	61.178.0.93		
g 广东	202.96.128.86	202.96.128.166	202.96.134.133	202.96.128.68
g 广西	202.103.224.68	202.103.225.68		
g 贵州	202.98.192.67	202.98.198.167		
h 海南	202.100.192.68	202.100.199.8		
h 河北	219.150.32.132			
h 黑龙江	219.150.32.132	219.146.0.130	219.147.198.230	
h 河南	219.150.150.150	222.88.88.88	222.85.85.85	
h 湖北	202.103.0.68	202.103.24.68	202.103.0.117	202.103.44.150
h 湖南	202.103.96.112	202.103.96.68	220.170.0.18	61.187.91.18
j 江苏	61.177.7.1	61.147.37.1	218.2.135.1	221.228.225.1
j 江西	202.101.224.68	202.101.226.69		
j 吉林	219.149.194.55	219.149.194.56		
l 辽宁	219.150.32.132			
n 内蒙古	219.150.32.132	219.146.0.130		
n 宁夏	202.100.96.68	222.75.152.129		
q 青海	202.100.128.68	202.100.138.68		
s 山东	219.146.0.130			
s 上海	202.96.209.5	202.96.209.133	202.96.199.133	
s 陕西	218.30.19.40	61.134.1.4		
s 四川	61.139.2.69	202.98.96.68	218.6.200.139	61.139.54.66
t 台湾	168.95.1.1	168.95.129.1		
t 天津	202.99.104.68			
x 香港	205.252.144.126	218.102.62.71		
x 新疆	61.128.114.166	61.128.114.133	61.128.99.133	61.128.99.134
y 云南	222.172.200.68	61.166.150.123		
z 浙江	60.191.244.5	202.96.113.34	220.189.127.107	60.191.134.206

表 6-4 联通 DNS 列表

城市及地区	联通 dns 列表		
a 安徽	218.104.78.2		
b 北京	202.106.0.20	202.106.196.115	
g 甘肃	221.7.34.10		
g 广东	221.4.66.66	210.21.4.130	221.4.8.1
g 广西	211.97.64.129	221.7.128.68	221.7.136.68
h 海南	221.11.132.2		
h 河北	202.99.160.68	202.99.166.4	
h 黑龙江	202.97.224.68	202.97.224.69	
h 河南	202.102.224.68	202.102.227.68	
h 湖北	218.104.111.122	218.104.111.114	
h 湖南	58.20.127.170	58.20.57.4	
j 江苏	221.6.4.66	221.6.96.177	218.104.32.106
j 江西	202.248.192.12	220.248.192.13	
j 吉林	202.98.0.68	202.98.5.68	
l 辽宁	202.96.69.38	202.96.64.68	
n 内蒙古	202.99.224.8	202.99.224.67	202.99.224.68
s 山东	202.102.152.3	202.102.134.68	
s 上海	210.22.70.3	210.22.84.3	210.52.207.2
s 山西	202.99.192.66	202.99.192.68	
s 四川	221.10.251.196		
t 天津	202.99.96.68	202.99.64.68	
y 云南	221.3.131.9	221.3.131.10	
z 浙江	221.12.1.228	221.12.33.228	221.12.65.228	218.108.248.200
x 西宁	221.207.58.58	221.207.58.68	

6.4 项目实施——DNS 服务器的安装与配置

承接上一任务,系统工程师小崔需要为公司搭建 DNS 服务器并提供 wyh.com 区域的解析。并需要将网络上已有的一些资源添加到这个区域中,使得它们能够被客户端以域名的方式进行访问,见表 6-5,详细列出了公司内部的网络资源和其对应的 IP 地址。

表 6-5　项目需求列表

IP 地址	服务器类型	详 细 信 息
192.168.0.1	主 DNS 服务器	公司的主 DNS 服务器,主机头设置为"DNS1.wyh.com"。
192.168.0.2	辅助 DNS 服务器	公司的辅助 DNS 服务器,主机头设置为"DNS2.wyh.com"。实现与主 DNS 服务器的区域传送。
192.168.0.5	WEB 服务器	公司产品部 WEB 服务器,主机头设置为"product.wyh.com"。建立别名记录"www.wyh.com"。
192.168.0.6	OA 系统	公司内部研发的 OA 系统,主机头设置为"oa.wyh.com"。

6.4.1　DNS 服务器的安装

【项目操作】安装 DNS 服务器。

1) IP 地址为 192.168.0.1 的服务器即将安装 DNS 服务,因此为服务器配置固定的 IP 地址和首选 DNS 的 IP 地址指向自己。如图 6-3 所示。

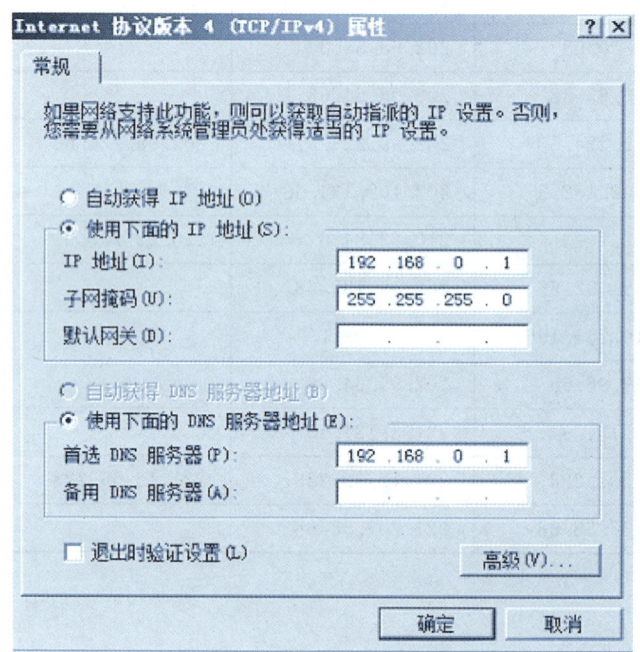

图 6-3　Internet 协议版本 4(TCP/IPv4)属性

2) 打开服务器管理器,选择"角色",选择"添加角色",在如图 6-4 所示的"选择服务器角色"页,勾选"DNS 服务器"复选框,单击"下一步"按钮。

3) 在如图 6-5 所示的"DNS 服务器"页,单击"下一步"按钮,打开如图 6-6 所示的"确认安装选择"页,单击"安装"按钮,开始安装 DNS 服务。

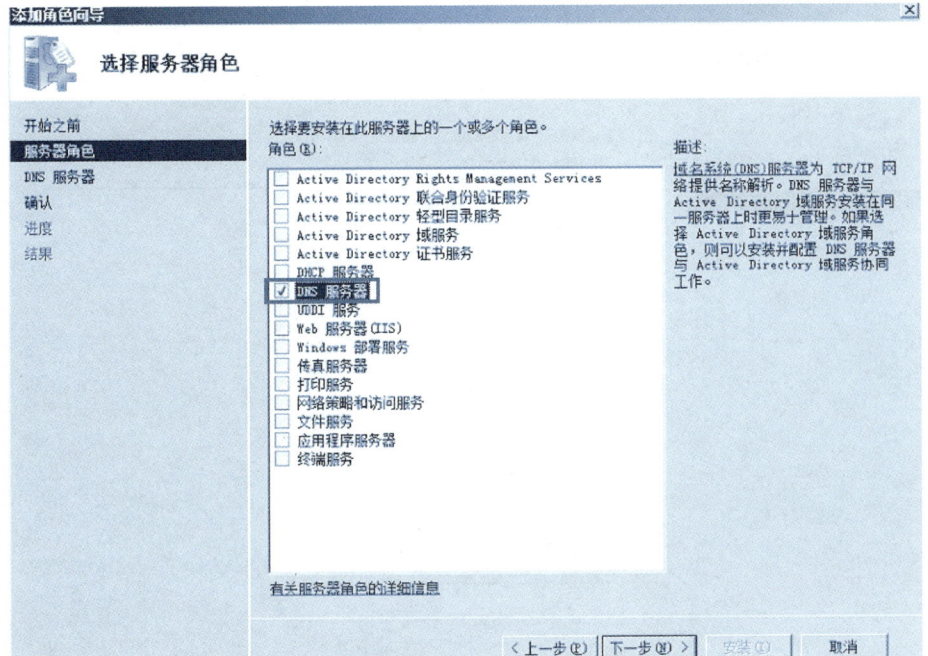

图 6-4　选择服务器角色

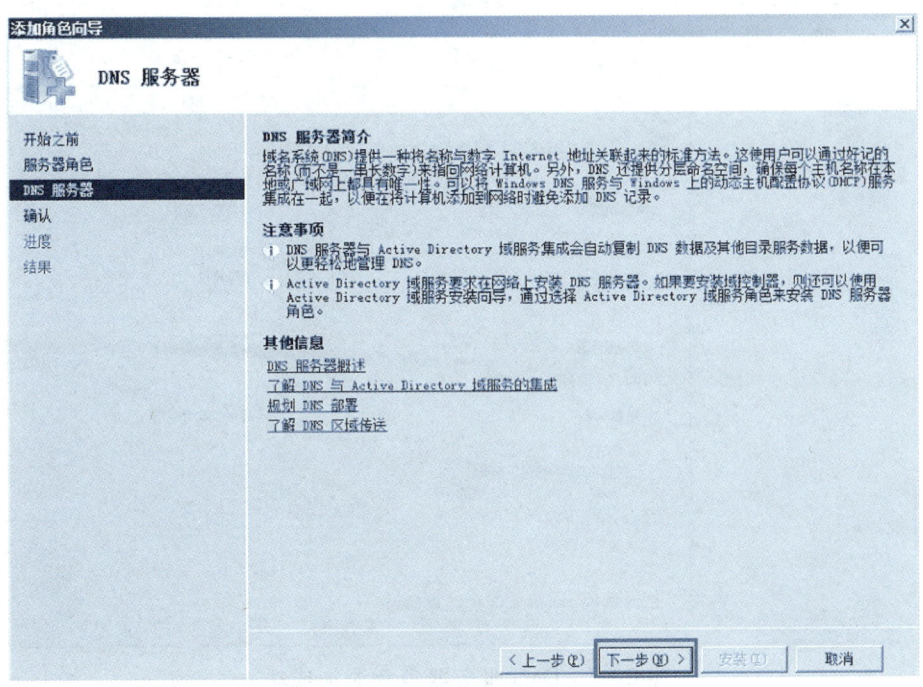

图 6-5　DNS 服务器简介

4) 安装完成后,回到"服务器管理器"控制台树,刷新后如图 6-7 所示,将显示 DNS 服务器角色添加成功。

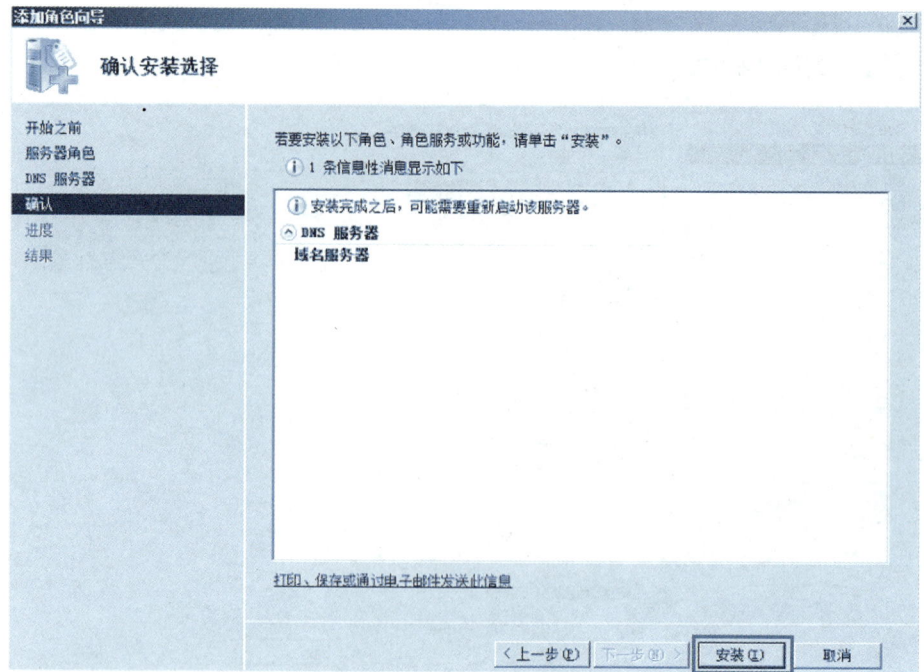

图 6-6　确认安装选择

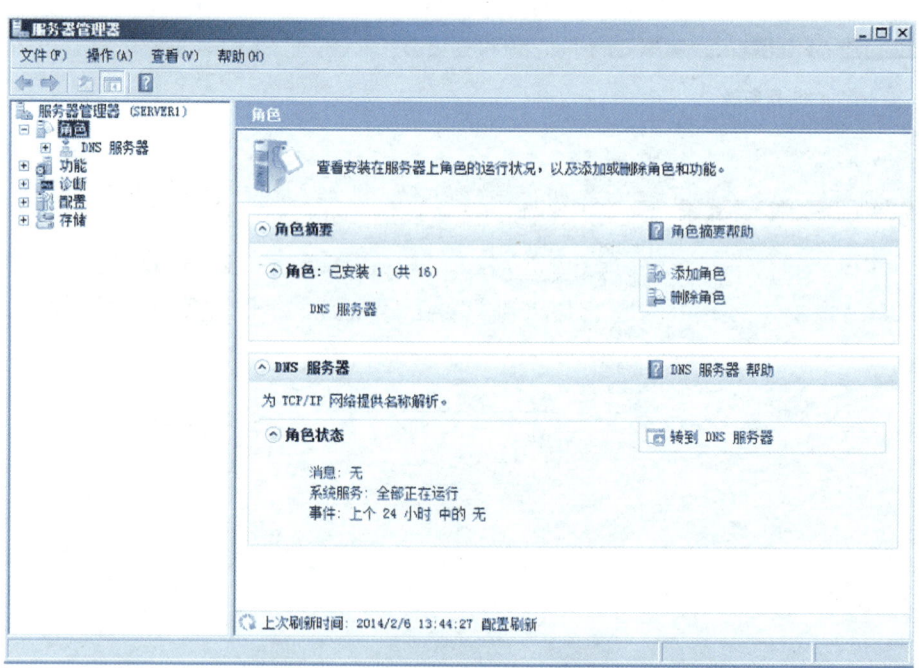

图 6-7　DNS 服务器角色添加成功

　　DNS 服务器安装成功后会自动启动,并且会在系统目录％ststemroot％\system32\下生成一个 DNS 文件夹,如图 6-8 所示,其中默认包含了缓存文件、日志文件、模版文件夹、备份文件夹等与 dns 相关的文件,如果创建了 DNS 区域,还会生成相应的区域数据库文件。

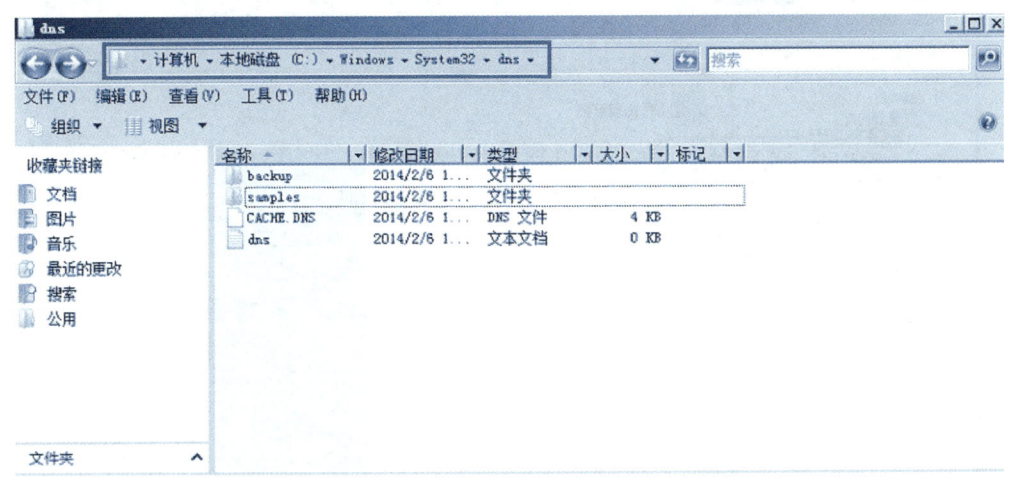

图 6-8 dns 文件夹

6.4.2 正向查找区域和反向查找区域

DNS 查询的方向可以是正向的和反向的。正向查询提供了域名到 IP 地址的解析,反向查询可以让 DNS 客户端利用 IP 地址来找到主机名称,如表 6-6 所示,DNS 客户端可以查询 IP 地址为 192.168.0.1 的主机名称。不过需要在 DNS 服务器内建立一个反向查询区域,其名称的最后为 in-addr. arpa。例如,要针对网络号为 192.168.0. 的网络来提供反向查询功能,则这个反向查询区域的区域名必须是 0.168.192. in-addr. arpa,其网络号部分为反向书写。

表 6-6 正向和反向查询

名称空间:wyh. com			
正向区域	wyh	DNS Client1	192.168.0.101
		DNS Client2	192.168.0.102
		DNC Client3	192.168.0.103
反向区域	0.168.192. in-addr. arpa	192.168.0.101	DNS Client1
		192.168.0.102	DNS Client2
		192.168.0.103	DNS Client3

根据项目实施中所述,首先为 DNS 服务器创建正向和反向查找的主要区域。

【项目操作】创建 wyh. com 的正向主要区域。

1) 以管理员账户登录到 DNS 服务器上,如图 6-9 所示,点击"开始"→"管理工具"→DNS,打开 DNS 管理器控制台。右键单击"正向查找区域",在弹出的菜单中选择"新建区域"命令,打开"新建区域向导"对话框,单击"下一步"按钮。

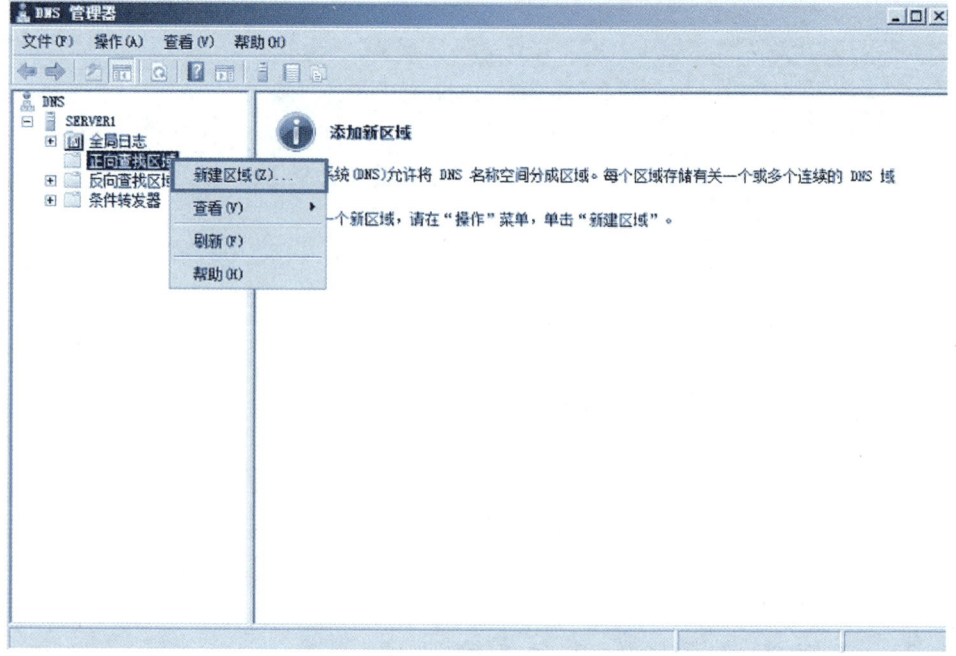

图6-9 新建正向查找区域

2）如图6-10所示，在"区域类型"页，可以选择区域类型为"主要区域"、"辅助区域"或"存根区域"，此处选择"主要区域"单选项。如果此DNS服务器同时又是一台域控制器，则可取消选择"在Active Directory中存储区域（只有DNS服务器是域控制器时才可用）"复选框，这样DNS数据库就不会与AD集成。单击"下一步"按钮。

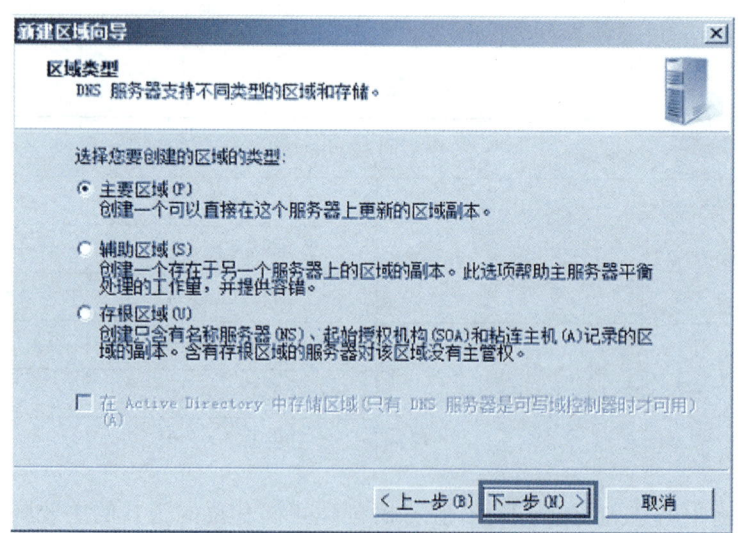

图6-10 选择区域类型

3）如图6-11所示，在"区域名称"页，输入正向主要区域的名称，区域名称一般以域名表示，指定了DNS名称空间的部分，此处输入"wyh.com"。单击"下一步"按钮。

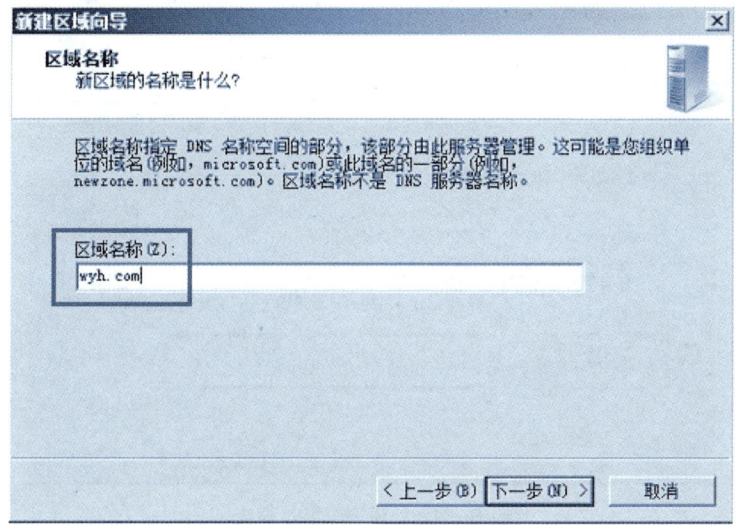

图 6 - 11　设置区域名称

4）如图 6 - 12 所示,在"区域文件"页,可以选择创建新的区域文件或选择已存在的区域文件。此处保持默认选项,单击"下一步"按钮。

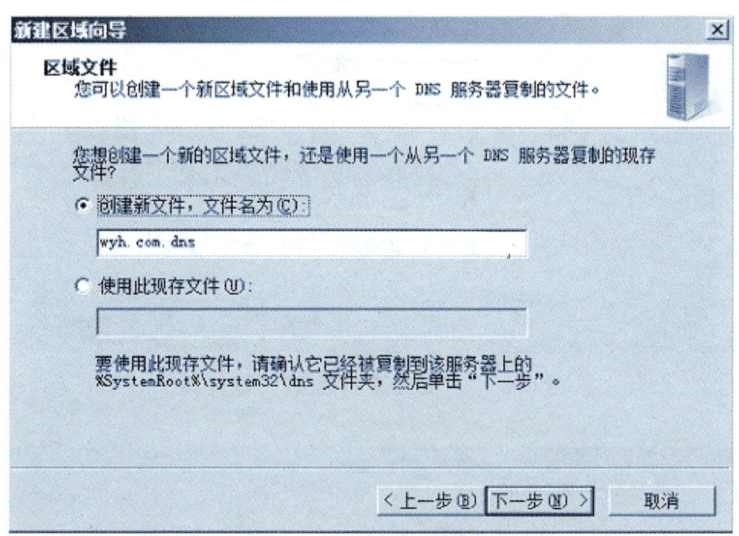

图 6 - 12　创建区域文件

5）如图 6 - 13 所示,在"动态更新"页,可以选择区域是否支持动态更新,由于此项目案例为工作组环境,DNS 不与 AD 集成使用,所以"只允许安全的动态更新(适合 Active Directory使用)"不可选。此处默认选择"不允许动态更新"单选项。单击"下一步"按钮。

6）如图 6 - 14 所示的"正在完成新建区域向导"页。单击"完成"按钮,正向主要区域创建完成。查看 DNS 管理器控制台,效果如图 6 - 15 所示。刚创建完的区域中默认只有其实授权机构(SOA)和名称服务器(NS)的记录。

为实现反向的解析,接下来需要建立和配置一个反向查找的主要区域。

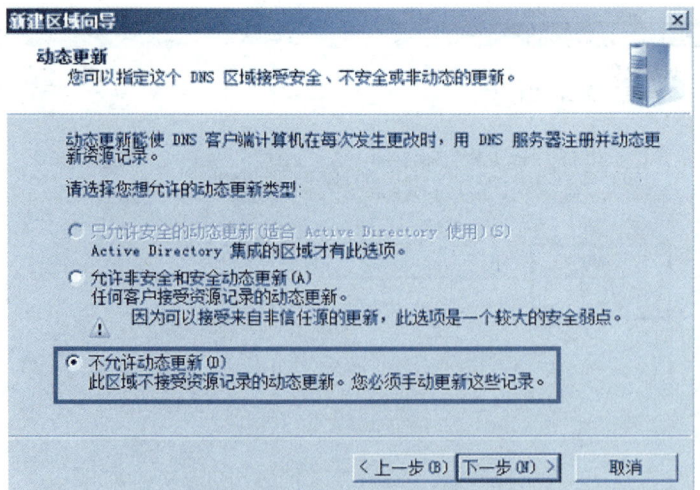

图 6 - 13 设置动态更新

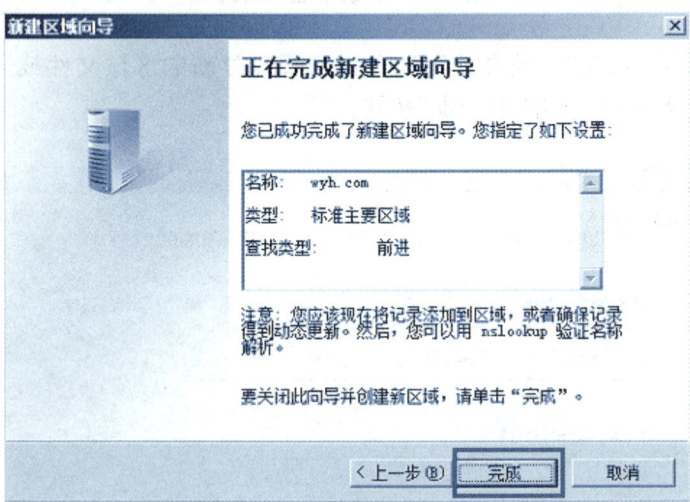

图 6 - 14 正向查找区域创建完成

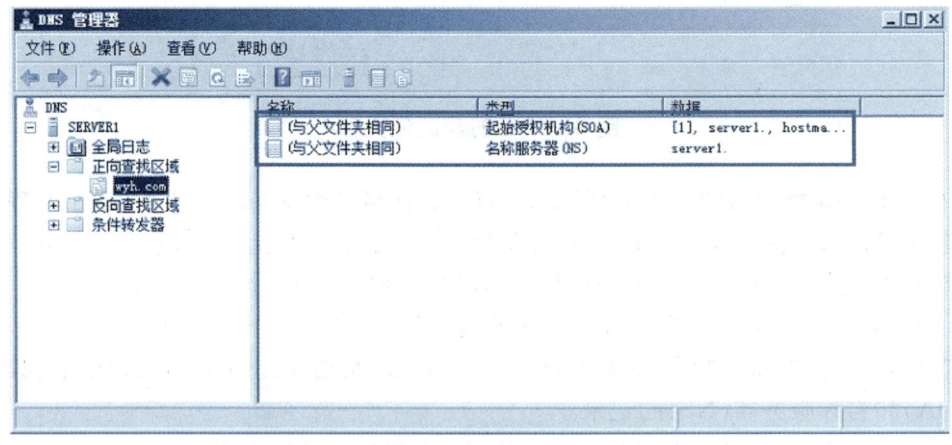

图 6 - 15 区域中默认的资源记录

【项目操作】创建 wyh. com 的反向主要区域。

1）点击"开始"→"管理工具"→DNS，打开 DNS 控制台。右键单击"反向查找区域"，在弹出的菜单中选择"新建区域"命令，打开"新建区域向导"对话框，单击"下一步"按钮。

2）在"区域类型"页，选择区域类型为"主要区域"。

3）在"反向查找区域名称"页，选择"IPv4 反向查找区域(4)"选项，单击"下一步"按钮，在如图 6-16 所示的对话框中输入反向查找区域的网络 ID"192.168.0"，再单击"下一步"按钮。

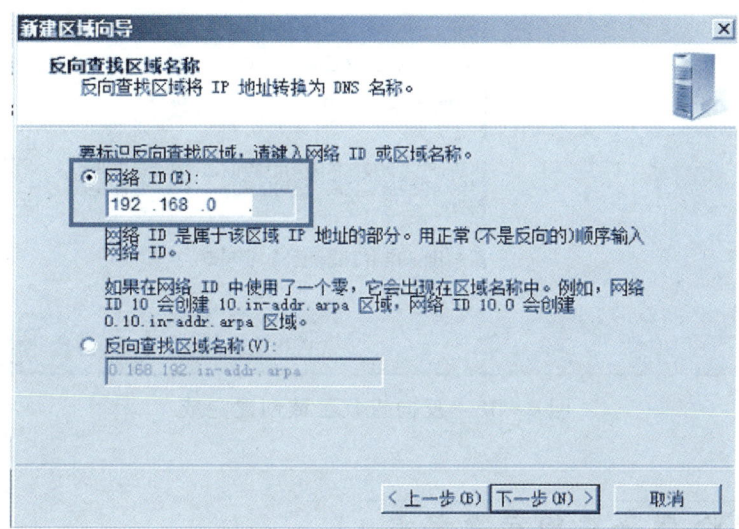

图 6-16　反向查找区域名称

4）如图 6-17 所示，在"区域文件"页，保持默认选择"创建新文件，文件名为 0.168.192.in-addr. arpa. dns"，单击"下一步"按钮。

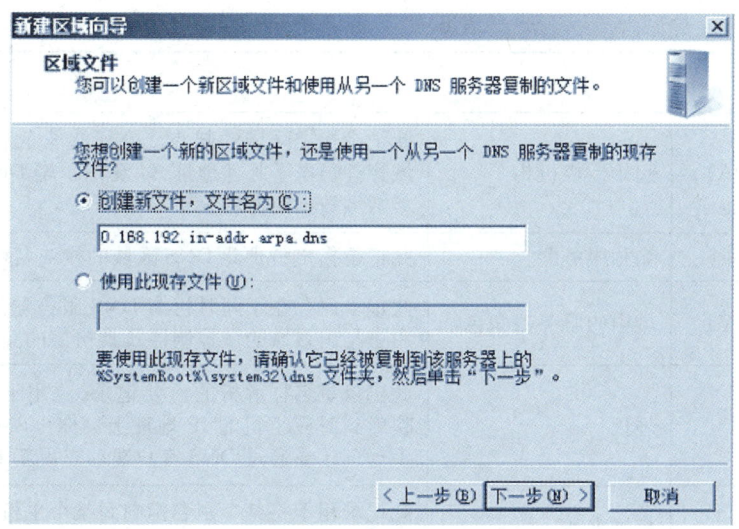

图 6-17　区域文件

5）在"动态更新"页,此处默认选择"不允许动态更新"单选项,单击"下一步"按钮。

6）如图6-18所示,在"正在完成新建区域向导"页,单击"完成"按钮,反向查找的主要区域创建完成。

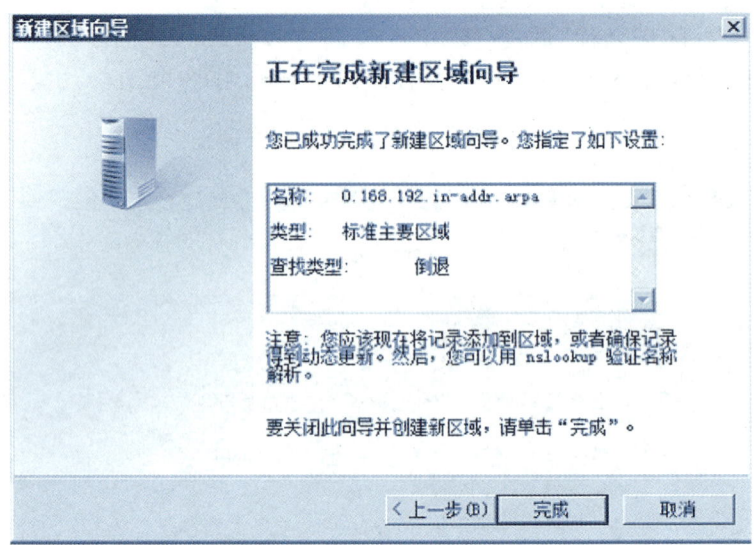

图6-18　反向查找区域创建完成

6.4.3　DNS 服务器的资源记录

资源记录是用于答复 DNS 客户端请求的 DNS 数据库记录,每一台权威 DNS 服务器内包含其管理的 DNS 命名空间的所有资源记录。资源记录包含和特定主机有关的信息,如 IP 地址、提供服务的类型等。常见的资源记录类型见表6-7。

表6-7　资源记录

资源记录类型	作用对象	解　释
起始授权结构(SOA)	起始授权机构	此记录指定区域的起点。它所包含的信息有区域名、区域管理员电子邮件地址,以及指示辅 DNS 服务器如何更新区域数据文件的设置等。
名称服务器(NS)	名称服务器	此记录指定负责此 DNS 区域的权威名称服务器。
服务资源记录(SRV)	域中的服务器角色	此记录只存在于同时扮演 DNS 服务器的域控制器上,它用于指出该域的域控制器及其扮演的角色。
主机(A)	地址	此记录是名称解析的重要记录,它用于将特定的主机名映射到对应主机的 IP 地址上。你可以在 DNS 服务器中手动创建或通过 DNS 客户端动态更新来创建。
别名(CNAME)	标准名称	此记录用于将某个别名指向到某个主机(A)记录上,从而无需为某个需要新名字解析的主机额外创建 A 记录。

资源记录类型	作用对象	解　释
邮件交换器(MX)	邮件交换器	此记录列出了负责接收发到域中的电子邮件的主机,通常用于邮件的收发。
指针记录(PTR)	标准名称	此记录只存在于反向区域中,它用于将特定的 IP 地址映射到对应的主机名。

【项目操作】根据项目实施的需求,新建主机记录。

1) 如图 6-19 所示,在 DNS 管理器控制台,右键单击要创建资源记录的正向查找区域"wyh.com",在弹出的菜单中选择"新建主机(A)"命令,打开"新建主机"对话框。

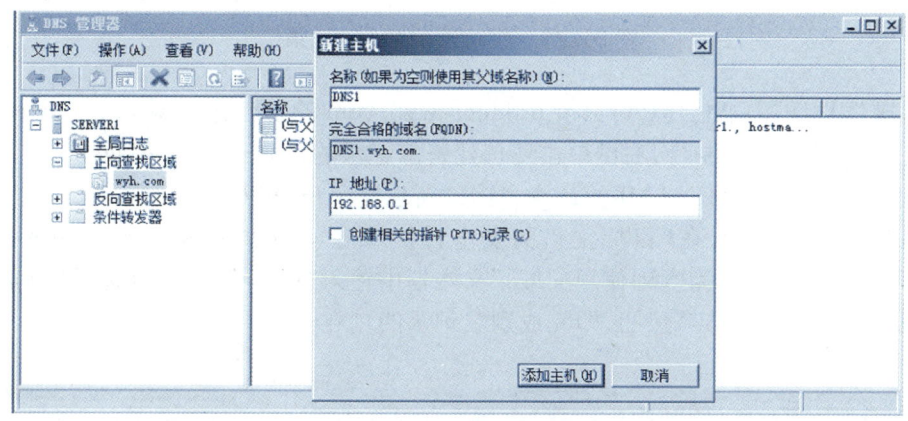

图 6-19　新建主机记录

在"新建主机"对话框可以创建主机(A)记录。在该对话框中输入以下信息。

● A 记录名称:主机(A)记录的名称,一般是指计算机名或指代的服务器角色。

● IP 地址:该计算机的 IP 地址。

● 创建相关的指针记录:在正向区域中创建主机(A)记录的同时在已存在的相应反向查找区域中创建指针(PTR)记录。

2) 输入完毕,单击"添加主机"按钮后,出现如图 6-20 所示的信息提示框,表示已成功创建主机记录。单击"确定"按钮,再单击"完成"按钮即可。

3) 重复上一步骤,直到将所有主机记录添加完成后,关闭窗口退出。根据项目需要添加的其他主机记录如下:

图 6-20　完成提示

192.168.0.1　DNS1.wyh.com(A)

192.168.0.2　DNS2.wyh.com(A)

192.168.0.5　product.wyh.com(A)　www.wyh.com(CNAME)

192.168.0.6　oa.wyh.com(A)

4) 添加完成后,如图 6-21 所示。

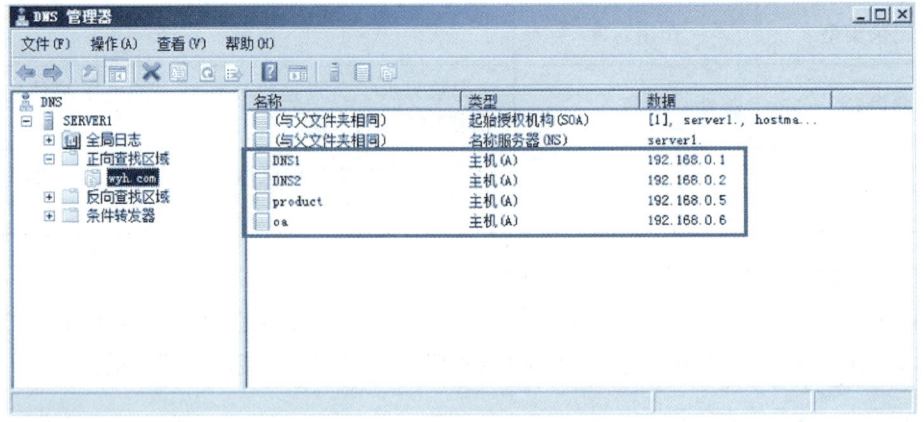

图 6-21　成功添加的(A)记录

【项目操作】根据需求创建(A)记录 product. wyh. com 的别名记录 www. wyh. com。

1) 在 DNS 管理器控制台,右键单击要创建资源记录的正向查找区域"wyh. com",在弹出的菜单中选择"新建别名(CNAME)"命令,打开"新建资源记录"对话框。

2) 如图 6-22 所示,在"目标主机的安全合格域名(FQDN)"文本框中输入"product. wyh. com",在"别名(如果为空则使用父域)"文本框中输入"www",也可以通过"浏览"按钮找到目标主机,然后单击"确定"按钮,即完成别名记录的创建。

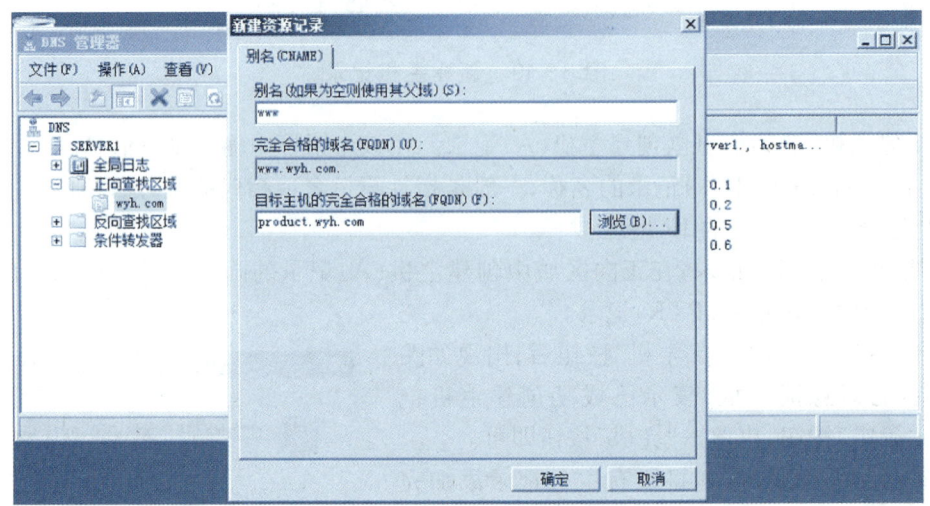

图 6-22　新建别名记录

3) 返回 DNS 管理器控制台,如图 6-23 所示。wyh. com 区域中新增了一条别名(CNAME)记录。

4) 现使用命令"ping product. wyh. com"和"ping www. wyh. com"来进行测试,结果如图 6-24 所示,经过 DNS 服务器的解析,能够正确解析到 IP 地址 192.168.0.5。

【项目操作】新建反向查找区域中的 PTR 指针记录。

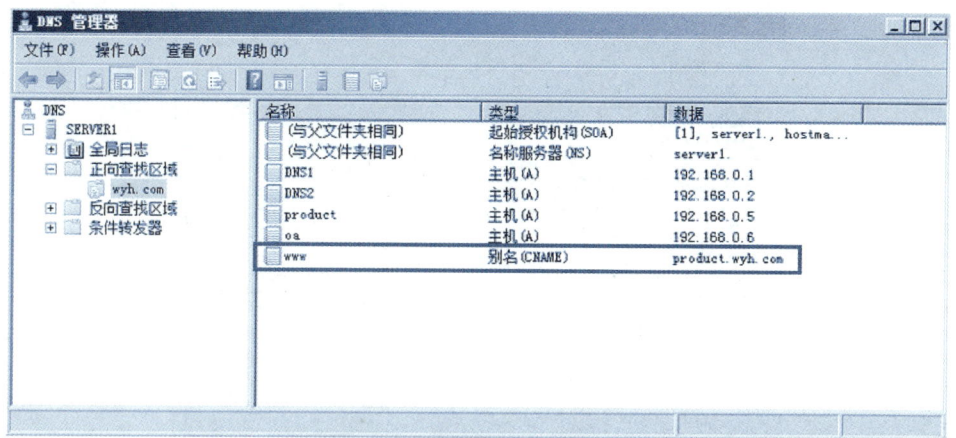

图 6 - 23 新增的(CNAME)记录

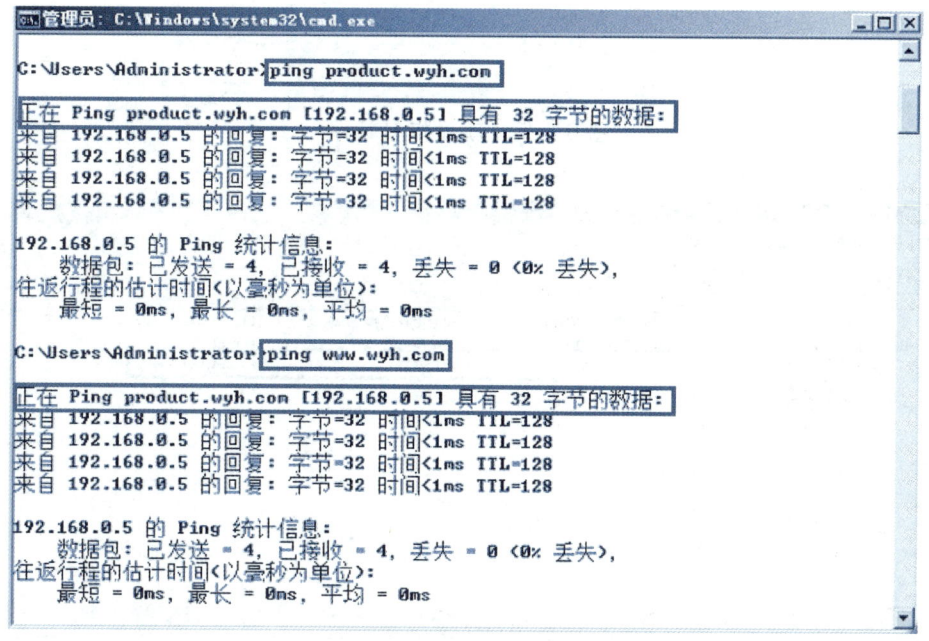

图 6-24 解析成功

1）如图 6 - 25 所示，在 DNS 管理器控制台中右键单击要创建资源记录的反向查找区域"0.168.192.in-addr.arpa"，在弹出的菜单中选择"新建指针(PTR)"命令，打开"新建资源记录"对话框。

2）在"主机 IP 地址"文本框的最后一段输入"5"，在"主机名"文本框中输入"product.wyh.com"，也可以通过"浏览"按钮找到目标主机，然后单击"确定"按钮，返回 DNS 管理器控制台。如图 6 - 26，现在 0.168.192.in-addr.arpa 区域中新增加了一条指针(PTR)记录。

3）现使用命令"ping-a 192.168.0.5"来进行测试，结果如图 6 - 27 所示，经过 DNS 服务器的反向解析，能够正确解析到主机名为 product.wyh.com。

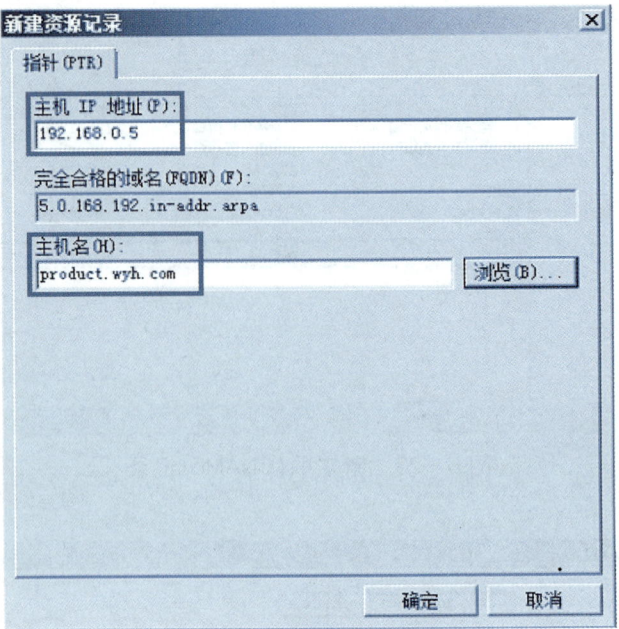

图 6-25　新建指针记录

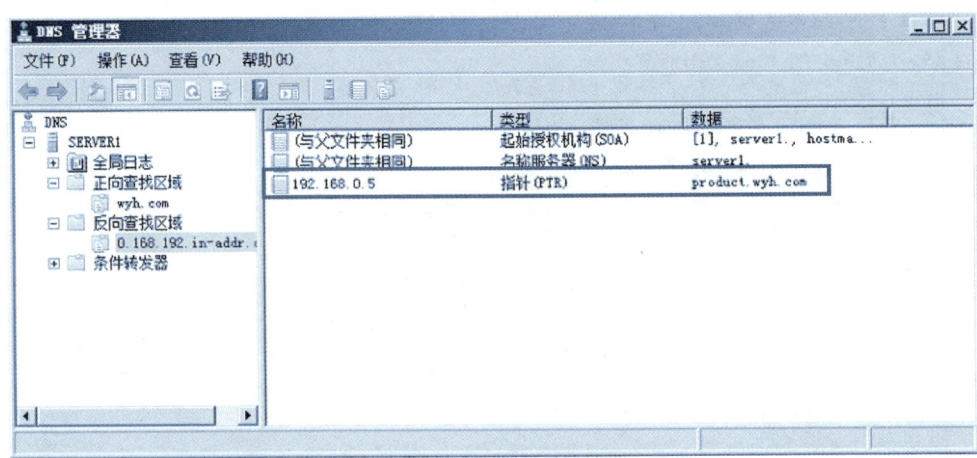

图 6-26　新增的指针记录

图 6-27　反向解析成功

6.4.4　区域属性和区域传送

【项目操作】设置区域属性。

1) 在 DNS 控制台中,右键单击 wyh.com,在弹出的菜单中选择"属性",在"wyh.com 属性"界面中,选择"常规"选项卡,如图 6-28 所示,此处可设置的属性有如下几个。

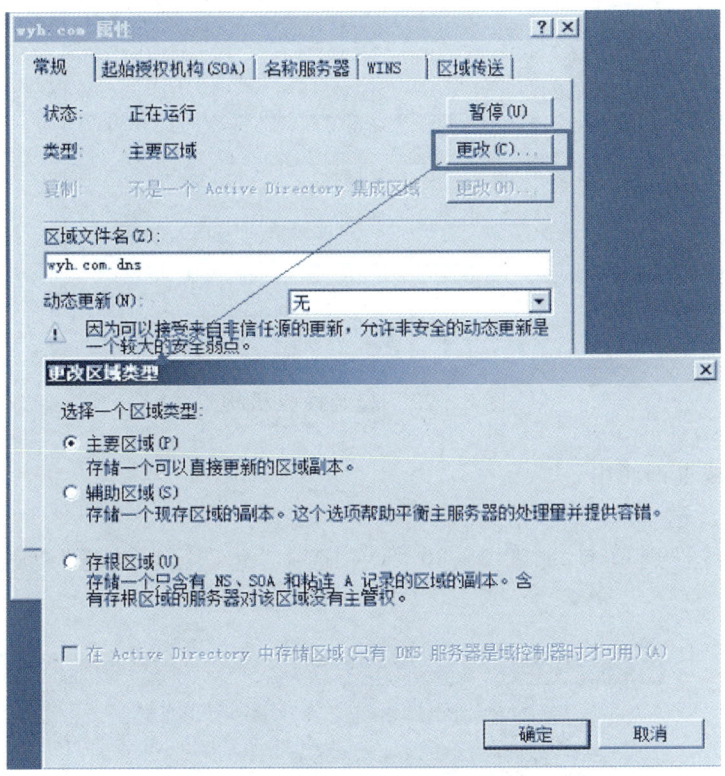

图 6-28　常规属性

- 区域文件名。
- 动态更新:设置是否允许动态更新,以及更新的方式。当添加、删除或修改网卡的 IP 地址、通过 DHCP 续订租约、使用命令"ipconfig/registerdns"手动刷新客户端名称注册,或者当计算机启动时,都可能触发 DNS 的动态更新。
- "更改"按钮:更改当前区域类型。如果域中有多台域控制器,可以考虑选中"在 Active Directory 中存储区域"复选框,也就是将区域中的信息集成到 AD 数据库中。
- "老化"按钮:设置老化/清理属性。

2) 选择"起始授权机构"选项卡,如图 6-29 所示,此处可设置的属性有如下几个。

- 序列号:表示区域的新旧程度,如果更改了该区域,则序列号增加。当两台 DNS 服务器要进行同步时,它会比较哪个 DNS 服务器的数据库较新。
- 刷新间隔:在 DNS 服务器需要同步时,定义每隔多少时间自动同步一次。
- 过期时间:如果一直不能同步成功,则过了"过期时间"后,该区域被标识为"过期"的,

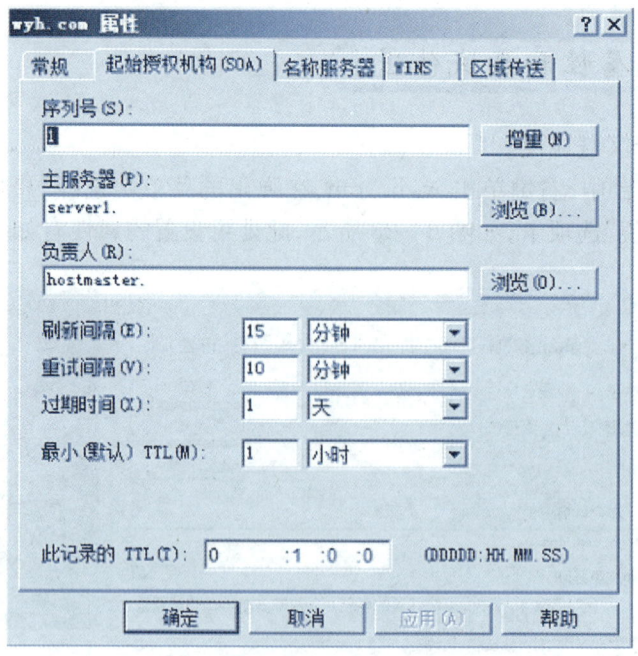

图 6-29　起始授权机构

它将不能被查询使用。

3）配置区域传送

选择"区域传送"选项卡，如图 6-30 所示，选中"允许区域传送"复选框，有如下 3 种选择。

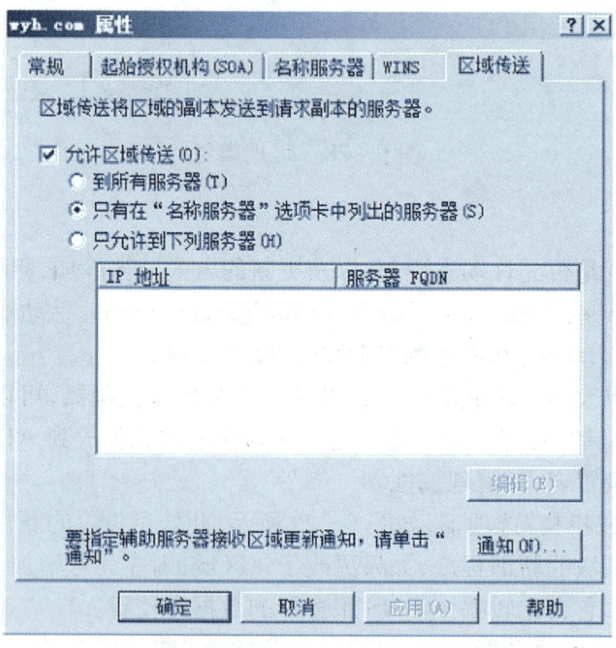

图 6-30　配置区域传送

- "只允许到下列服务器":在"IP 地址"文本框中输入要复制的辅助 DNS 服务器的 IP 地址列表。
- "只有在'名称服务器'选项卡中列出的服务器":选择"名称服务器"选项卡,将要复制到的辅助 DNS 服务器的 IP 地址添加到"名称服务器"列表中。
- "到所有服务器":将把当前区域的信息复制到其他所有的辅助 DNS 服务器上。

在主 DNS 服务器上设置好区域复制功能之后,需要在其他的 DNS 服务器上建立该主要区域的辅助 DNS 区域,即可实现自动或手动的区域传送。

辅助 DNS 服务器需要建立正向查找的辅助区域,在主服务器处填入主 DNS 服务器的 IP 地址。完成区域传送。注:区域传送后辅助 DNS 服务器中的资源记录是只读的,无法添加与删除。

6.4.5 转发器

若公司内部的 DNS 客户端要访问公网,有两种方法:在本地 DNS 服务器上使用默认的根提示,或为它设置转发器。转发器可以管理对网络外的名称(如 Internet 上的名称)的解析,并改善网络中计算机的名称解析效率。图 6-31 显示了如何使用 DNS 转发器向外部 DNS 服务器进行名称查询。

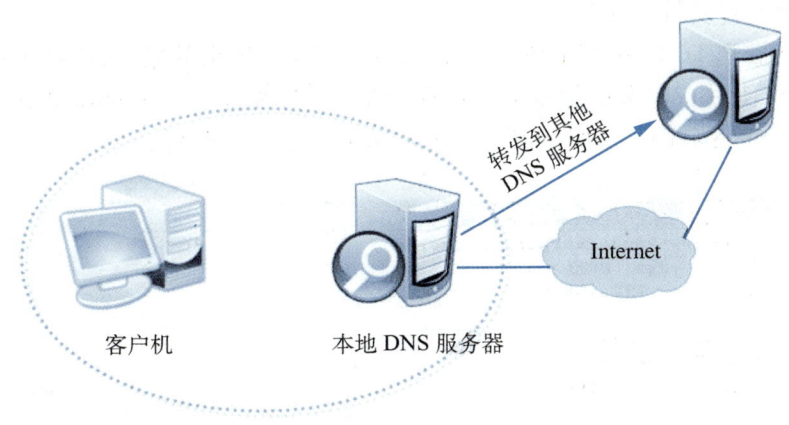

图 6-31 使用转发器

【项目操作】设置 DNS 转发器

需要在网络中增加一台 DNS 服务器(负责转发)。主机名为 DNSforward, IP 地址是192.168.0.3. 以转发 DNS 客户端的名称解析请求。

1) 在 DNSforward 计算机上安装 DNS 服务。

2) 在 DNSforward 计算机上设置转发功能。

在 DNS 控制台中,右键单击 DNS 服务器,在弹出的菜单中选择"属性"命令,在 DNS 服务器属性对话框中选择"转发器"选项卡,单击"编辑"按钮,在如图 6-32 所示的"编辑转发器"对话框中,输入 IP 地址"192.168.0.4",单击"确定"按钮。

此时回到 DNS 服务器属性对话框,发现 192.168.0.4 这台 DNS 服务器已成功添加到转发器列表中。请注意下面的复选框"如果没有转发器可用,请使用根提示",默认是选中的。最

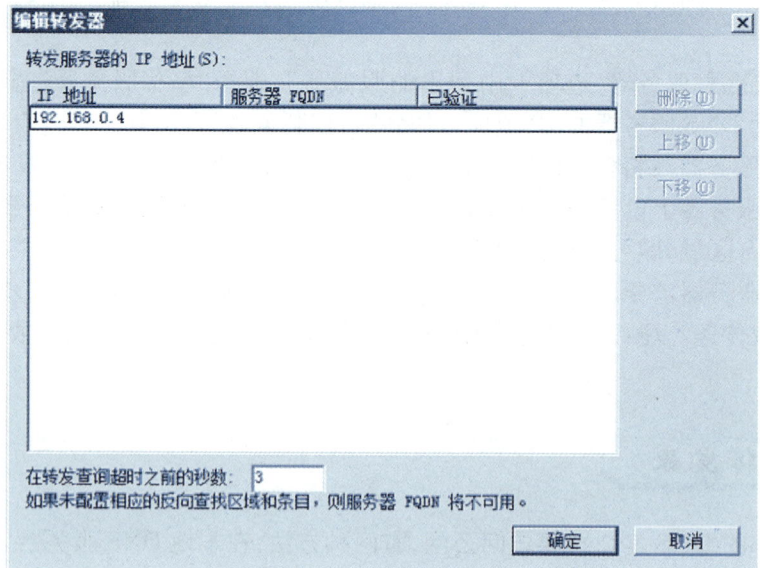

图 6-32 编辑转发器

后单击"确定"即可完成设置。

3）测试 DNS 转发服务器功能

客户端设定首选 DNS 服务器 192.168.0.3 后,可以解析相关域名,相关查询会被转发到 192.168.0.4 上,使用 nslookup 命令解析过程如图 6-33 所示,DNSforward 计算机把查询转发给负责 test.com 区域的 dns 服务器 192.168.0.4,最后完成解析。

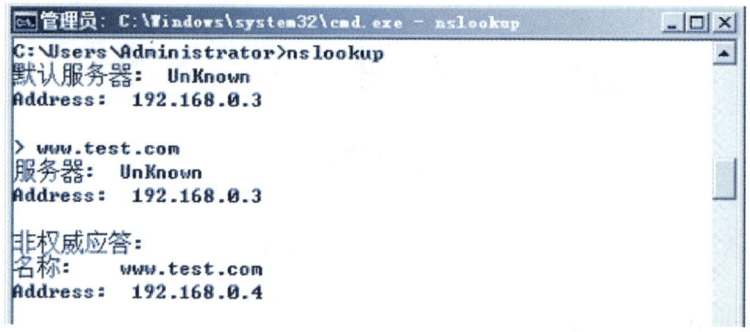

图 6-33 转发器测试

在 Windows Server 2008 中支持"条件转发"功能,即为不同的 DNS 区域分别设置转发器,它们将代替服务器级别的转发器。例如,把客户端对 baidu.com 区域的查询请求都转交给地址为 220.181.111.85 的那台 DNS 服务器,那么可以在 220.181.111.85 上新建一个名称为 "baidu.com"的 DNS 区域,然后在 dnsforward 计算机的 DNS 控制台下右击"条件转发器"选项,在弹出的菜单中选择"新建条件转发器"命令,在如图 6-34 所示的"新建条件转发器"对话框中,指定 DNS 域名为"baidu.com",并输入相应的 DNS 服务器的 IP 地址为 220.181.111.85。而对所有其他的 DNS 区域的查询请求,都会发送到前面设置的 DNS 服务器 192.168.0.4 上。

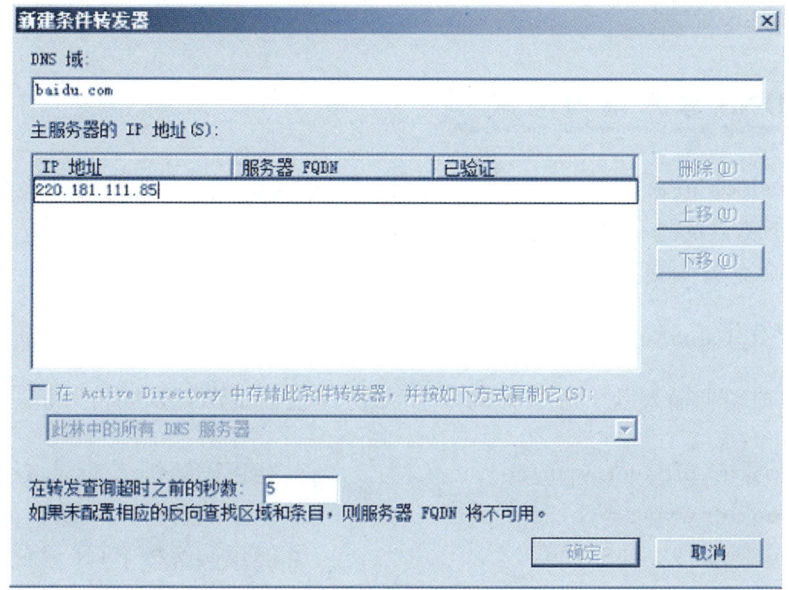

图 6-34　设置条件转发器

6.5　项目实施——DNS 客户端

6.5.1　DNS 客户端的设置

凡是需要将域名解析为 IP 地址的场景就是 DNS 的应用场景。例如,在把计算机加入域时,需要输入域名,若客户端通过 DNS 服务成功解析到此域中的域控制器,则会出现一个"计算机名更改"对话框,提示输入有加入该域权限的账户的凭据。

在计算机浏览网页、收发电子邮件的时候也需要名称解析服务,因此,无论在 Internet 上还是在公司的内部网络(基于域的)中,DNS 服务都是必要的。DNS 客户端的配置方法有如下几种。

1. 手工指定

打开客户端 Internet 协议版本 4(TCP/IPv4)属性对话框,在"首选 DNS 服务器"处输入第一台 DNS 服务器的 IP 地址,在"备用 DNS 服务器"处可以输入第二台可提供服务的 DNS 服务器的 IP 地址。单击"高级"按钮还可以继续添加,DNS 客户端会依次查询这些 DNS 服务器。

2. DHCP 自动获取

打开客户端 Internet 协议版本 4(TCP/IPv4)属性对话框,选中"自动获得 IP 地址"和"自动获得 DNS 服务器地址"。客户端就会从网络中的一台 DHCP 服务器获得一个预先指定的

DNS 服务器的 IP 地址。

6.5.2 DNS 客户端的测试

可以使用 nslookup 命令测试 DNS 服务器记录,nslookup 命令的特点是不会留下缓存,而 ping 命令会留下错误的缓存,影响客户端的正常解析。

Nslookup 命令有非交互式和交互式两种,以下说明了他们的使用方法。

1. 非交互式 nslookup 命令

在 DNS 客户端上输入以下命令测试 DNS 服务器上的资源记录能否解析。

```
C:\>nslookup product.wyh.com          #能正确解析 A 记录
C:\>nslookup www.wyh.com              #能正确解析 CNAME 记录
C:\>nslookup 192.168.0.5              #能正确解析 PTR 记录
```

2. 交互式 nslookup 命令

在 DNS 客户端上输入一下命令测试 DNS 服务器上的资源记录能否解析。

```
C:\>nslookup
>set type=a
>product.wyh.com                      #能正确解析 A 记录
>set type=ptr
>192.168.0.5                          #能正确解析 PTR 记录
>set type=cname
>www.wyh.com                          #能正确解析 CNAME 记录
>set type=ns
>product.wyh.com                      #能正确解析 NS 记录
>set type=mx
>mail.wyh.com                         #能正确解析 MX 记录
>set type=soa
>product.wyh.com                      #能正确解析 SOA 记录
>set type=all
>wyh.com                              #能正确解析 DNS 服务器上的所有记录
...
```

6.5.3 管理 DNS 客户端缓存

DNS 客户端会将 DNS 服务器发来的解析结果缓存下来,在一定时间内,若客户端再次需

操作系统与网络服务器管理 Windows Server 2008

要解析相同的名字,则会直接使用其缓存中的解析结果,而不必向 DNS 服务器发起查询。解析结果在 DNS 客户端缓存的时间取决于 DNS 服务器上响应资源设置的 TTL。如果在 TTL 规定的时间内,DNS 服务器对该资源记录进行了更新,则在客户端会出现短时间的解析错误。此时可尝试清空 DNS 客户端缓存来解决问题,方法如下。

1. 查看 DNS 客户端缓存

在 DNS 客户端上输入以下命令查看 DNS 客户端缓存:

```
ipconfig/displaydns
```

2. 清空 DNS 客户端缓存

在 DNS 客户端上输入以下命令清空 DNS 客户端缓存:

```
ipconfig/flushdns
```

项 目 小 结

在 Internet 上域名与 IP 地址之间是相互对应的,域名虽然便于人们记忆,但计算机之间只能互相识别 IP 地址,它们之间的转换工作称为域名解析。域名的空间使用类似目录树的树形结构,树状目录的最顶层是根,在 Internet 网络中有专门的根级 DNS 服务器。在 DNS 中有两种常用的查询方式:递归查询、迭代查询。

通过本项目,我们学习了企业网络中 DNS 服务器的搭建与配置方法,读者应掌握配置 DNS 辅助服务器来保障企业 DNS 系统的安全,掌握如何管理 DNS 服务器,具备在企业项目中配置 DNS 系统的能力。

项目思考与操作

1. 简述 DNS 服务的作用。
2. 请结合域名 www.wyh.edu.cn,说明其 DNS 主机域名的空间结构有哪些级别。
3. DNS 正向搜索完成什么功能? 反向搜索完成了什么功能?
4. 请简述 DNS 服务器的查询类型。
5. 为 DNS 服务器的正向和反向查找区域添加主机 A 记录、CNAME、PTR 指针。
6. 为 DNS 服务器设置转发器和条件转发器。

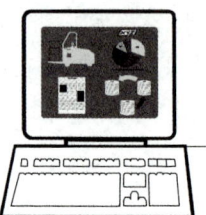

项目 7

WEB服务器的架设

7.1 项目描述

本项目利用 Windows Server 2008 附带的 IIS(Internet 信息服务)来架设 Web 服务器,分析 Web 服务器的基本属性及高级设置,以及如何利用虚拟目录来发布网站,使用多种不同的方式架设多个站点。

某企业有一台 Windows Server 2008 的服务器,企业希望搭建内部 Web 服务器,实现内部员工访问公司 OA 系统提高工作效率以及通过网站向用户推荐自己的产品和服务。

7.2 项目分析

现要求在企业内部搭建一台 Web 服务器,企业需要通过自己的网站来宣传自己的产品及服务,而且企业内部的办公、财务系统等都基于 Web 服务器。

需要进行如下相关配置。

1) 架设企业首页。

2) 使用虚拟目录供企业用户共享文件。

3) 架设多站点,提高 Web 服务器的使用效率。

7.3 基础知识准备

7.3.1 Web 服务器简介

Web 服务器又称为 WWW(World Wide Web)服务器,主要功能是提供网上信息浏览服

务。其特点有以下几个方面。

1）在应用层使用 HTTP 协议；

2）使用 HTML 文档格式；

3）使用浏览器统一资源定位器。

WWW 代表万维网，WWW 是 Internet 的多媒体信息查询工具，是 Internet 上发展起来的服务，也是发展最快和目前使用最广泛的服务。它起源于 1983 年 3 月，由欧洲量子物理实验室所发明的主从结构分布式超媒体系统。通过万维网，人们只要使用简单的方法，就可以很迅速方便地取得丰富的信息资源。正是因为有了 WWW 工具，才使得近年来 Internet 迅速发展，且用户数量飞速增长。

7.3.2　IIS 组件简介

IIS(Internet Information Server，互联网信息服务)是一种 Web 网页服务组件，是一个微软公司开发的用于为动态网络应用程序创建强大的通信平台的工具。它可以用来主控和管理 Internet 上的网页(Web 服务器)、主控和管理 FTP 站点(FTP 服务器)、使用网络新闻传输协议(NNTP 服务器)和简单邮件传输协议(SMTP 服务器)，它使得在网络(包括互联网和局域网)上发布信息成了一件很容易的事。

ASP 和 ASP. NET：ASP 是服务器端脚本环境，可用来创建动态的或交互式网页并建立强大的 Web 应用程序。当应用服务器收到对 ASP 文件的请求时，它处理包含在用于构建发送给浏览器的 HTML 网页的文件中的服务器端脚本代码。除服务器端脚本代码外，ASP 文件也可以包含 HTML(包括相关的客户端脚本)和 COM 组件调用。ASP 要求使用一种脚本语言，如 VBScript 或 Java Script。ASP. NET 是新一代的 Microsoft 服务器端脚本环境。它提供一种新的编程模式和结构，使 Web 开发者能够构建和部署比以前更安全、更灵活、更稳定的企业类 Web 应用程序。

在 Windows Server 2008 中的 IIS 版本为 7.0，它整合了 IIS、ASP. NET、Windows Communication Foundation Services 和 Windows SharePoint Services。

IIS 7.0 是一个模块化的 Web 服务器，以前的 IIS 版本的功能均是默认内置，而 IIS 7.0 将这些划分成独立的模块，用户可以通过添加和删除模块来自定义服务器。

7.4　项目实施——WEB 服务器的搭建与配置

此项目中某公司即将搭建的 Web 服务器静态 IP 地址为 192.168.0.10。

安装 IIS 7.0 必须具备管理员权限。

7.4.1　安装 IIS 组件

【项目操作】为服务器安装"Web 服务器(IIS)"角色

1）以管理员身份登录系统后，启动"服务器管理器"。然后，在窗口右侧"角色摘要"部分中点击"添加角色"，以启动"添加角色向导"窗口，并直接点击"下一步"，如图7-1所示。

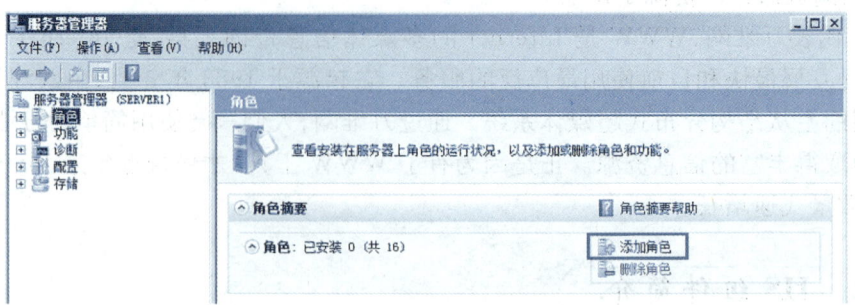

图7-1　"服务器管理器"窗口

2）单击图7-2所示的"选择服务器角色"对话框中勾选"Web服务器(IIS)"角色，由于IIS依赖Windows进程激活服务(WAS)，因此会出现"进程激活服务功能"的对话框，单击"添加必须的功能"按钮。

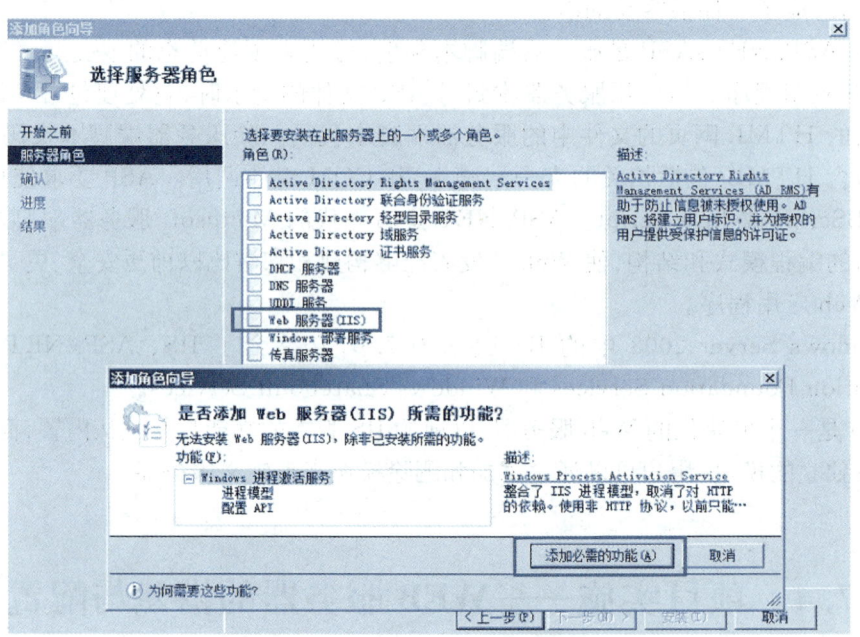

图7-2　添加Web服务器(IIS)

3）单击图7-2中"选择服务器角色"对话框的"下一步"按钮，出现"Web服务器简介"对话框，如图7-3所示。

4）单击图7-3中的"下一步"按钮，出现"选择角色服务"对话框，单击每一个服务选项在右边会出现对该服务器的详细说明，如图7-4所示。

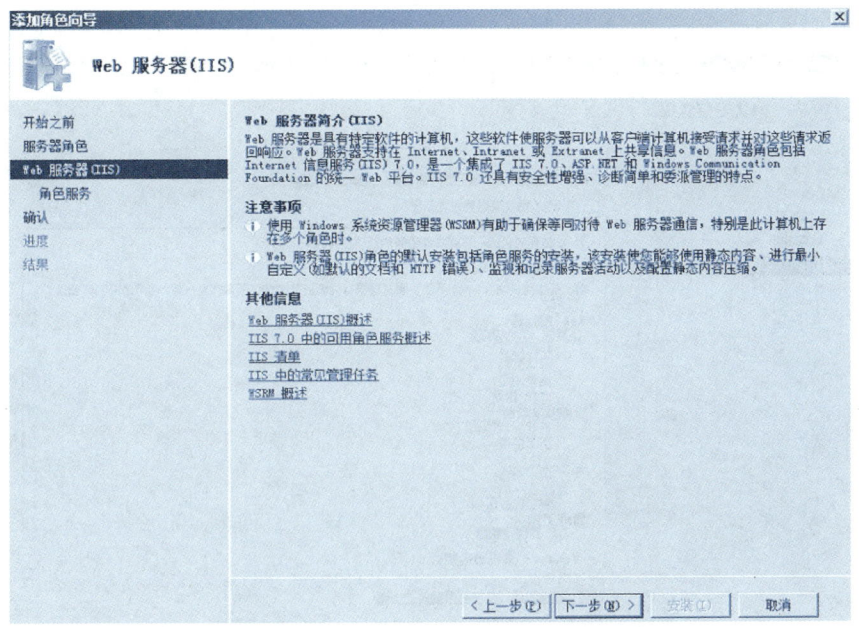

图 7-3 Web 服务器简介(IIS)

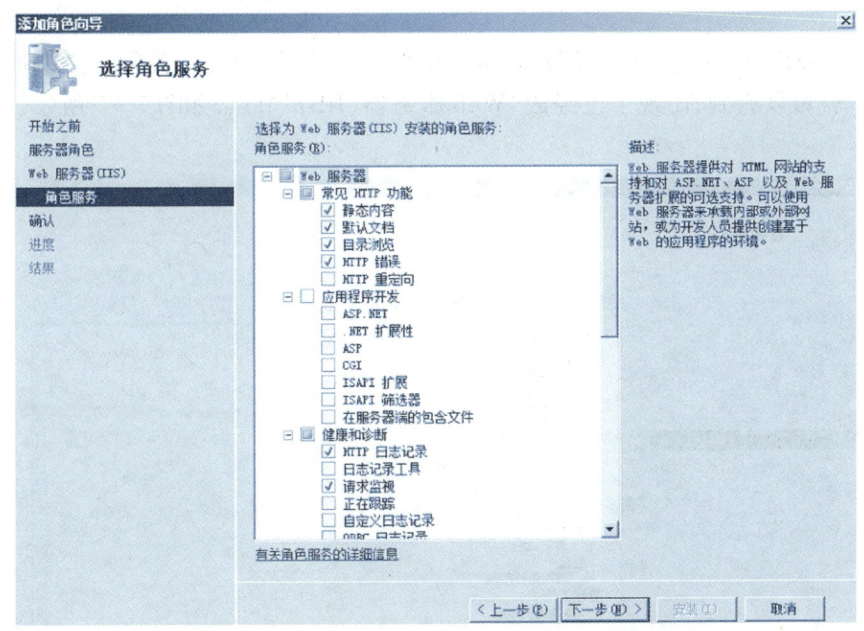

图 7-4 选择为 Web 服务安装的角色服务

提示:

  一般可采用默认的选择,如有特殊要求可根据实际情况进行选择。

  5) 单击图 7-4 中的"下一步"按钮,出现"确认安装选择"对话框,如图 7-5 所示,检查无误后单击"安装"按钮。

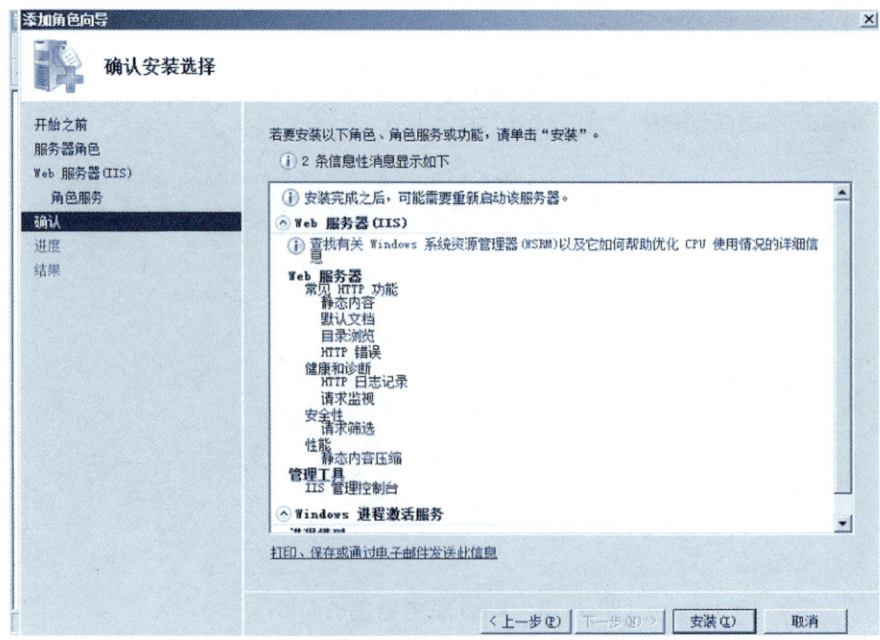

图 7-5　Web 服务器确认安装信息

6）安装完成后,出现"安装结果"对话框,如图 7-6 所示。点击"关闭"完成向导,返回"服务器管理器"就可以看到,出现了已经成"Web 服务器(IIS)"节点,如图 7-7 所示。

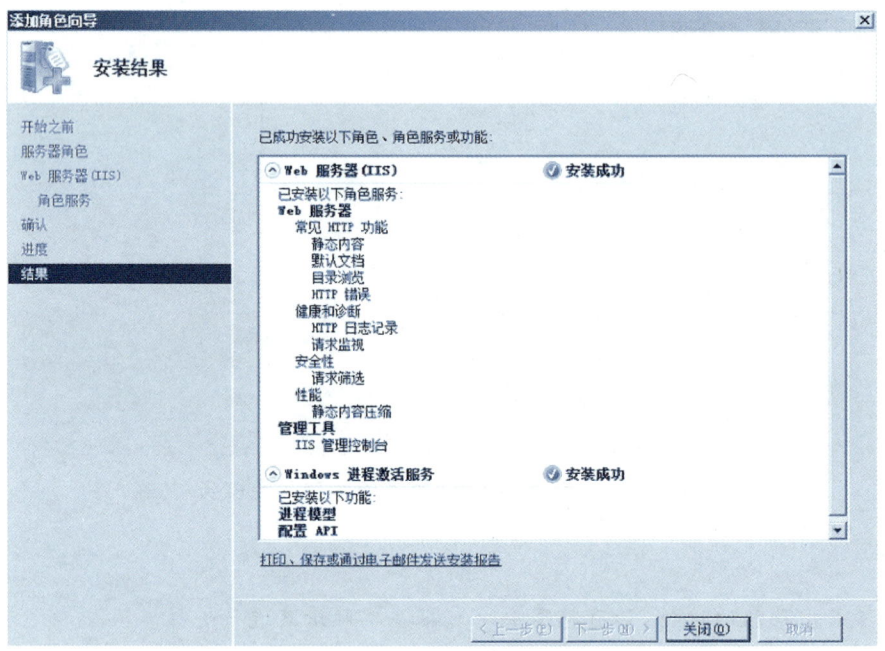

图 7-6　Web 服务器安装结果

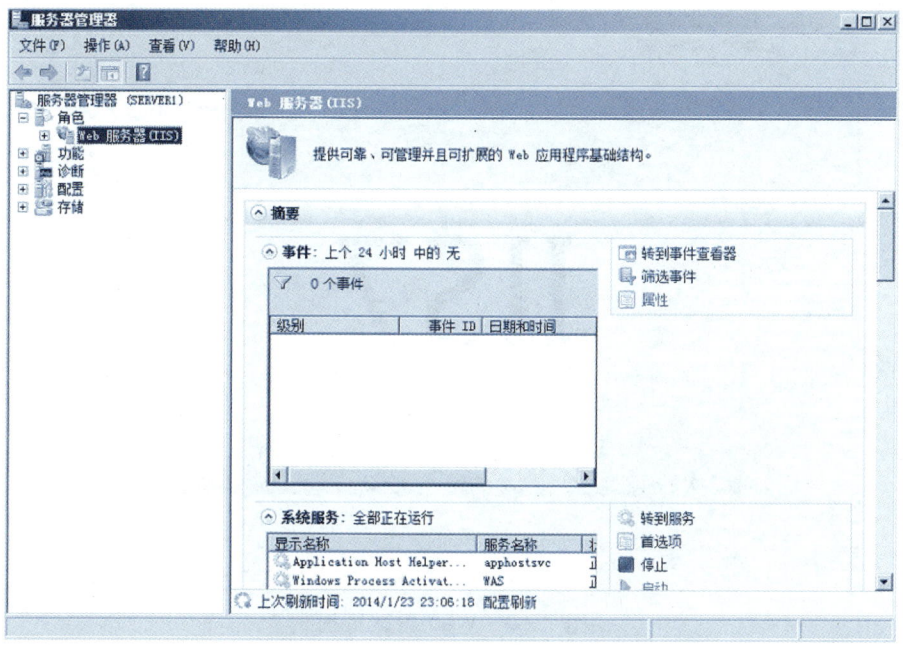

图 7-7 "Web 服务器(IIS)"窗口

7.4.2 Web 服务器测试

【项目操作】测试 IIS 7.0 是否安装正常,有以下几种测试方法:

1)利用本地回送地址:在本地浏览器中输入"http://127.0.0.1"或"http://localhost"来链接网站。

2)利用好本地计算机名称:若服务器的计算机名为"server1",在本地浏览器中输入"http://server1"来链接网站。

3)利用 IP 地址:若服务器的 IP 地址为 192.168.0.10,则通过"http://192.168.0.10"来链接网站。如该 IP 是局域网内的,则位于局域网内的所有计算机都可以通过这种方式来访问这台 Web 服务器;如该 IP 是公网上的,则 Internet 上的所有用户都可以访问。

4)利用 DNS 域名:如果网络中有 DNS 服务器,为此 Web 服务器设定了网址为 www.iis.com,并将 DNS 域名与 IP 地址注册到 DNS 服务器内(具体配置方法见第 6 章),可以通过 DNS 网址 http://www.iis.com 来链接网站。

若链接成功,则会出现如图 7-8 所示的网页。

7.4.3 Web 基本设置

在 IIS 7.0 中,管理员可以使用图形化界面来管理大量的网站。

【项目操作】配置默认站点"Default Web Site"

1)选择"开始"→"管理工具"→"Internet 信息服务(IIS)管理器",打开"Internet 信息服务(IIS)管理器"窗口,显示起始页如图 7-9 所示。

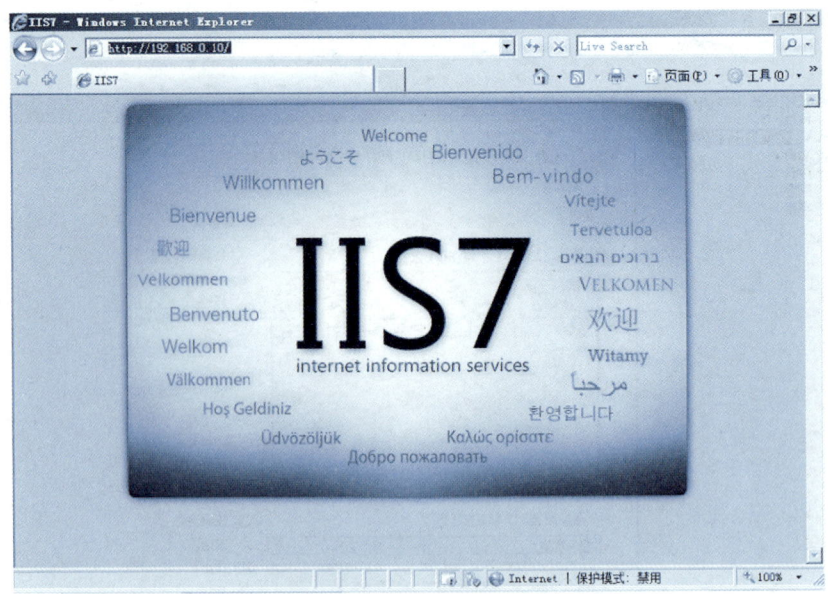

图 7-8　Web 测试页面

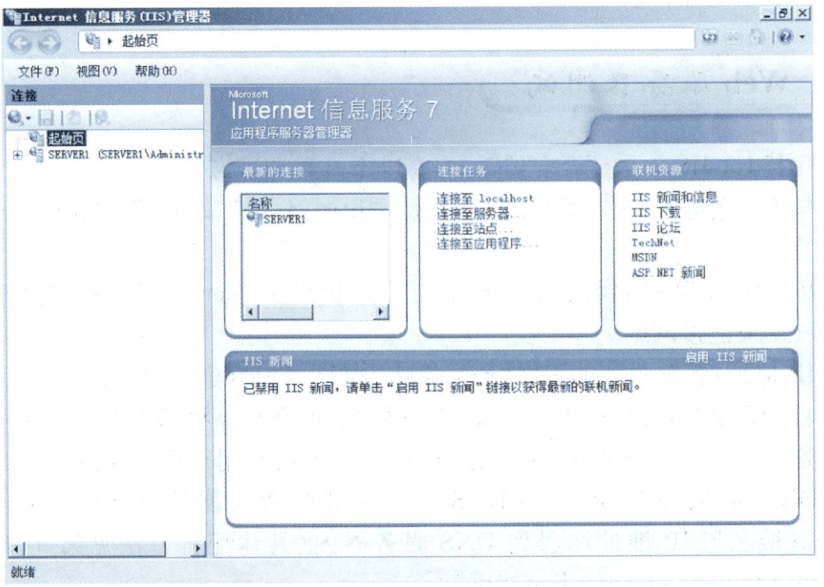

图 7-9　Internet 信息服务管理器

　　2) IIS 管理器采用了三列式界面,在"连接"窗格中,双击对应的 IIS 服务器,可以看到"功能"视图中有 IIS 默认配置的相关图标以及"操作"窗格中的对应操作,由图 7-10 可知,Internet 信息服务器管理器主要有两部分内容:应用程序池和网站。

　　3) 在"连接"窗格中,展开"网站"节点,会出现系统默认建立的"Default Web Site"站点,可以直接利用它来作为你的网站,也可添加新网站。如图 7-11 所示,本节将利用系统创建的"Default Web Site"站点进行网站的基本设置。

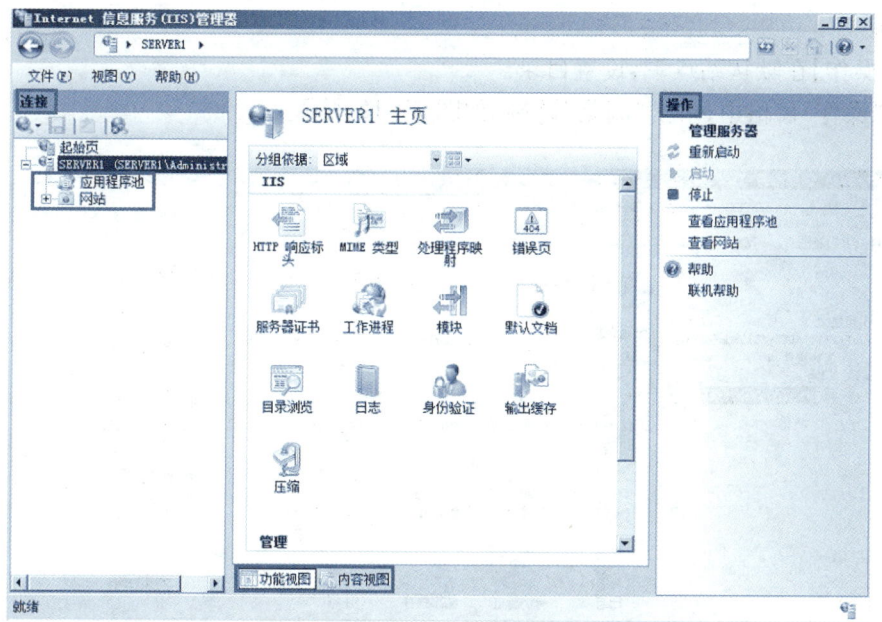

图 7 - 10　Internet 信息服务管理器

图 7 - 11　默认网站

7.4.4　网站目录设置

在 IIS 7.0 安装过程中,会在 Web 服务器上的系统盘根目录下\inetpub\wwwroot 目录中
创建默认网站配置。可以使用此默认目录发布 Web 内容,也可以在自选的分区或文件夹下创

建新的目录。

【项目操作】在默认站点下，设置目录。

1）在"操作"窗格中，单击"浏览"链接，如图 7 - 12 所示。

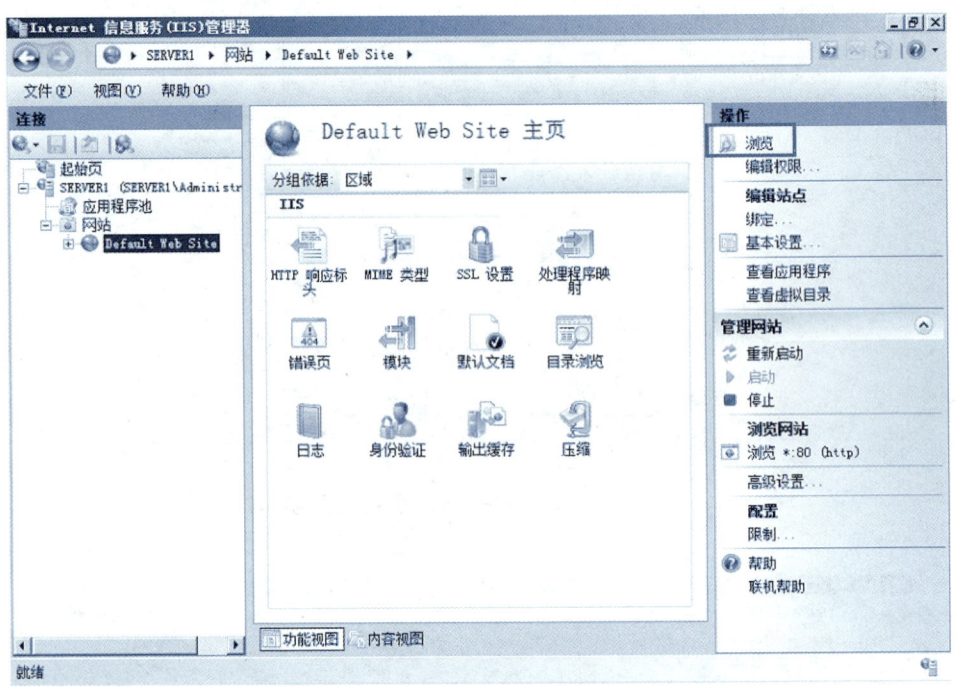

图 7 - 12　操作窗格

2）默认主目录如图 7 - 13 所示，当用户利用上述方式来链接默认网站时，浏览器将显示"主目录"中的默认网页，即 wwwroot 文件夹中的 iisstart 页面。

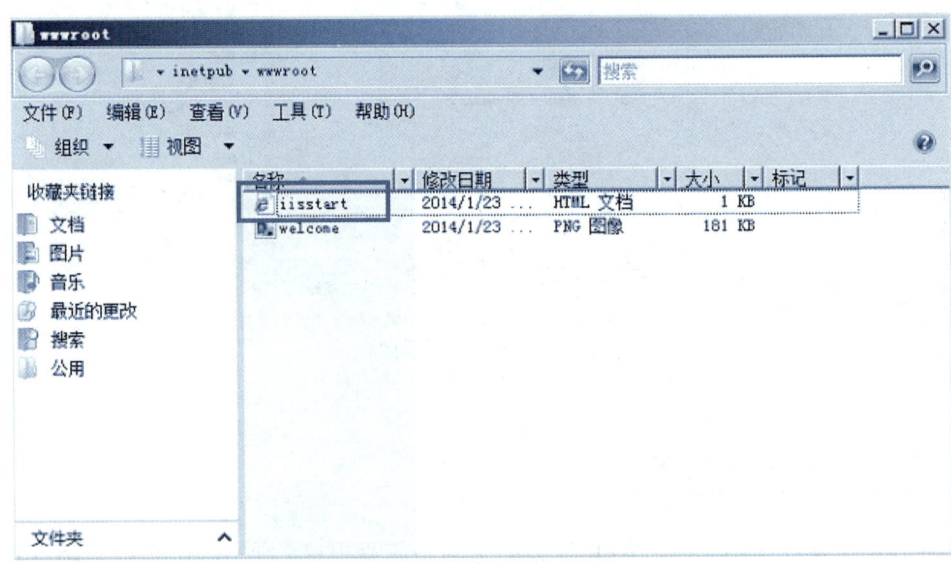

图 7 - 13　默认主目录

3）更改网站主目录，在本地磁盘 D 下新建名为"test"的文件夹，作为网站发布的主目录。并在"IIS 管理器"窗口的"操作"窗格中单击"编辑站点"下的"基本设置"链接，如图 7 - 14 所示。

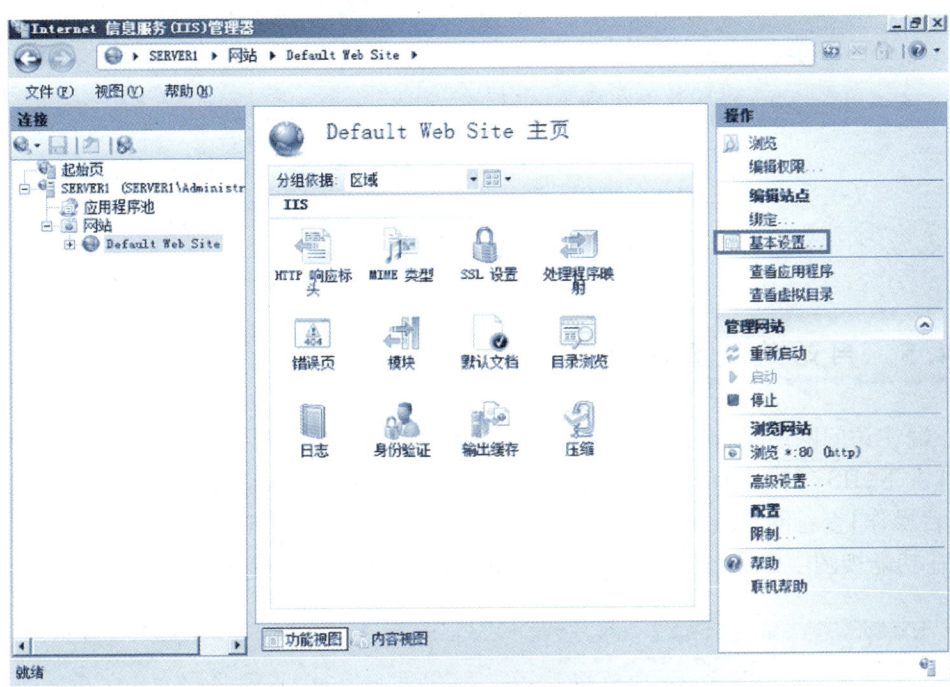

图 7 - 14　选择站点

4）在弹出的"编辑网站"窗口中，物理路径默认为主目录，其中"％SystemDrive％"是安装 Windows Server 2008 的磁盘驱动器，如图 7 - 15 所示。

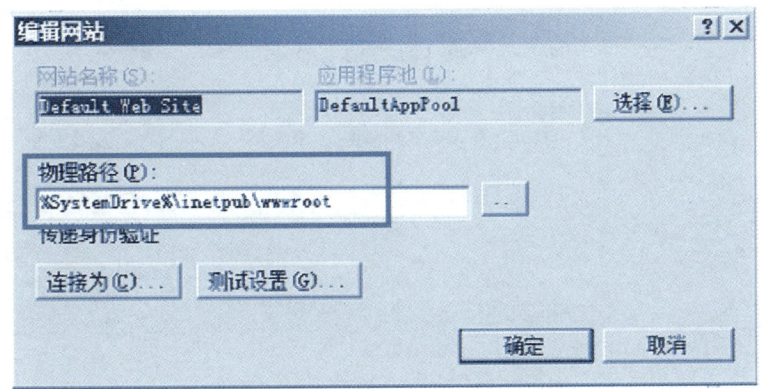

图 7 - 15　编辑网站

5）在"物理路径"文本框中，输入网站文件夹的物理路径，或者单击"浏览"按钮（显示为 ".."），在"浏览文件夹"窗口中选择 D:\test 文件夹作为网站的主目录，如图 7 - 16 所示。

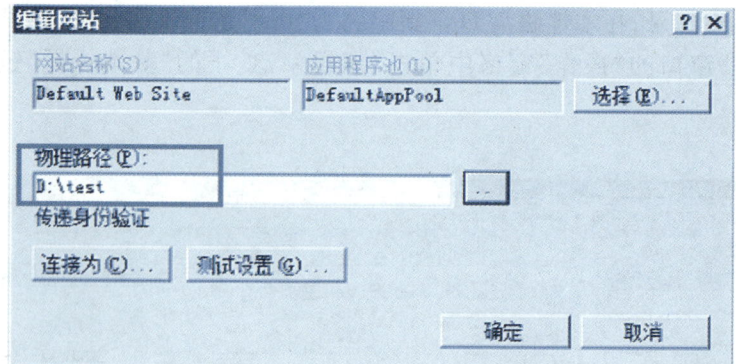

图 7 - 16　此计算机上的目录

7.4.5　网站默认页面设置

客户端在访问网站时,通常不指定页面文档名称,因此服务器需要设置网站的默认文档。在默认情况下,IIS 7.0 的 Web 站点启用了默认文档,并预设了默认文档的名称。

【项目操作】查看网站默认文档,在主目录下新建网站首页,测试网站。

1) 在功能视图中双击"默认文档"图标,如图 7 - 17 所示,查看网站的默认文档。

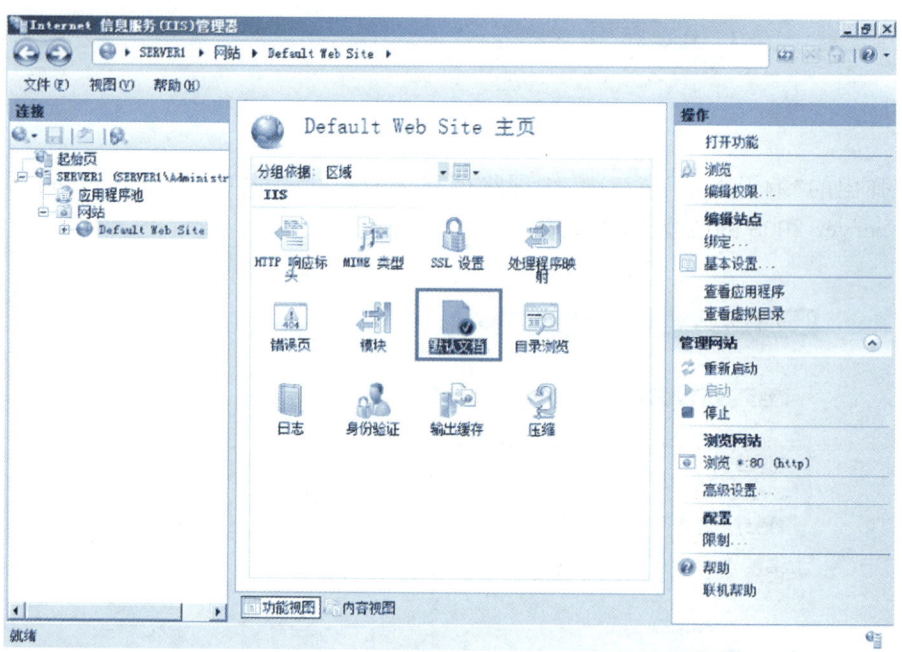

图 7 - 17　双击"默认文档"图标

2) 系统设置了 5 个默认网页名称,它会先读取最上面的文件(Default. htm),若主目录没有该文件,则依次读取后面的文件。可以通过"操作"窗格中的"上移"、"下移"来调整系统读取文件的顺序,也可以通过"添加"、"删除"来设置网页文件。如图 7 - 18 所示。

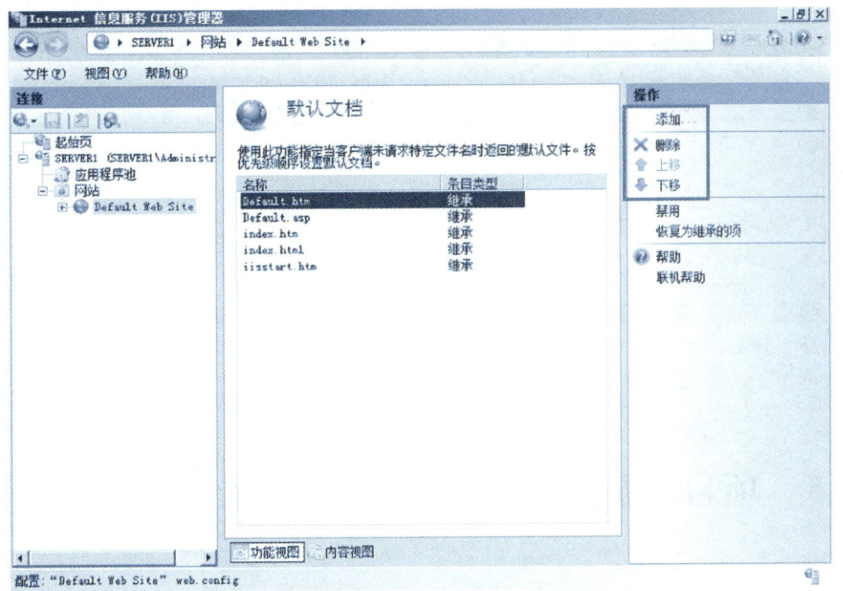

图 7-18　默认文档

3) 这里使用上节设置的 D:\test 文件夹作为网站主目录,故需在文件夹内新建一个名为"default. htm"的网页,内容如图 7-19 所示,可以利用"记事本"创建。

4) 在"IIS 管理器"窗口的"操作"窗格中,单击"浏览网站"下的浏览"＊:80(http)"链接来浏览此网站,如图 7-20 所示,打开后将看到如图 7-21 所示的页面。

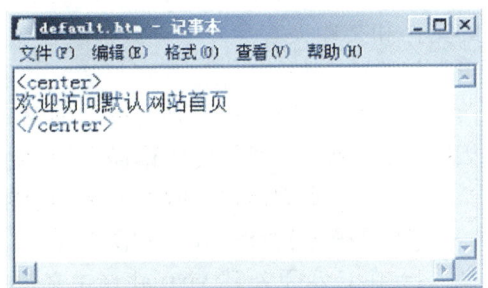

图 7-19　网页内容

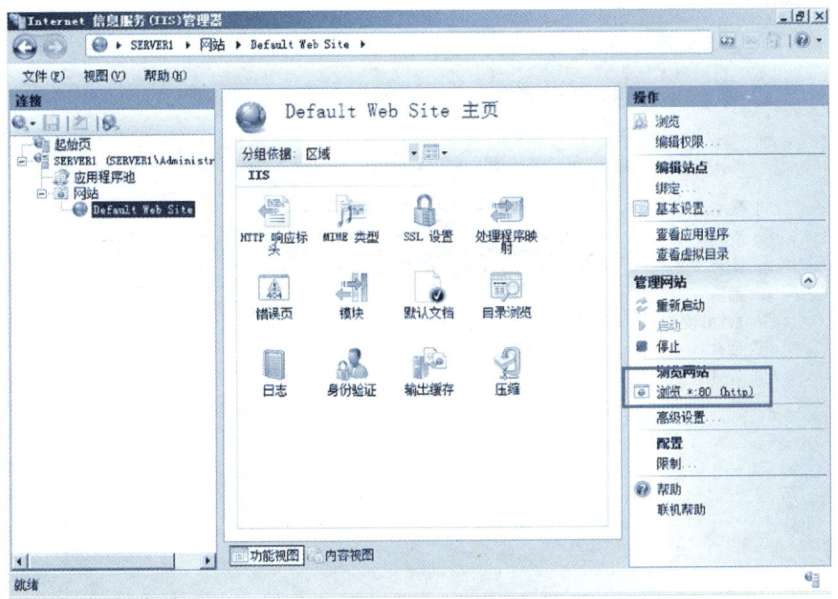

图 7-20　浏览网站

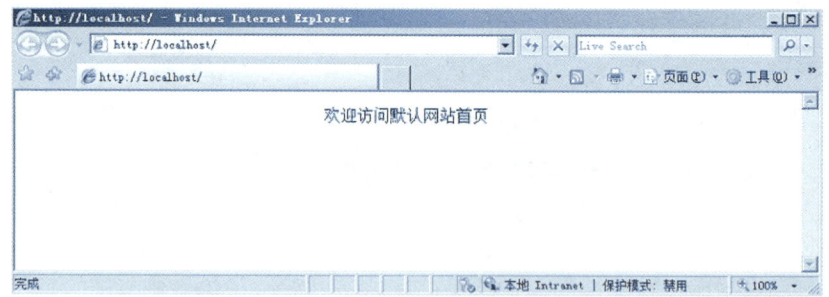

图 7 - 21 显示默认首页

7.5 项目实施——WEB 服务器的虚拟目录设置

虚拟目录,在大多数情况下,发布到网站的内容位于计算机上的主目录中。但是,在某些情况下,内容会放在其他目录位置甚至远程计算机上,此时我们可以创建虚拟目录。虚拟目录的文件和文件夹本身并不一定存放在主目录中,但当客户端访问它的时候,显示的结果就像位于主目录中一样。

虚拟目录拥有一个别名,可以供 Web 浏览器用于访问此目录。别名不要求和物理路径名相同,实际使用中通常要比路径名短,便于用户输入。

上一节,我们指定了网站的物理目录为 D:\test。根据以下操作创建虚拟目录。

【项目操作】新建 virtual 虚拟目录,指向 C 盘的 virtual-test 物理文件夹,并测试网站。

1) 在 C 盘下新建 virtual-test 文件夹,作为虚拟目录映射到服务器上的物理目录,并在此文件夹内新建名为"default. htm"的文件,在记事本中编辑 default. htm 页面内容,作为虚拟目录的默认首页,如图 7 - 22 所示。

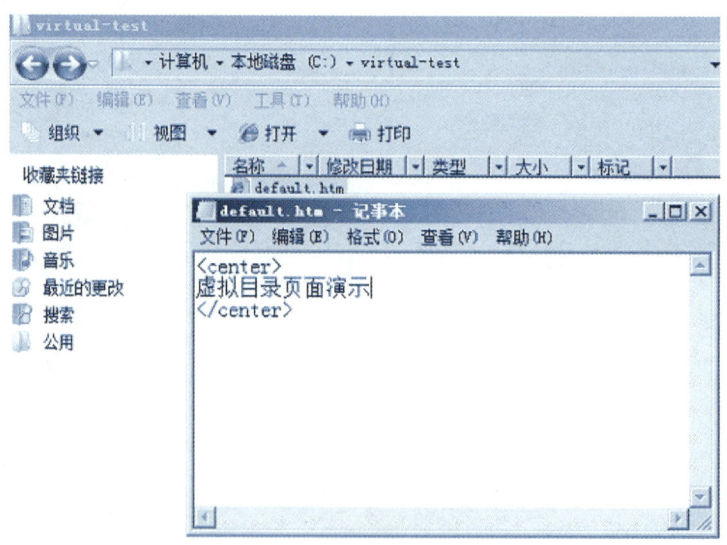

图 7 - 22 文件夹及首页

2) 在"IIS 管理器"窗口的"连接"窗格中,右击"Default Web Site"默认站点,单击"添加虚拟目录",如图 7-23 所示。

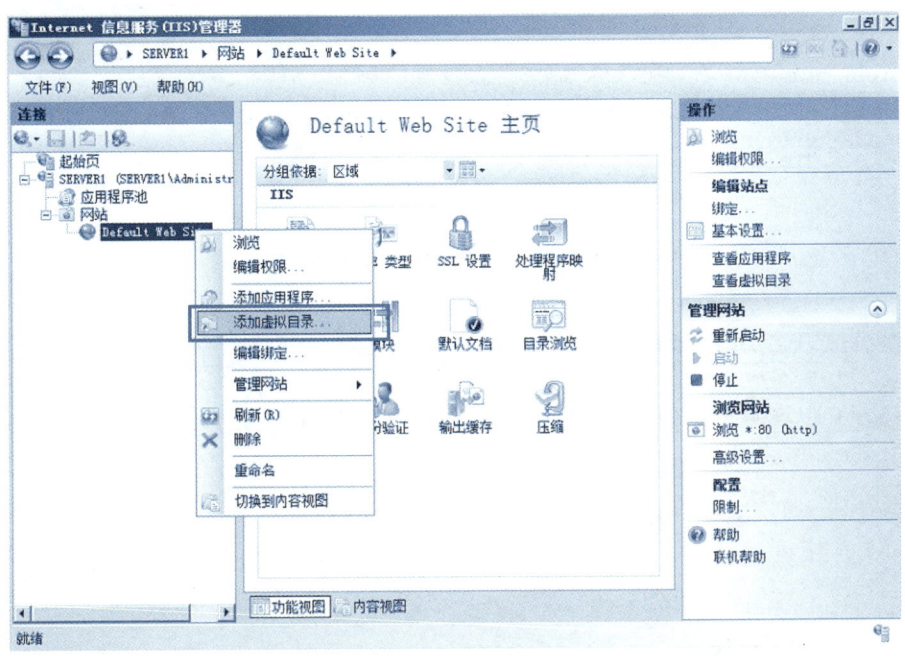

图 7-23　添加虚拟目录

3) 弹出"添加虚拟目录"对话框,在"别名"文本框中输入"virtual",在"物理路径"文本框中,选择 virtual-test 物理文件夹,如图 7-24 所示。

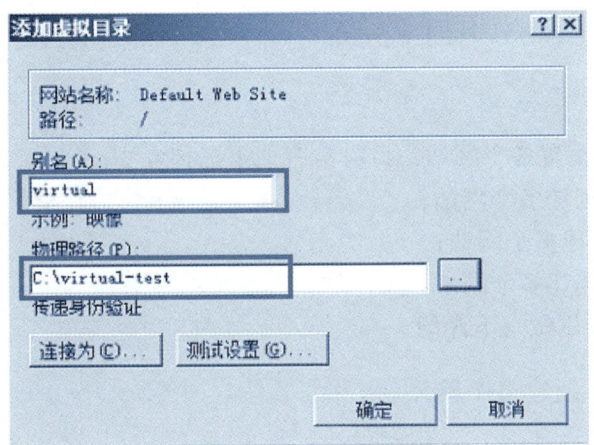

图 7-24　虚拟目录设置

4) 单击"确定"按钮,返回"IIS 管理器"窗口,在"连接"窗格中,可以看到默认站点下新建的虚拟目录 virtual,在功能视图中显示了虚拟路径与物理路径的关系,如图 7-25 所示。

5) 在"操作"窗格中,单击"浏览文件夹"下的"浏览 *:80(http)"链接,或在浏览器中输入"http://192.168.0.10/virtual"地址,链接后将看到如图 7-26 所示的页面。

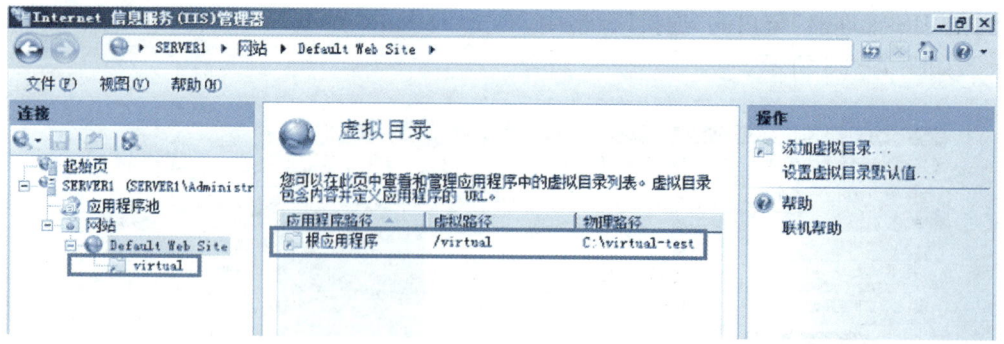

图 7 - 25　创建的虚拟目录

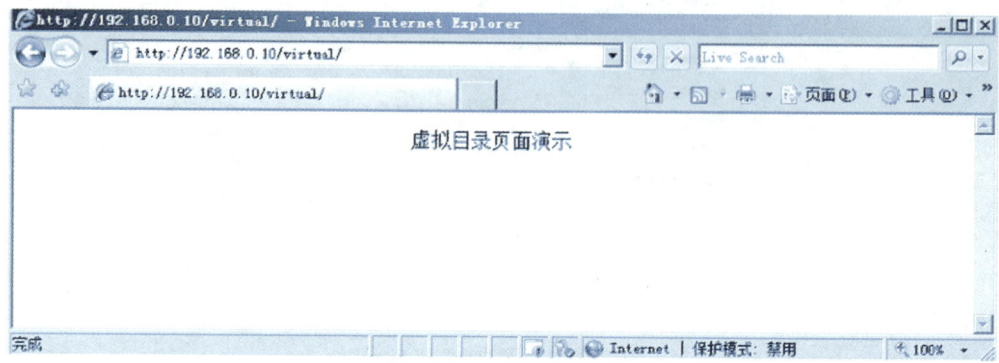

图 7 - 26　测试虚拟目录

7.6　项目实施——多网站架设

如何在 IIS 7.0 中配置多个网站？目前常有如下三种方法：

1）基于多个端口创建多个网站；

2）基于多个 IP 创建多个网站；

3）基于多个主机创建多个网站。

下面就每个方法分别做一下介绍。

1. 基于多个端口创建多个网站

此方法是指为每个网站指定不同的端口。IIS 配置的网站的默认端口是 80。如果用户要配置另外一个网站，用户可以将该网站端口设置为 8080（可自己设置）。

操作方法如下：

若 Web 服务器的 IP 地址为 192.168.0.10，用户在服务器上配置两个网站（Default Web Site）和（myweb），因为"Default Web Site"为默认的站点，端口为"80"，如图 7 - 27 所示。为 myweb 分配领一个端口，如"8080"，如图 7 - 28 所示，配置完成后，即可访问这两个网站。访

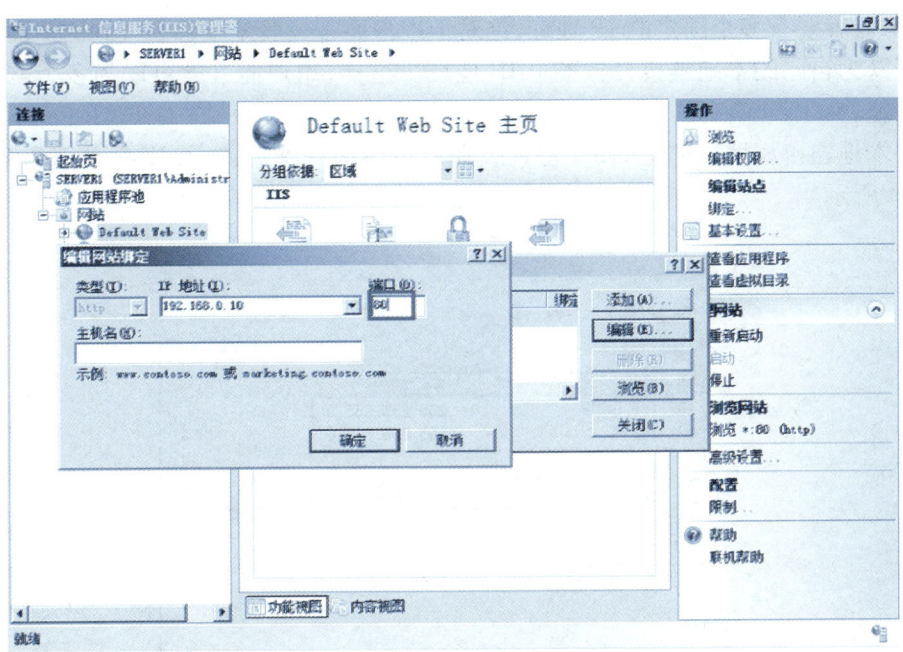

图 7 – 27 Default Web Site 使用端口 80

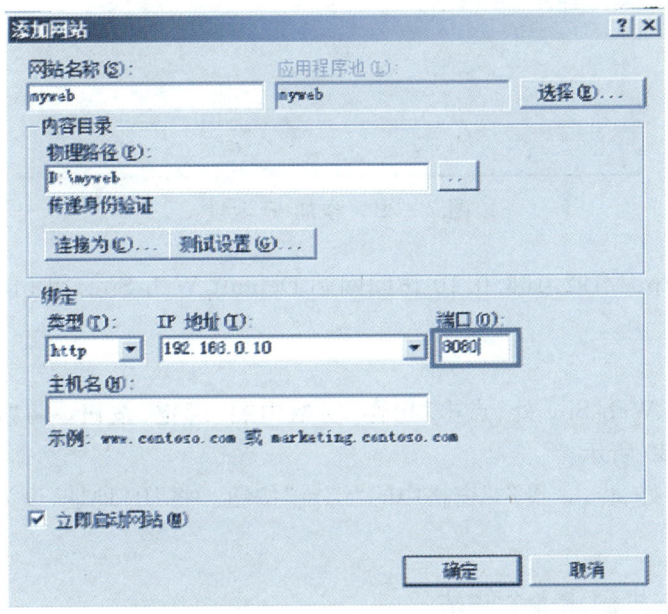

图 7 – 28 myweb 使用端口 8080

问的地址分别为:http://192.168.0.10 和 http://192.168.0.10:8080。

(若防火墙开启,则需要运行 wf.msc 打开高级防火墙设置,新增入站端口 8080,允许)

2. 基于多个 IP 创建多个网站

这种方法适合局域网内配置多个网站。如果要在互联网上利用此种方法配置多个网站,用户的服务器就要有多个固定的 IP 地址,这对于用户而言一般是不容易办到的。而在局域网内,用户可以为自己的本地链接设置多个 IP 地址。这样,用户而言就可以为多个网站指定不同的 IP 地址。

打开"本地连接属性"→"Internet 协议版本 4"→高级→添加,输入 IP 地址 192.168.0.11,如图 7-29 所示。

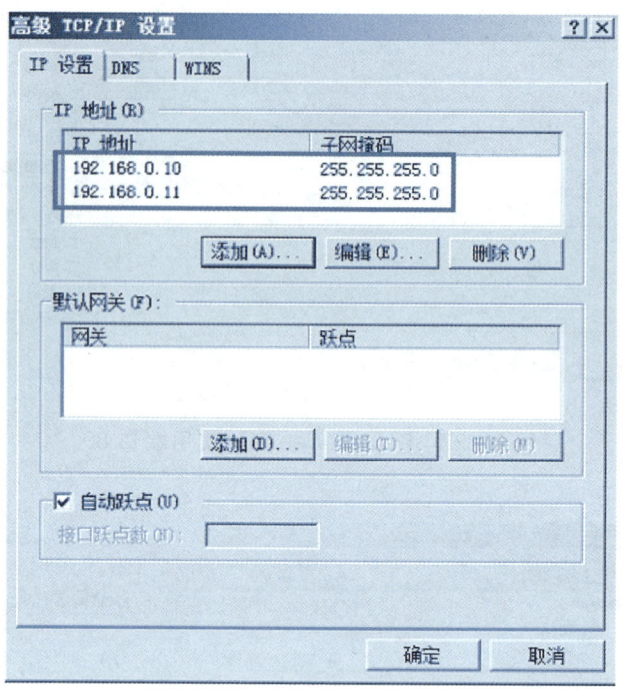

图 7-29 添加 IP 地址

需要实现用 http://192.168.0.10 访问网站 Default Web Site,用 http://192.168.0.11 访问网站 myweb。

操作方法如下。

在节点 Default Web Site 处,点击"操作"窗格中的"绑定"按钮。将"IP 地址"设为 192.168.0.10,如图 7-30 所示。

在节点 myweb 处,点击"操作"窗格中的"绑定"按钮。将"IP 地址"设为 192.168.0.11,如图 7-31 所示。

3. 基于多个主机创建多个网站

使用这个方法,多个站点可以使用同个 IP 地址和同个端口,只是用不同的"主机名"把网站区分开,这是互联网中使用最多的一种创建多个网站的方法,这种方法创建的网站需要使用 DNS 来对"主机名"做解析。

操作方法如下。

用户要将 http://www.wyh.com 和 http://www.myweb.com 两个网站配置到 DNS 服务器上。点击"操作"窗格中的"绑定"按钮,将两个网站的"主机名"分别设置为 www.wyh.

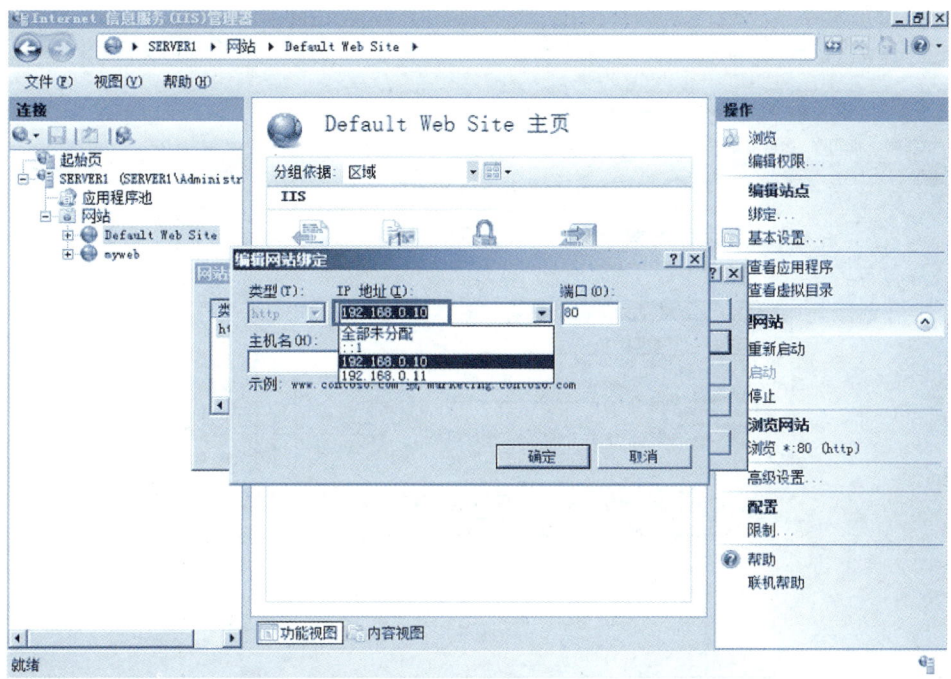

图 7-30　设置 Default Web Site 的 IP 地址

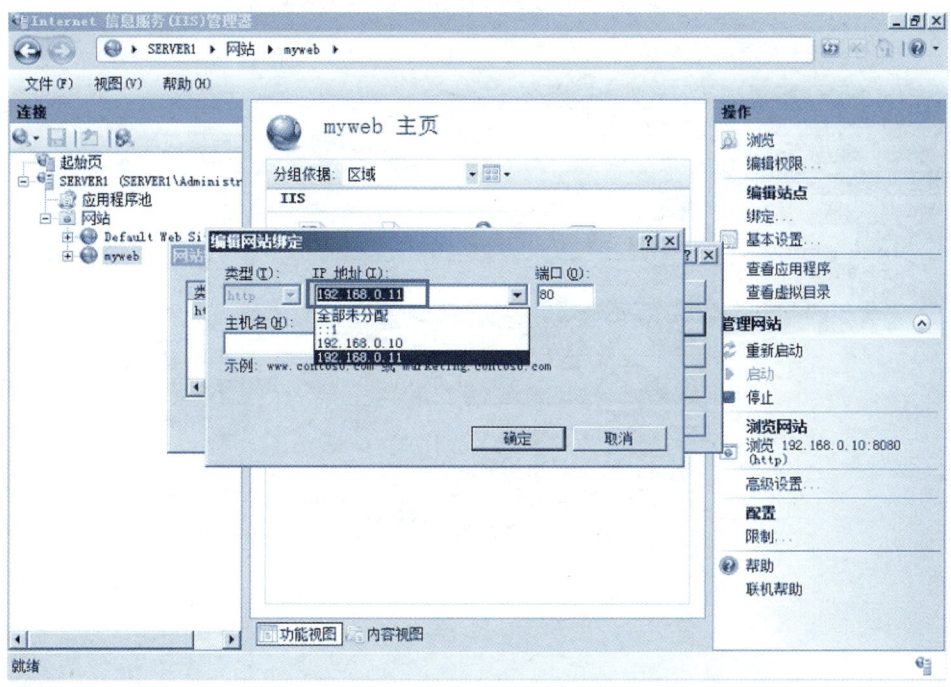

图 7-31　设置 myweb 的 IP 地址

com 和 www.myweb.com,如图 7-32 和 7-33 所示。这样通过两个域名即可访问这两个网站。

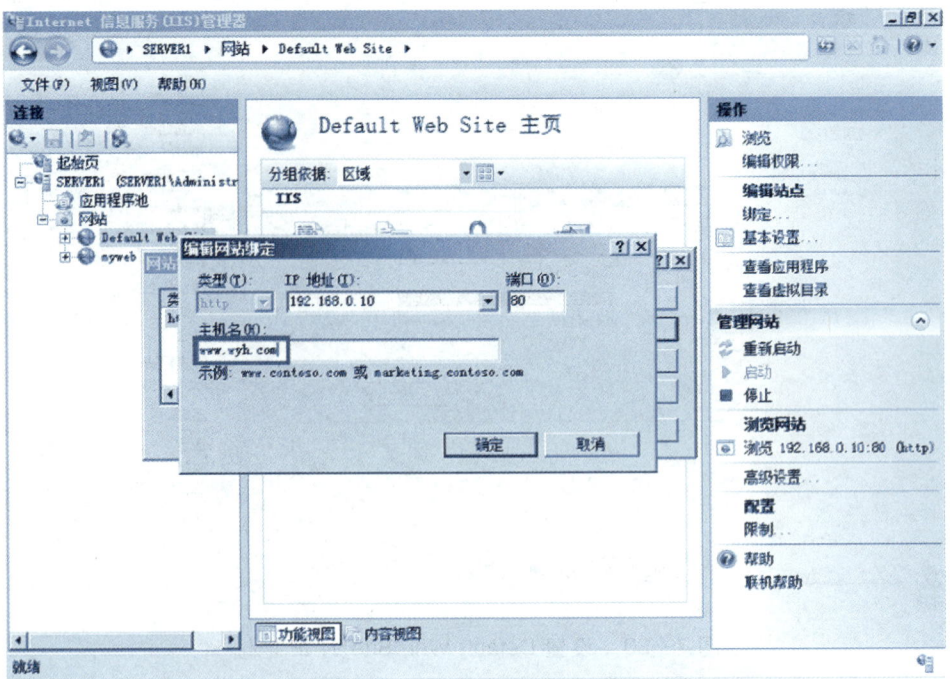

图 7 - 32　Default Web Site 使用主机名 www. wyh. com

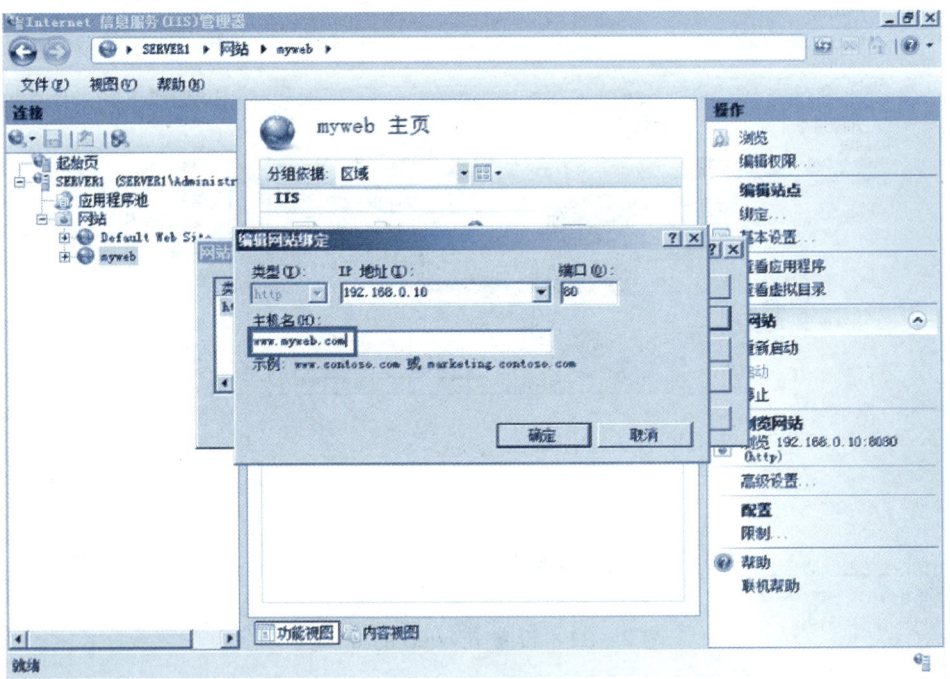

图 7 - 33　myweb 使用主机名 www. myweb. com

项 目 小 结

通过本项目我们学习了 Windows Server 2008 下 IIS 7.0 的安装，读者应掌握物理目录、虚拟目录的创建及站点的基本管理。正确的设置默认首页和路径。

我们学习了在企业中最常用的建立多个 Web 站点的方法：使用多个 TCP 端口、使用多个 IP 地址、使用多个主机头名称。

项目思考与操作

1. 简述什么是 Web 服务。
2. Web 服务的默认端口号是多少？
3. 简述在一台服务器上创建多个网站的方法。
4. 建立虚拟目录的好处是什么？
5. 人们采用统一资源定位器（URL）来在全世界唯一标记某个网站资源，请描述其格式。

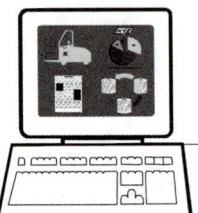

项目 8

FTP服务器的架设

8.1 项 目 描 述

某企业装有一台 Windows Server 2008 系统的服务器,企业希望创建 FTP 服务器,为局域网中的计算机提供文件传输服务。要求能够对 FTP 服务器进行相关设置以及架设多个 FTP 站点。实现以下目的:首先,通过该服务器企业可以上传自己的资源,供公司的员工和公司的客户下载文件;其次,在企业内部,员工可以通过服务器,上传数据给公司,提高工作效率。

8.2 项 目 分 析

为了对 FTP 服务器的管理,现要求进行如下配置:
1) 安装与测试 FTP 站点;
2) FTP 站点的基本设置;
3) 利用虚拟目录设置 FTP 服务;
4) 利用不同方法架设多个 FTP 站点。

8.3 基 础 知 识 准 备

8.3.1 FTP 服务器简介

FTP 的全称是 File Transfer Protocol(文件传输协议)。顾名思义,是专门用来传输文件

的协议。而 FTP 服务器,则是在互联网上提供存储空间的计算机,它们依照 FTP 协议提供服务。FTP 协议定义了一个远程计算机系统和本地计算机系统之间进行文件传输的标准,位于 OSI 模型的应用层,客户端可以链接到远程主机上的 FTP 服务,下载存储站点文件,也可以将文件上传到 FTP 站点文件中。

一般来说,用户联网的首要目的就是实现信息共享,文件传输是信息共享非常重要的内容之一。Internet 实现传输文件并不是一件容易的事,大家知道 Internet 是一个非常复杂的计算机环境,有 PC、工作站、MAC 平台、大型机,据统计链接在 Internet 上的计算机已有上千万台,而这些计算机可能运行着不同的操作系统,有运行 UNIX 的服务器,也有运行 DOS、Windows 的 PC 和运行 MacOS 的苹果机等等,而各种操作系统之间的文件交流问题,需要建立一个统一的传输协议,这就是所谓的 FTP。基于不同的操作系统有不同的 FTP 应用程序,而所有这些应用程序都遵守同一种协议,这样用户就可以把自己的文件传送给别人,或者从其他的用户环境中获得文件。

8.3.2　FTP 服务器的功能和工作原理

FTP 是 TCP/IP 的一种具体应用,它工作在 OSI 模型的第 7 层、TCP 模型的第 4 层,即应用层,使用 TCP 传输而不是 UDP,这样 FTP 客户在和服务器建立链接前就要经过一个被广为熟知的"三次握手"的过程,它带来的意义在于客户端与服务器之间的连接是可靠的,而且是面向链接,为数据的传输提供了可靠的保证。

下面将介绍 FTP 客户端在和服务器连接是怎么样的一个过程(以标准的 FTP 端口号为例)。首先,FTP 并不像 HTTP 那样,只需要一个端口作为连接(HTTP 的默认端口是 80,FTP 的默认端口是 21),FTP 需要两个端口,一个端口是作为控制连接的端口,端口 21,用于发送指令给服务器以及等待服务器响应;另一个端口是数据传输端口,端口号为 20(仅 PORT 模式),是用来建立数据传输通道的,主要有 3 个作用:

- 从客户端向服务器发送一个文件;
- 从服务器向客户端发送一个文件;
- 从服务器向客户端发送文件或目录列表。

FTP 的连接模式有两种:PORT 和 PASV。PORT 模式是一个主动模式,PASV 是被动模式,这里都是相对于服务器而言的。

1) PORT 模式

当 FTP 客户端以 PORT 模式连接服务器时,会动态地选择一个端口号(若假设为 5001)链接服务器的端口 21,注意该端口号一定是 1024 以上的,因为 1024 以前的端口都已经预先被定义好,被一些典型的服务使用,也有些没使用,保留给以后会使用到这些端口的资源服务。当经过 TCP 的三次握手后,连接(控制通道)被建立。现在用户要列出服务器上的目录结构(使用 ls 或 dir 命令),首先要建立一个数据通道,因为只有数据通道才能传输目录和文件列表,此时用户会发出 PORT 指令通知服务器连接自己的哪个端口来建立一条数据通道(该命令由控制通道发给服务器),当服务器接收到这一指令时,服务器会使用端口 20 连接用户在 PORT 指令中指定的端口号,用以发送目录的列表。当完成这一操作时,FTP 客户端也许要下载一个文件,这时就会发出 get 指令,需要注意的是,这时客户端会再次发送 PORT 指令,通知服务器连接其哪个"新"端口,用户可以先用 netstat-na 这个命令验证,上一次使用的 6044 已经处于 TIME_WAIT 状态。当这个新的数据传输通道建立后(在 Microsoft 公司的系统中,客户端通常会使用连续的端口,也就是说这一次客户端会使用 6045),即可开始文件传输的工作。

2) PASV 模式

当 FTP 客户端以 PASV 模式链接服务器时,情况会略有不同。在初始化连接这个过程,即连接服务器这个过程和 PORY 模式是一样的,不同的是,当 FTP 客户端发送 ls、dir、get 等这些要求数据返回的命令时,不向服务器发送 PORT 指令而是发送 PASV 指令。在这指令中,用户告诉服务器自己要链接服务器的某一个端口,如果这个服务器上的这个端口是空闲的可用的,则服务器会返回 ACK 的确认信息,之后数据传输通道被建立并返回用户所要的信息(根据用户发送的指令,如 ls、dir、get 等);如果服务器的该端口被另一个资源所使用,则服务器返回 UNACK 的信息,这时,FTP 客户端会再次发送 PASV 命令,这也就是所谓的连接建立的协商过程。虽然用户可以使用 QUOTE PASV 这个命令强制使用 PASV 模式,但是当用户使用 ls 命令列出服务器目录列表,用户会发现它还是使用 PORT 方式来连接服务器的。现在可以使用 CUTEFTP Pro 以 PASV 模式连接服务器。

8.3.3　FTP 客户端的访问方式

FTP 客户端有三种访问方式:浏览器方法和命令行方式。

1. 浏览器方式

打开 IE 浏览器,在地址栏中输入 ftp://服务器 IP 地址或 FQDN,按 Enter 键,将看到 FTP 服务器中的内容。

2. 资源管理器方式

打开资源管理器,在地址栏中输入 ftp://服务器 IP 地址或 FQDN,按 Enter 键,将看到 FTP 服务器中的内容。

3. 命令行方式

- 在命令行模式下输入 ftp＋空格＋服务器的 IP 地址或 FQDN。
- dir。用户成功登录后可以使用 dir 命令查看 FTP 服务器中的文件及目录。使用 ls 命令只可以查看文件。
- cd test(假设目录名为 test)。进入目录 test。
- pwd。该命令用于查看当前所处的目录位置。
- put。该命令用于将当前目录中的文件上传到 FTP 服务器默认目录。可以用 mput 将所有文件上传到 FTP 服务器上。
- get。该命令用于将 FTP 服务器默认目录中的文件下载到当前目录下。可以用 mget 将所有文件下载到当前的目录。
- delete。该命令用于删除目录中的文件。

- cd ...。该命令用于返回至上一级目录,即根目录。需要注意的是,中间有空格。返回根目录使用"cd\"。
- bye 或 quit。该命令用于退出 FTP 服务器。

8.4 项目实施——FTP 服务器的搭建与配置

Windows Server 2008 中的 IIS7.0 提供了 FTP 服务,可以架设 FTP 站点。在安装 IIS 时,默认并不会安装 FTP 服务,需另外安装。

8.4.1 安装 FTP 服务

【项目操作】通过 Windows Server 2008 中的角色管理工具安装基于 IIS 的 FTP 服务。

1)选择"开始"→"服务器管理器",出现"服务器管理器"窗口,展开"角色"节点,查看该服务器中已安装的角色服务,如图 8-1 所示。

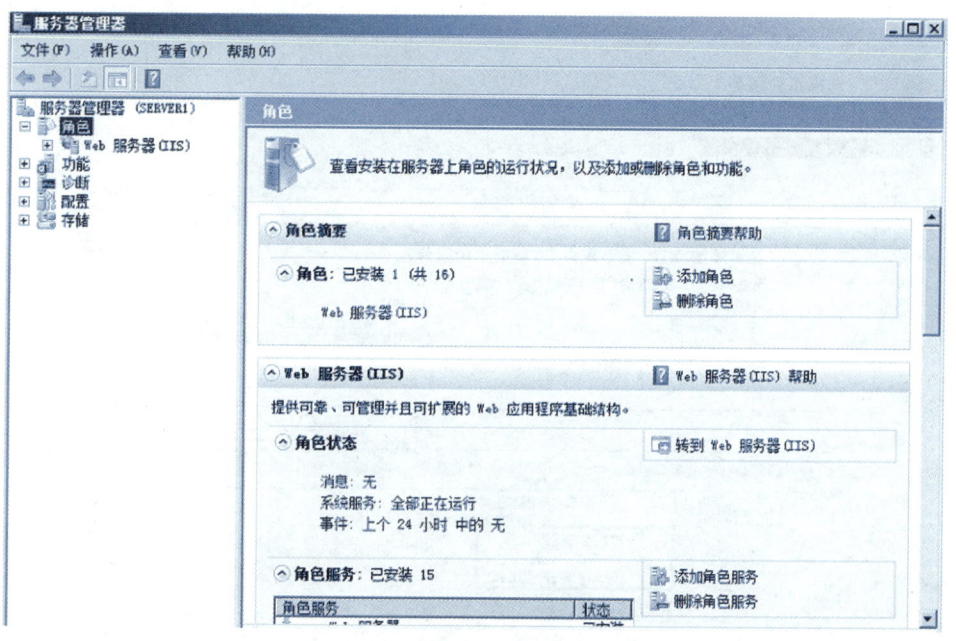

图 8-1 "服务器管理器"窗口

2)在"Web 服务器(IIS)"窗口中单击"添加角色服务"按钮,或用右键单击"角色"节点下的"Web 服务器(IIS)",在弹出的菜单中选择"添加角色服务"命令,如图 8-2 所示。

3)在弹出的"选择角色服务"对话框中,选中"FTP 发布服务"复选框,如图 8-3 所示,会弹出"是否添加 FTP 发布服务所需的角色服务"的对话框,单击"添加必须的角色服务"按钮。

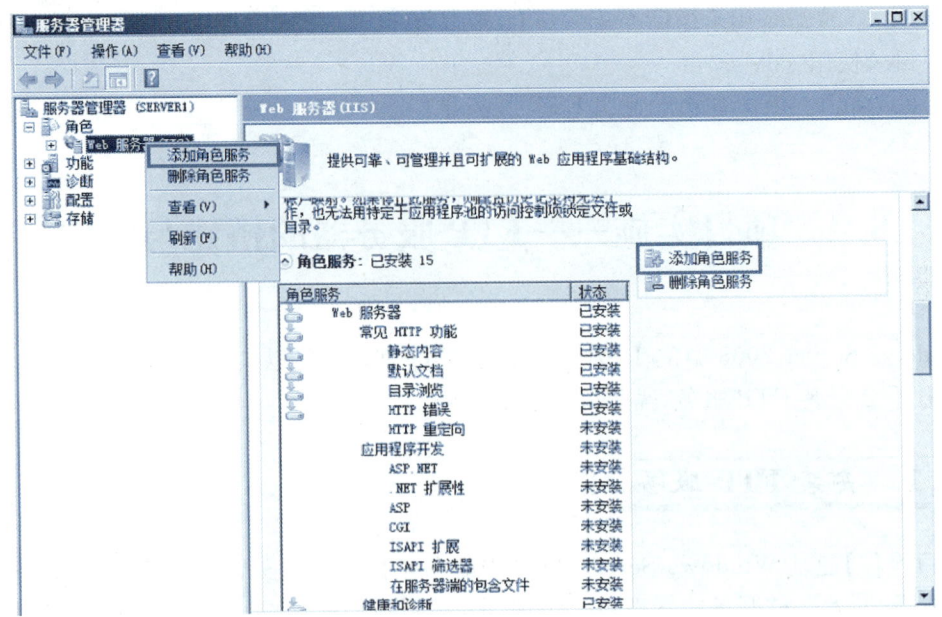

图 8-2　添加角色服务

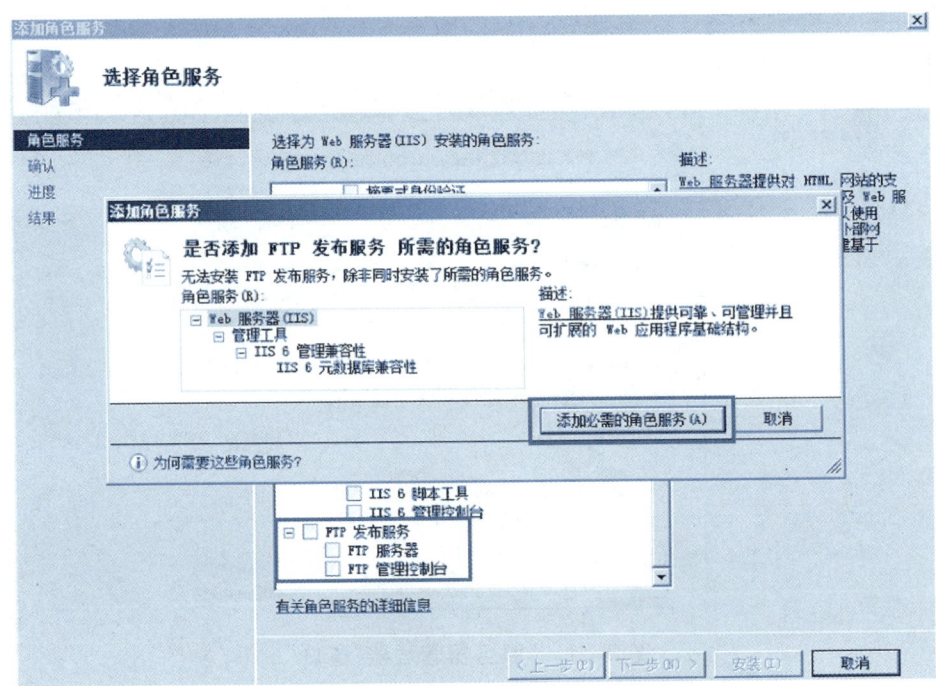

图 8-3　添加 Web 服务器(IIS)中的管理工具

4) 确认"FTP 发布服务"、"FTP 服务器"、"FTP 管理控制台"复选框都已选中,单击"下一步"按钮,出现"确认安装选择"页,单击"安装"按钮,如图 8-4 所示。

5) 安装完成后,出现"安装结果"的信息提示,单击"关闭"按钮,退出"添加角色向导"对话框。

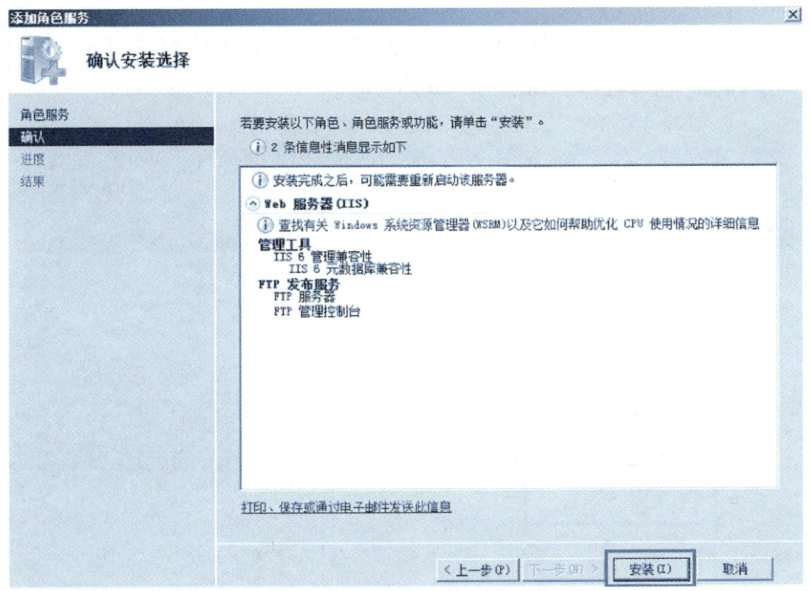

图 8-4　确认安装选择

8.4.2　启动 FTP 服务

在 IIS7.0 上安装 FTP 服务后,默认情况下也不会启动该服务。因此,在安装 FTP 服务后必须启动该服务。

【项目操作】在 Windows Server 2008 服务器上启动 FTP 服务

1) 选择"开始"→"管理工具"→"Internet 信息服务(IIS)管理器",打开"IIS 信息服务(IIS)管理器"窗口,在"连接"窗格中选择"FTP 站点"节点,如图 8-5 所示。

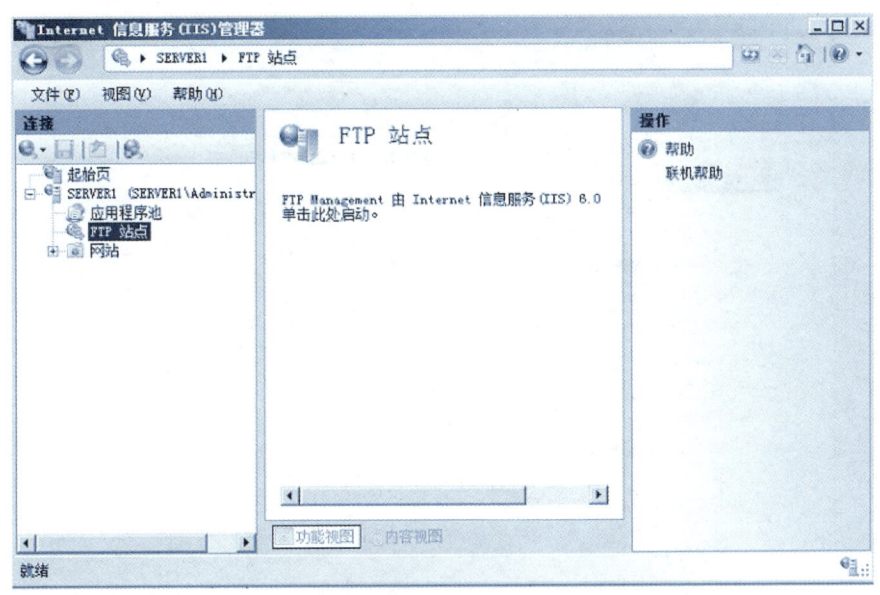

图 8-5　Internet 信息服务(IIS)管理器

项目 8　FTP 服务器的架设　　**167**

2) 在功能视图中看到有关 FTP 站点的说明,单击"单击此处启动"链接,弹出"Internet 信息服务(IIS)6.0 管理器"控制台树,如图 8-6 所示。

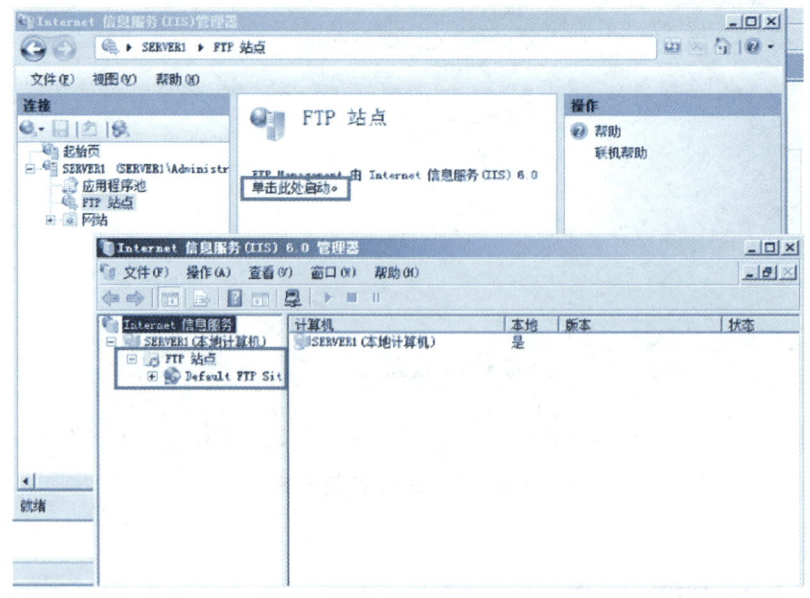

图 8-6　启动 FTP 服务

提示:

Windows Server 2008 中,FTP 服务仍然需要老版本 IIS6.0 的管理器来管理。

3) 在"FTP 站点"下,用鼠标右键单击"Default FTP Site"站点,在弹出的菜单中选择"启动"命令,或单击工具栏的"启动项目"按钮,启动默认的 FTP 站点,如图 8-7 所示,本节利用

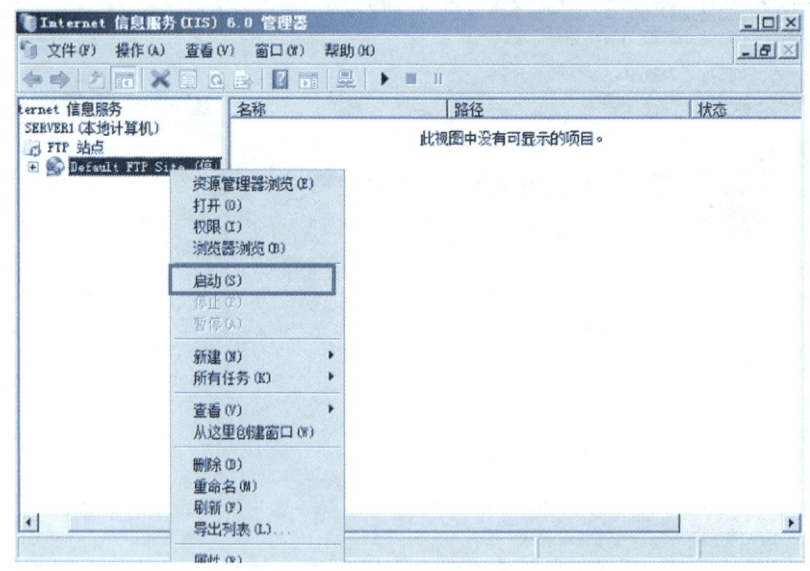

图 8-7　启动默认的 FTP 站点

"Default FTP Site"站点进行 FTP 站点的基本设置。

8.4.3 测试 FTP 站点

下面测试"默认 FTP 站点"服务是否可以正常运行,可采用以下两种方式。

1. 利用 Internet Explorer 浏览器连接 FTP 站点

1)在 FTP 服务器端利用回送地址。在浏览器输入"ftp://127.0.0.1"或"ftp://localhost"来测试。

2)在客户端利用服务器的计算机名、IP 地址或 DNS 域名。架设服务器名称为 Server1,IP 地址为 192.168.0.4,域名为 ftp.wyh.com,浏览器中可输入"ftp://server1"、ftp://192.168.0.4 或"ftp://ftp.wyh.com"域名来连接网站。

若连接成功,则会出现如图 8-8 所示的网页。

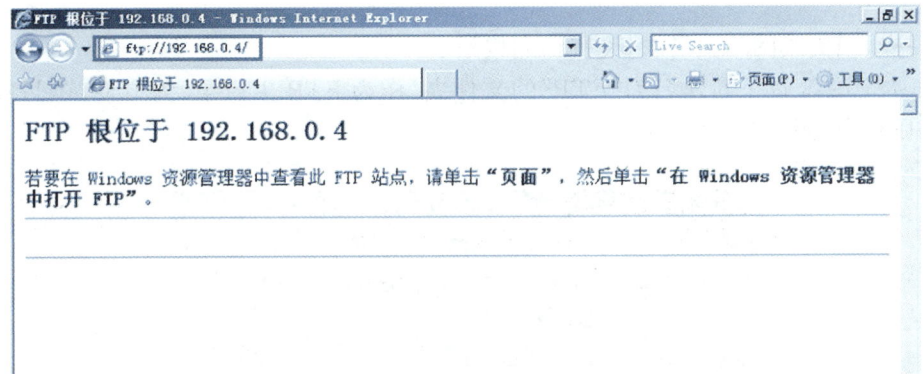

图 8-8 连接默认 FTP 站点

> **提示:**
>
> 从图中可看出,系统自动利用了匿名账户来链接 FTP 站点,由于在"Default FTP Site"内没有文件,因此画面中看不到任何文件。

2. 利用客户端连接程序 ftp.exe

打开"命令提示符",按照图 8-9 所示输入"ftp 192.168.0.4"命令来连接 FTP 站点,在"用户"处输入匿名账户"anonymous","密码"处可不输入,直接按〈Enter〉键即可。

8.4.4 FTP 服务器的基本设置

安装 FTP 服务时,系统会自动创建一个"Default FTP Site",可以直接利用它来作为 FTP 站点,也可以自行创建新的站点。本节直接利用"Default FTP Site"来说明 FTP 站点的站点标识、主目录、目录安全性等基本属性的设置。

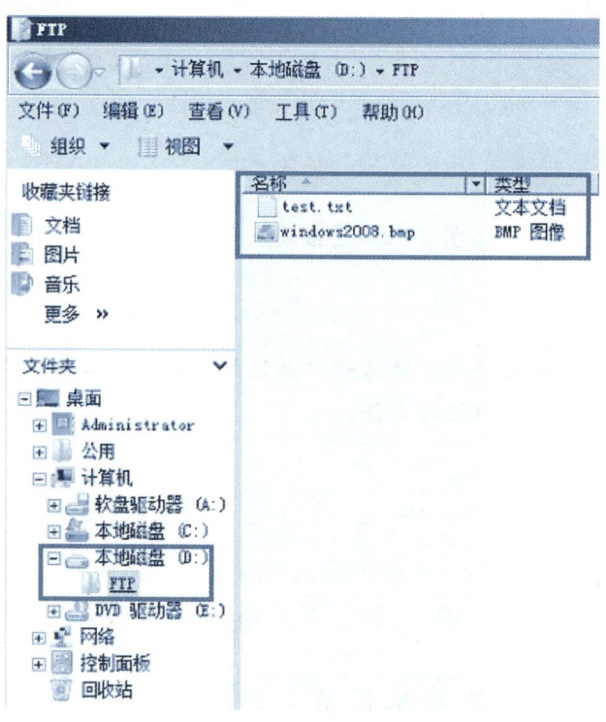

图 8 - 9   使用命令连接 FTP 站点

1. 站点主目录设置

当用户链接默认 FTP 站点时,连接的是 C:\inetpub\ftproot 默认主目录,可修改目录及访问权限。

【项目操作】更改网站主目录,设置访问权限。

1) 在本地磁盘 D 下新建名为"FTP"的文件夹,作为 FTP 主目录,为方便练习,复制一些文件到主目录内,如图 8 - 10 所示。

图 8 - 10   站点主目录

2) 选择"开始"→"管理工具"→"Internet 信息服务(IIS)6.0 管理器",打开"Internet 信息服务(IIS)6.0 管理器"控制台树,用鼠标右键单击"Default FTP Site",在弹出的菜单中选择

"属性"命令,或在"操作"窗格中选择"属性"链接,如图 8-11 所示。

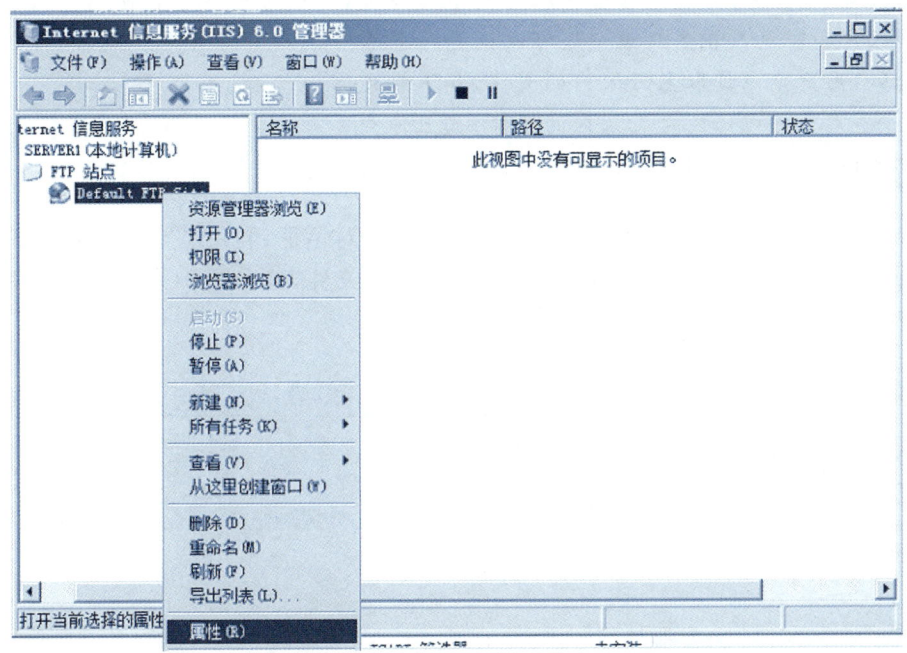

图 8-11　设置默认站点属性

3) 打开"属性"对话框的"主目录"标签,默认"FTP 站点目录"为"C:\inetpub\ftproot",修改"本地路径"为 D:\FTP 文件夹,如图 8-12 所示。

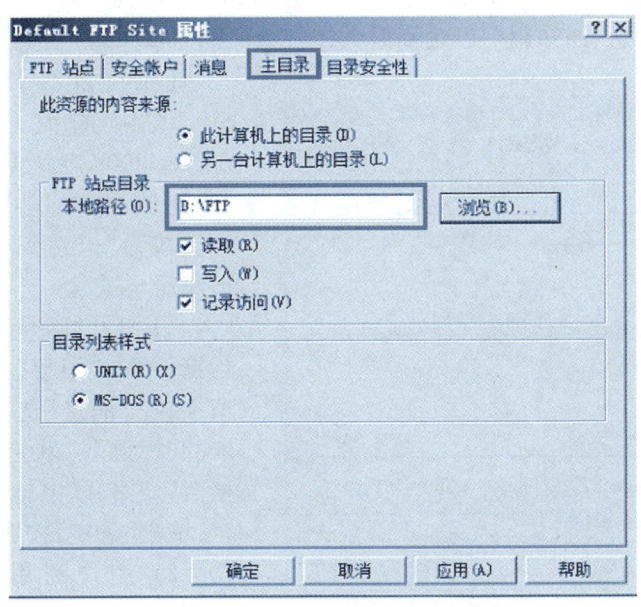

图 8-12　"主目录"选项卡

提示：

可将主目录指定为另外一台计算机的共享文件夹，并设置一个有权限存取此共享文件夹的用户账户和密码。在主目录中还可以设置一下选项。

● 读取：用户可以读取主目录内的文件，如下载文件。

● 写入：用户可以修改主目录内的文件，如上传文件。

● 记录访问：将链接到此 FTP 站点的行为记录到日志文件内。

4）单击"确定"按钮，关闭"Default FTP Site 属性"对话框，利用浏览器连接到 FTP 站点，将看到如图 8-13 所示画面，用户可以下载主目录内的文件，若在图 8-12 中选择"写入"复选框，则用户可以上传文件到主目录中。

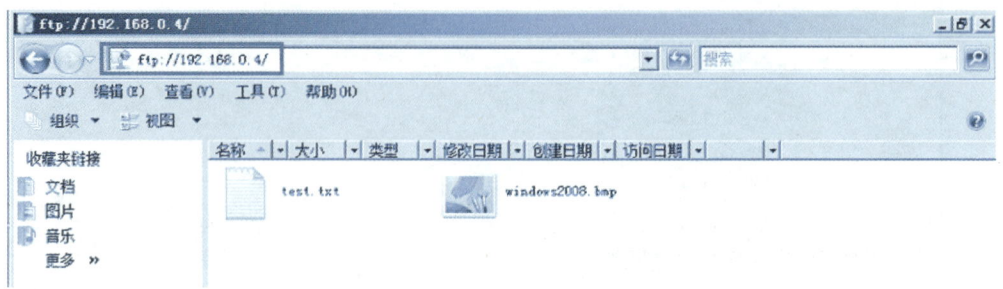

图 8-13　连接 FTP 目录

2. 消息设置

FTP 站点可以设置与用户通信的消息，该消息可以是用户登录到 FTP 站点的欢迎消息、用户注销时的退出消息、通知用户已达到最大链接数的消息或标题消息。

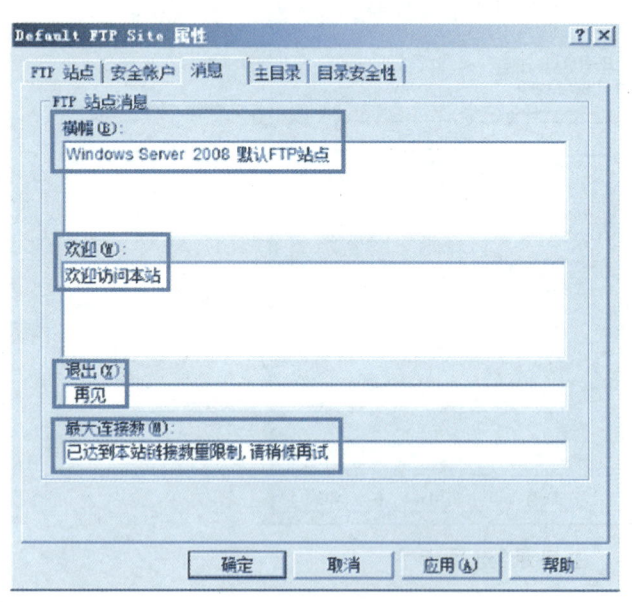

图 8-14　消息选项卡

【项目操作】设置"Default FTP Site"站点的消息标题为"Windows Server 2008 默认 FTP 站点"，欢迎词为"欢迎访问本站"，退出为"再见"，最大连接数为"已达到本站链接数量限制，请稍后再试"。

1）打开"Default FTP Site 属性"对话框，单击"消息"标签，打开"消息"选项卡，在"消息"选项卡，在"消息"选项卡的"标题"、"欢迎"、"退出"、"最大连接数"文本框中输入任务所要求的内容，单击"确定"按钮，如图 8-14 所示。

2）用户利用 ftp. exe 程序连接 FTP 站点进行测试，结果如图 8-15 所示。

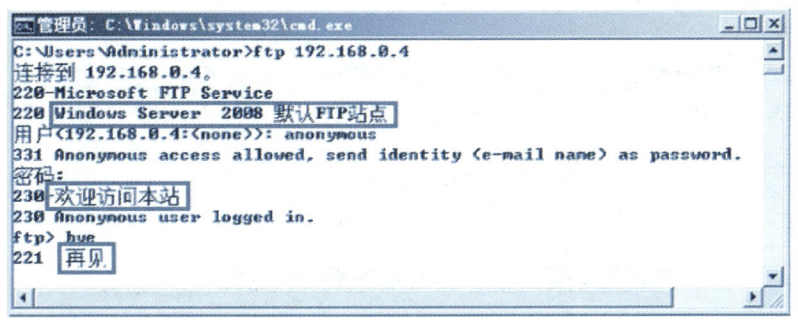

图 8-15 测试 FTP 站点消息

提示：

若想测试超过最大连接数时显示的消息，可将 FTP 站点属性的"连接限制为"的限制数改为 1，然后用两台客户端登录即可。

3. 目录安全性设置

默认情况下，FTP 站点允许所有计算机访问，可以基于 IP 地址来控制对 FTP 站点的访问权限，如允许或拒绝特定的一台或一组计算机访问站点内的文件。

【项目操作】设置"Default FTP Site"站点拒绝 IP 地址 192.168.0.150 的客户端访问。

1）打开"Default FTP Site 属性"对话框，单击"目录安全性"标签，在"目录安全性"选项卡中可以看到"默认情况下，所有计算机都将被：授权访问"，单击"添加"按钮，在弹出的"拒绝访问"对话框中输入"192.168.0.150"，如图 8-16 所示。

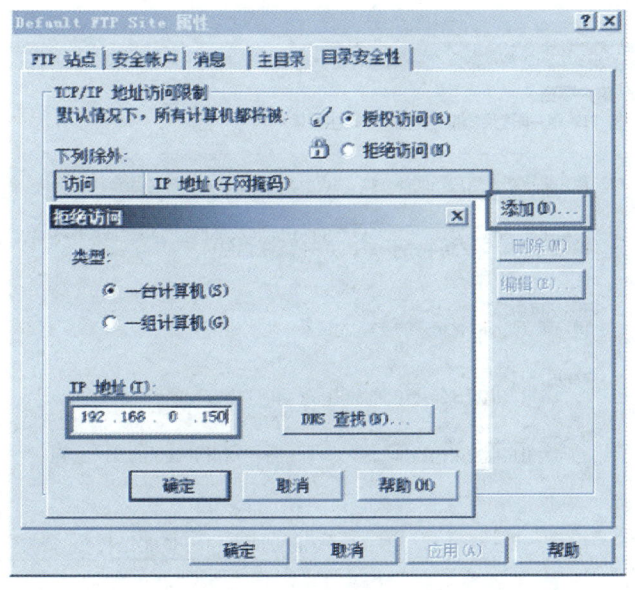

图 8-16 添加拒绝访问 IP 地址

2）单击"确定"按钮，在"目录安全性"选项卡中的设置如图 8 - 17 所示。

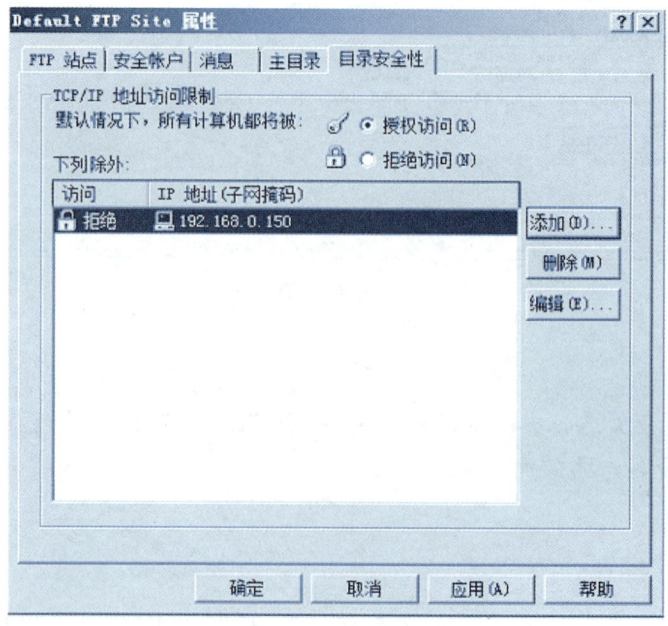

图 8 - 17 "目录安全性"选项卡

8.4.5 FTP 用户隔离和站点标识

FTP 站点提供了 3 种用户隔离模式，如图 8 - 18 所示。

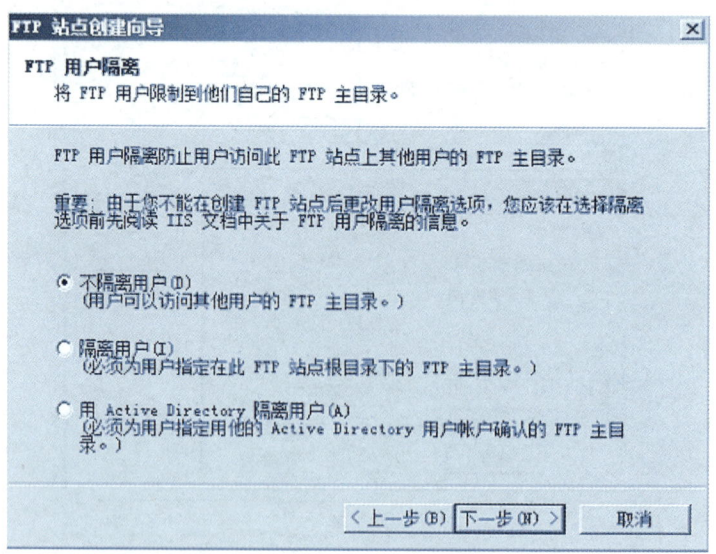

图 8 - 18 FTP 用户隔离

1) 不隔离用户:此模式不启用 FTP 用户隔离。当用户来连接此类型的 FTP 站点时,他们都将直接导向到同一个文件夹,即站点的主目录。"默认 FTP 站点"就是属于此模式的 FTP 站点。

2) 隔离用户:此模式在用户可以访问与其他用户匹配的主目录前,根据本机或域账户对用户进行身份验证。在 FTP 站点的主目录下,为每个用户创建一个专用的子文件夹,并且子文件夹的名称必须与用户的登录账户名称相同,这个子文件夹就是该用户的主目录。当用户登录此 FTP 站点时,将自动被导向到该用户的主目录内,而且无权切换到其他用户的主目录。

3) 用 Active Directory 隔离用户:用户必须利用域用户账户来链接此类型的 FTP 站点,而且需在 Active Directory 的用户账户内指定其专用的主目录,这个目录可以位于 FTP 站点内,也可以位于网络上的其他计算机内。当用户登录此 FTP 站点时,将自动被导向到该用户的主目录内,而且无权切换到其他用户的主目录。

与多网站架构相似,IIS 也允许在一台服务器上创建多个 FTP 站点。一个 FTP 站点由一个 IP 地址和一个端口号唯一标识,改变其中任何一项均可标识不同的 FTP 站点。

在 IIS7.0 版本中,虽然允许新建多个 FTP 服务站点,但是和 WEB 站点不同的是,Windows Server 2008 的 FTP 服务不能通过设置主机名来直观的区分这些站点,只能使用多个 IP 地址和多个端口来创建多个 FTP 站点,但由于在默认情况下,当使用 FTP 协议时,客户端会调用端口 21,这样情况会变得非常复杂。因此微软于 Windows Server 2008 之后发布的 Windows Server 2008R2 中,FTP 服务真正加入了 IIS7.5 的模块中,并且 FTP 站点提供了和 Web 站点一样的绑定方式,即采用 IP 地址、端口号和虚拟主机,三个要素作为站点的唯一标识。

8.5 项目实施——创建虚拟目录

FTP 站点中的数据一般都保存在主目录中,然而主目录所在的磁盘空间有限,无法满足日益增加的数据存储要求。重新创建 FTP 站点,并将主目录设置在另一个存储空间相对较大的磁盘分区中虽然可行。但这种方法要求用户记住两个甚至更多的 FTP 站点地址,会为用户的访问带来不便。而创建 FTP 站点虚拟目录可以很好地解决这个问题。

FTP 虚拟目录可以作为 FTP 站点主目录下的子目录来使用,尽管这些虚拟目录并不是主目录真正意义上的子目录。究其实质,虚拟目录是在 FTP 站点的根目录下创建一个子目录,然后将这个子目录指向本地磁盘中的任意目录或网络中的共享文件夹。创建虚拟目录的步骤如下所述。

1) 打开"Internet 信息服务(IIS)6.0 管理器"界面,在左侧窗格中展开"FTP 站点"目录。右键单击创建的 FTP 站点名称,在弹出的快捷菜单中依次选择"新建"→"虚拟目录"选项。弹出"虚拟目录创建向导"对话框,单击"下一步"按钮,如图 8-19 所示。

2) 在如图 8-20 所示的"虚拟目录别名"对话框中,用户需要设置链接到该虚拟目录时使用的名称。虚拟目录的别名不必跟指向的实际目录名相同。在"别名"文本框中输入虚拟目录名称,并单击"下一步"按钮。

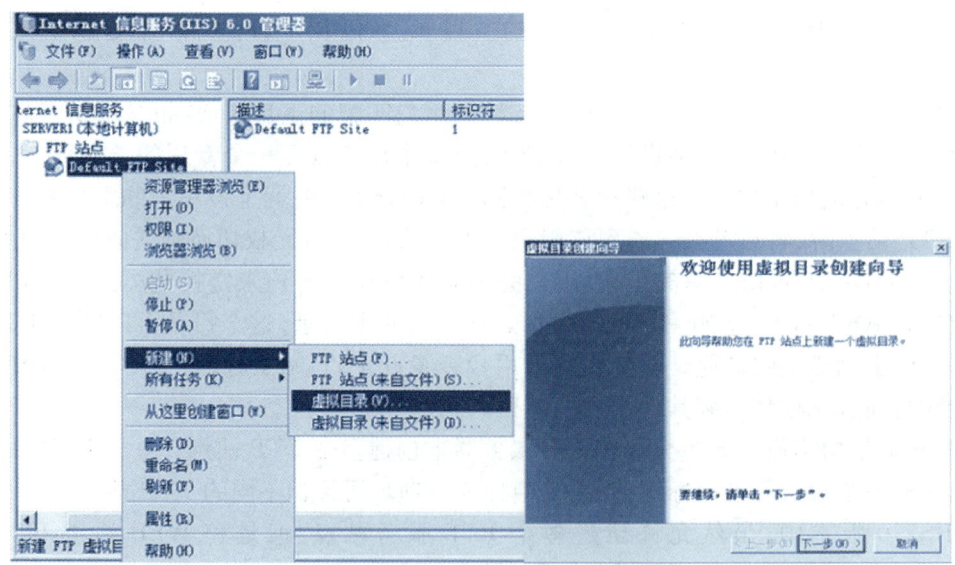

图 8 - 19　创建虚拟目录

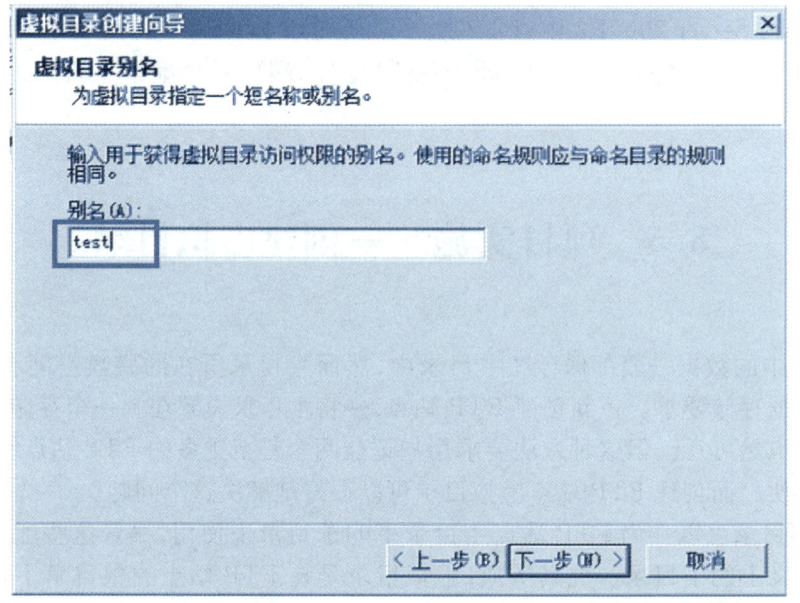

图 8 - 20　虚拟目录别名

　　3）在图 8 - 21 所示的"FTP 站点内容目录"对话框，需要指定虚拟目录指向的实际目录。单击"浏览"按钮在本地磁盘中选中实际目录，或者在"路径"文本框中输入网络共享文件夹的 UNC 路径。设置完毕单击"下一步"按钮。

　　4）在如图 8 - 22 所示的"虚拟目录访问权限"对话框中，可以设置该目录的访问权限，用户可以根据实际需要决定是勾选"写入"复选框。依次单击"下一步"、"完成"按钮完成创建过程。

　　操作系统与网络服务器管理 Windows Server 2008

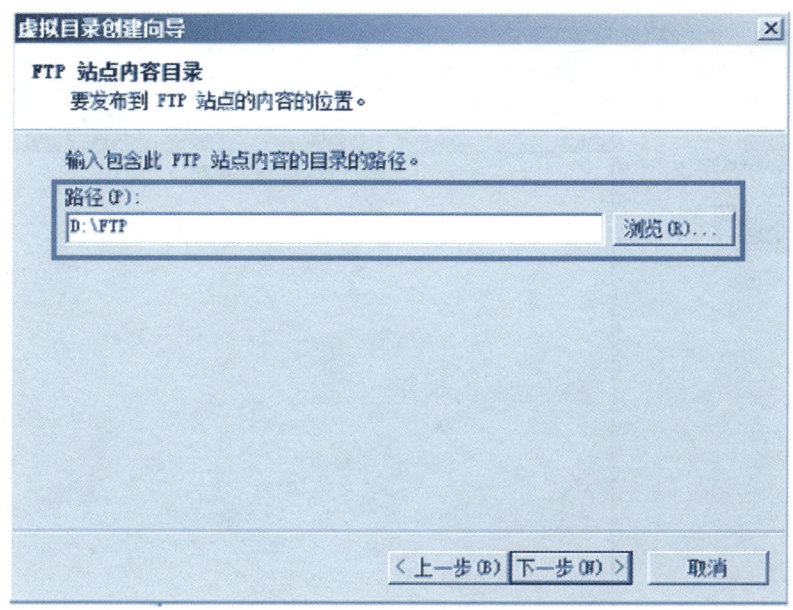

图 8-21　FTP 站点内容目录

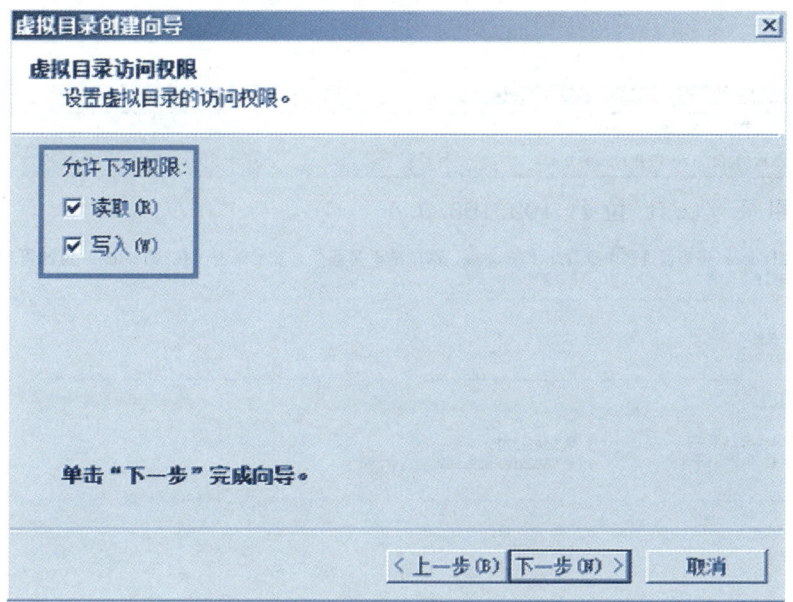

图 8-22　虚拟目录访问权限

5）如图 8-23 所示，FTP 虚拟目录已经被成功创建。

6）用户可以在 IE 浏览器地址栏中输入如"ftp://192.168.0.4/test"的地址来连接到该虚拟目录，如图 8-24 所示。

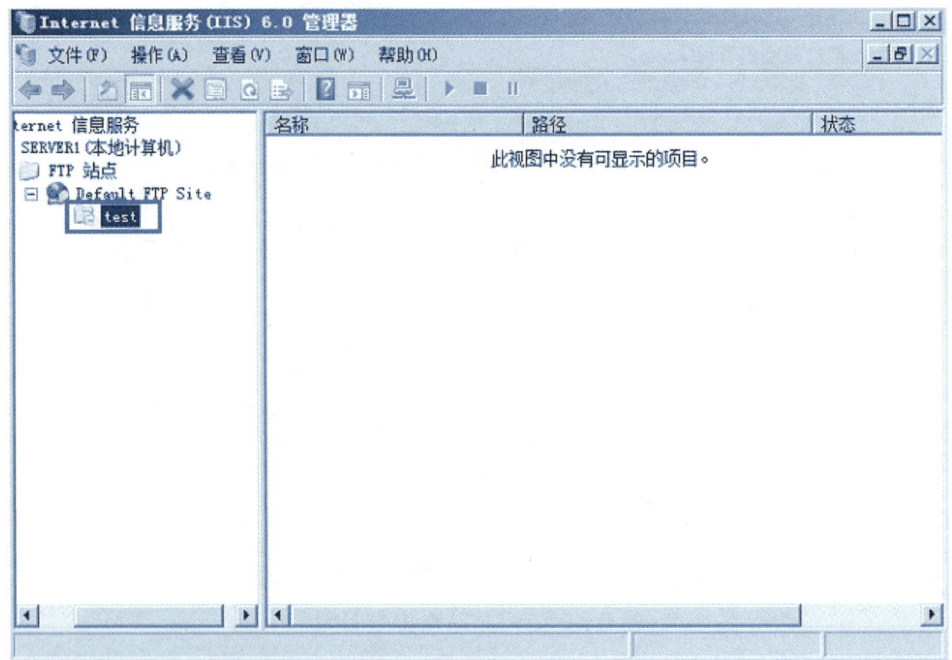

图 8-23　FTP 虚拟目录创建成功

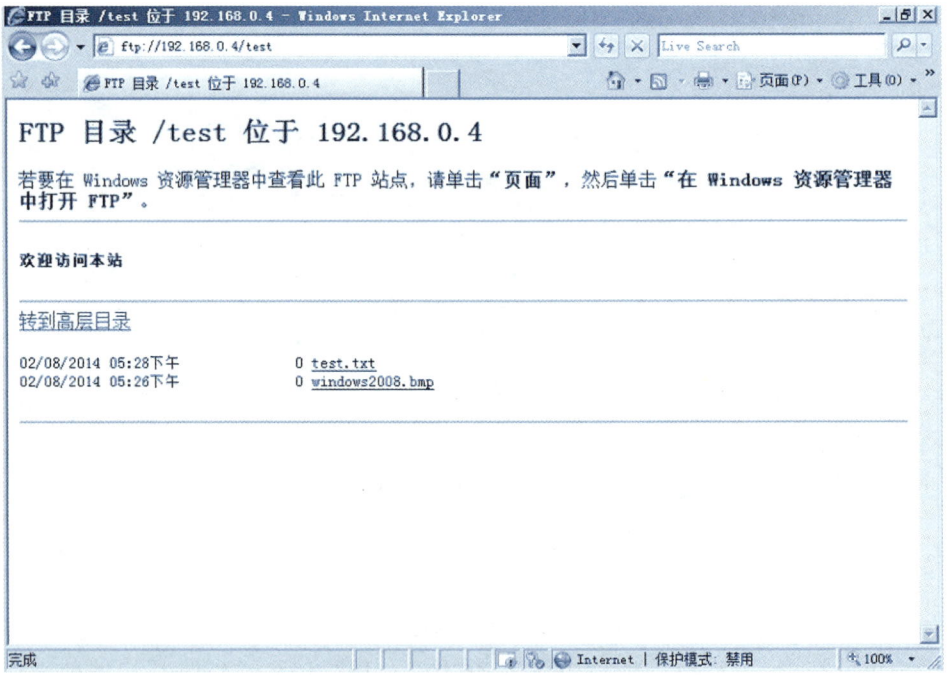

图 8-24　连接到虚拟目录

项 目 小 结

通过本项目的学习,读者应该掌握了 FTP 服务器的工作原理和 FTP 服务器的创建和配置过程,了解利用 FTP 协议,用户可以将远程计算机中的某些文件下载到自己计算机的磁盘中,也可以将本机中的文件上传到远程计算机中,掌握如何在 FTP 服务器上建立 FTP 站点,向用户提供可以下载的资源,掌握如何在创建 FTP 站点时,为其设定虚拟目录。

项目思考与操作

1. 简述什么是 FTP 服务。
2. 默认情况下,FTP 服务所使用的 TCP 端口是什么?
3. Windows Server 2008 中的 FTP 服务是基于 IIS 的哪个版本?
4. 在一台计算机中使用什么方法可以建立多个 FTP 站点?
5. 使用 IIS 创建的 FTP 站点中,如果希望只允许知道密码的用户访问站点,应该如何设置?

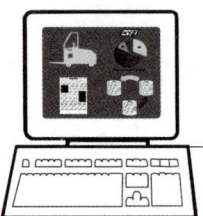

活动目录域

9.1 项 目 描 述

　　某快速发展的公司,为了提高公司局域网的安全性和可扩展性,决定将所有的计算机放在一个域内,从原本的工作组环境提升为域环境,域名为 contoso. com。其中选定一台系统为 Windows Server 2008 的服务器安装活动目录 Active Directory,作为域控制器。将其他的计算机和服务器加入域中,并为每个员工都建立一个域用户账户,允许他们访问域中的资源。在域中创建域组,对域中的用户账户进行分组管理。

9.2 项 目 分 析

　　公司的员工要访问每台服务器,则管理员需要在每台服务器上分别为每个员工建立一个账户(共 M×N 个,M 为服务器的数量,N 为员工的数量),用户则需要在每台服务器中(共 M 台)登录。若服务器和用户的计算机都在同一个域中,用户在域中只需要拥有一个账号,用该账户登录后即取得一个身份,便可访问域中任一台服务器上的资源。每台存放资源的服务器并不需要为每位用户创建账户,而只需要把资源的访问权限分配给用户在域中的账户即可。因此用户只需要在域中拥有一域账户,只需要在域中登录一次即可访问域中的资源。

　　本项目阐述 Windows 域环境下的特点,分析活动目录的一些核心概念,以及如何利用它来配置与实现域环境的网络,并介绍 Windows Server 2008 活动目录的几个重点新特性。主要内容有:
- 活动目录概述
- 活动目录的部署
- 客户端加入与退出域

- 活动目录的降级
- Windows Server 2008 活动目录的新特性

9.3　基础知识准备

9.3.1　不同网络环境的比较

1. 工作组环境的特点

1）无需运行 Windows Server 的计算机来容纳集中的安全性信息。

2）相对于域环境而言，设计和实现简单，无需广泛的计划和管理。

3）对于计算机数量较少（<10）或更小数量计算机的网络来说，工作组管理更方便。

4）工作组较适合由技术用户组成的无需进行集中管理的小组。

> **提示：**
> 工作组中的服务器称为独立服务器。

2. 域环境的特点

1）让大量的用户信息集中式的存储，所以域提供了集中的管理。

2）只要用户有对资源访问的适当权限，就能从域中任意一台计算机登录，并能访问域中的资源。

3）每个域仅存储该域中各对象的有关信息，通过这样区分目录，活动目录可将规模扩展到更多的对象。

> **提示：**
> 计算机必须加入域，用户才能通过这些计算机利用活动目录中的账户登录，否则只能登录到本地。

9.3.2　活动目录概述

1. 目录服务和活动目录

目录是一个数据库没存储了网络资源相关信息，包括资源的位置、管理等。目录服务器是一种网络服务，用来标记管理一个较为复杂的网络环境中的所有实体资源（如计算机、用户、打印机、文件、应用等）。

活动目录（Active Directory）就是源于"目录服务"的概念，域环境中，域中的用户信息（如用户名、密码等)存放在域控制器(Domain Controller, DC)的活动目录数据库中。活动目录实际上就是一个特殊的数据库,不过该数据库和以往大家接触到的 SQL Server 等关系型数据库有很大的差别。一台域中的服务器如果安装了活动目录服务,则它就成为了域控制器;反之,域控制器就是安装了活动目录的服务器。

AD 的引入使得从 Windows NT 到 Windows 2000 的变化具有颠覆意义,其为网络管理、安全和不同应用之间的交互操作性提供了统一的方针,真正实现了对整个网络的集中式管理和分布式处理。

2. 活动目录和 DNS

在 TCP/IP 网络中,DNS 用于解决计算机名字和 IP 地址的映射关系。Windows Server 2008 的活动目录和 DNS 密不可分,它使用 DNS 服务器来登记域控制器的 IP 地址、各种资源的定位,因此在一个域林中至少要有一个 DNS 服务器存在。Windows Server 2008 中的域也采用 DNS 的格式来命名的。

3. 域

图 9 - 1 展示了一个活动目录的逻辑结构,其中以三角形表示域。域是 Windows 网络系统的逻辑组织单元,也是 Internet 的逻辑组织单元。

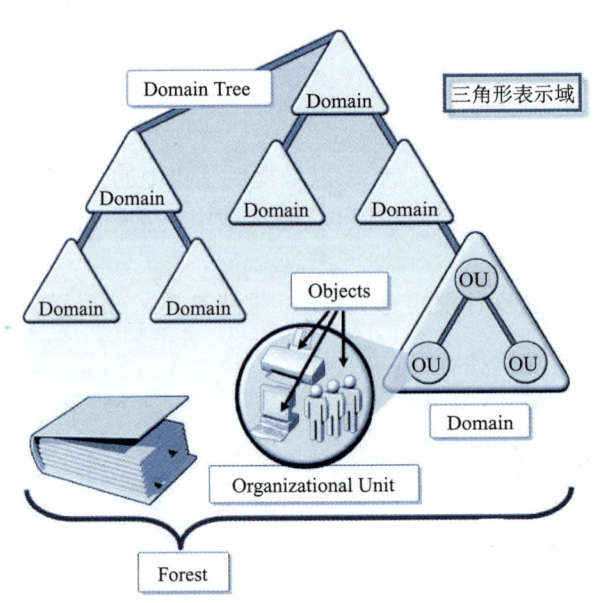

图 9 - 1　活动目录的逻辑结构

域是安全的边界、复制的边界。例如,每个域中的管理员(除林根域的管理员)只能管理域的内部。每个域都有自己独立的安全策略,以及他与其他域的安全信任关系。另外,同一个域内的域控制器之间会自动进行完全的同步。

4. 组织单元

在图 9 - 1 中以圆圈表示组织单元,用来组织和管理域中的对象,是可以指派组策略设置

或委派管理权限的最小作用域或单位。

如图9-2所示,组织单元(OU)可以包含各种对象,如用户账户(Admin)、用户组账户(Users)、共享文件夹(Files)、打印机(Printers),甚至包括其他组织单元。对于一个企业,可以按行政部门把所有的用户和设备组成一个组织单元层次结构,有时也可以按地理位置形成层次结构。

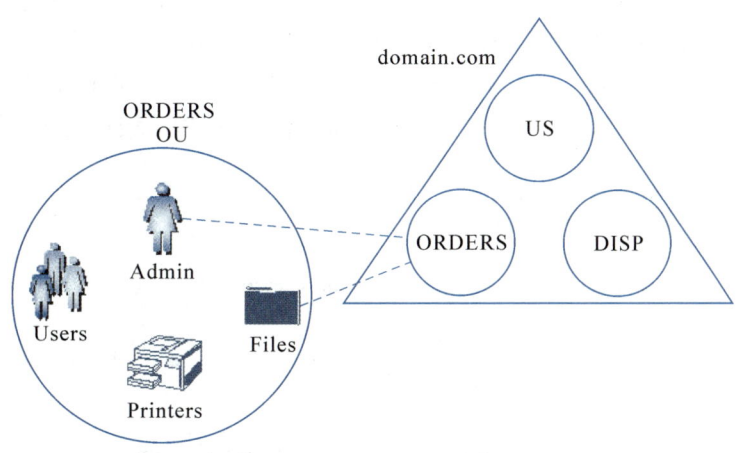

图9-2　组织单元的对象

5. 域树

在一个企业中可能会有分布在全世界的分公司等,分公司下又有各种部门,企业可能会有上万用户、上千台服务器及上百个域,资源的访问常常可能需要跨过很多域。从 Windows Server 2000 起,域树开始出现,域树由一个或更多个域以树状结构组织在一起。创建的第一个域称为树的根域,如图9-3所示,根域 microsoft.com 处于树的最顶层,其名字也代表了树的名字。各个域之间的连线表示信任关系。

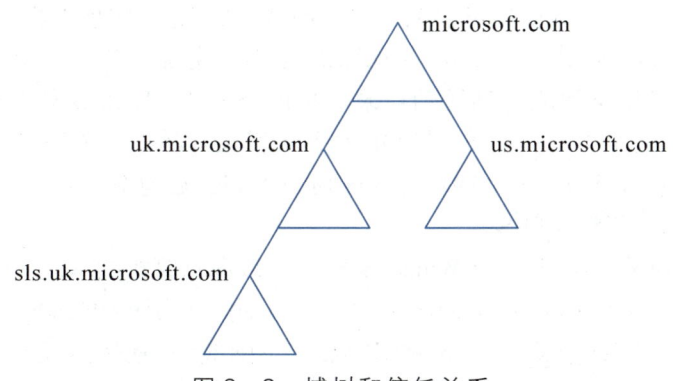

图9-3　域树和信任关系

根域下有两个子域 uk.microsoft.com 和 us.microsoft.com。在子域 uk.microsoft.com 下又有自己的子域。在域树中,信任关系是可传递的。父域和子域的信任关系是双向可传递的,因此域树中的一个域默认信任域树中的所有的域。这意味着树中所有域或对象都可以供树中其他域所使用,也可以在树或森林中的任何域之间进行用户或计算机(除域控制器外)的身份验证。

6. 域林

在 Windows Server 2000 以后的操作系统中,域和 DNS 域的关系非常密切,因为域中计算机使用 DNS 来定位域控制器和服务器以及其他计算机、网络服务等,实际上域的名字就是 DNS 域的名字。在图 9-4 中,sls. uk. microsof. com 中的某用户希望不通过身份验证直接登录域 us. msn. com 中的计算机,但由于林 microsoft. com 和林 msn. com 是两个名称空间上的森林。因此,必须手工地在这两个森林之间建立一条信任关系,构成域林与域林间的信任关系。

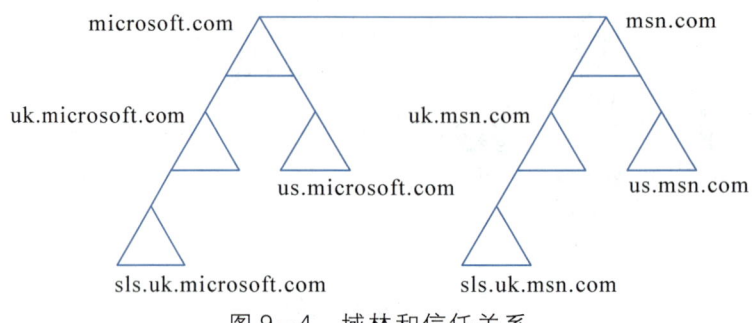

图 9-4 域林和信任关系

9.4 项目实施——活动目录的部署

9.4.1 安装 Active Directory 的前期准备工作

使用 Windows Server 2008 服务器来创建活动目录域,必须实现考察是否符合以下条件。

1) 一台运行 Windows Server 2008 的计算机(安装服务器端的操作系统)。

2) 确保磁盘的可用空间能容纳活动目录数据库、SYSVOL 和日志文件。考虑到数据量的增长,建议预留够大的空间,并且 SYSVOL 文件夹必须存放在 NTFS 分区。可以利用下面的命令将一个现有的 FAT/FAT32 磁盘分区转换为 NTFS 磁盘分区:

convert<盘符>:/FS:NTFS

3) 建立域的管理员权限,即这台 Windows Server 2008 计算机的本地 administrator 账户(在安装完域控制器后,工作组中的 administrator 账号将自动提升为域中的 administrator 账号)。

4) 正确设置 TCP/IP 协议,手工设置 IP 地址、子网掩码、默认网关和 DNS 服务器 IP 地址等。

5) 在添加 AD DS(活动目录域服务)来创建域或林之前,应确定需要使用的域名。在安装 AD DS 时,如果需要的话,可选择安装 DNS 服务器。当建立新域时,DNS 授权在安装过程中被自动建立。

在当前网络中没有一台权威 DNS 服务器(应支持 SRV 资源记录)的情况下,最好将"首选 DNS 服务器"的 IP 地址指向自己。

9.4.2　安装 Active Directory 域服务

【项目操作】建立网络中的第一台域控制器。

计算机名为 Server1,IP 地址为 192.168.0.1/24,首选 DNS 服务器指向自己。即将在这台计算机上完成活动目录的部署,安装新林,建立新域,域名为 contoso. com。并在建域过程中在这台计算机上安装 DNS 服务。

1. 选择"开始"→"运行"选项,输入命令"dcpromo"。

此时系统会自动检测是否安装活动目录域服务二进制文件,如果没有安装,将自动安装。

在如图 9-5 所示的"Active Directory 域服务安装向导"页中,如果选中"使用高级模式安装"复选框,则会提供更多的安装选项(如域 NETBIOS 名的更改、从媒体介质安装等)。此处不选中,单击"下一步"按钮,在"操作系统兼容性"页,单击"下一步"按钮继续。

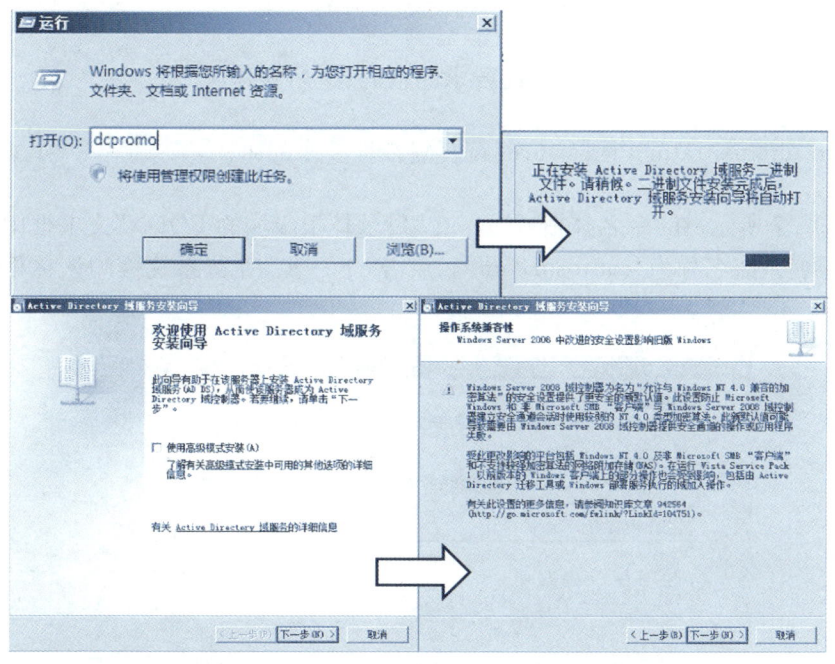

图 9-5　Active Directory 域服务安装向导

2. 如图 9-6 所示,在"选择某一部署配置"页,可以在现有林中创建一台域控制器,也可以建立一个新的域目录林。由于这是林中第一台域控制器,所以选择"在新林中新建域",然后单击"下一步"按钮。

在此时如果本地 Administrator 账户密码不符合复杂性要求,可能导致安装问题。在安装活动目录时向导会弹出一个错误提示框:"新建域时,本地 Administrator 账户将称为域管理员账户,无法新建域,因为本地 Administrator 账户密码不符合要求。……"。此时可以按〈Ctrl+Alt+Del〉组合键,或使用"本地用户和组"管理工具,也可以使用以下命令为本地

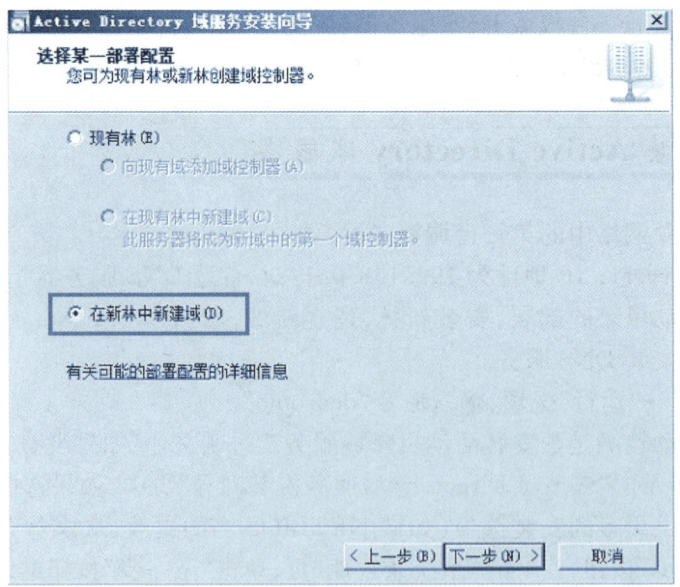

图 9-6　选择某一部署配置

Administrator 账户重新设置符合复杂性要求的密码,之后新建域。

net user administrator P@ssw0rd(符合复杂性要求的密码)

3. 如图 9-7 所示,在"命名林根域"页,在"目录林根级域的 FQDN"文本框中输入新的林根级完整的域名系统名称为"contoso.com"。点击"下一步"等待系统检测该林根域名是否有冲突。

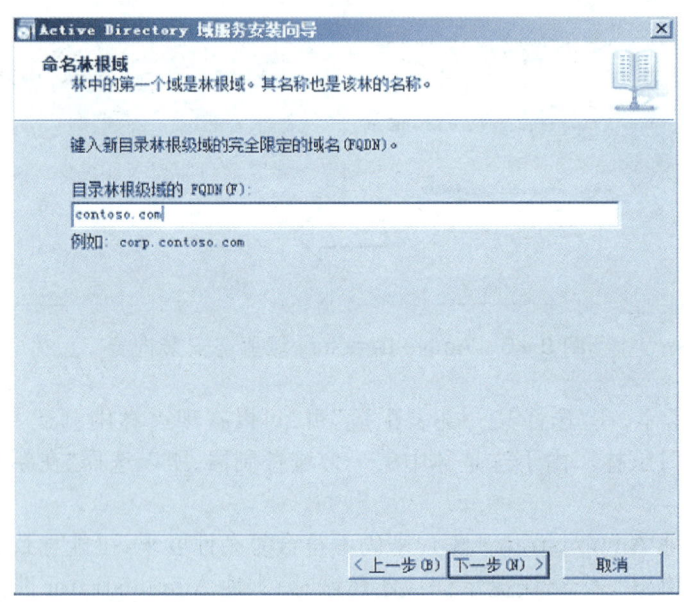

图 9-7　键入林根域的 FQDN

4. 在新域/林的安装过程中,必须设定域/林的功能级别,这与其中域控制器所安装的操作系统版本有关,不同的功能级别所提供的功能也不用。要注意,功能级别的提升是单向的。例如,选择 2008 的林功能级别,就不能再降为 2003 或是 2000 的林功能级别。

如图 9-8 所示,在"设置林功能级别"对话框,林功能有 Windows 2000、Windows 2003、Windows 2008 3 个级别,默认林功能级别为"Windows 2000",域功能级别为"Windows 2000纯模式"。在 DC 安装完成后还可以提升至更高的功能级别。单击"下一步"按钮。

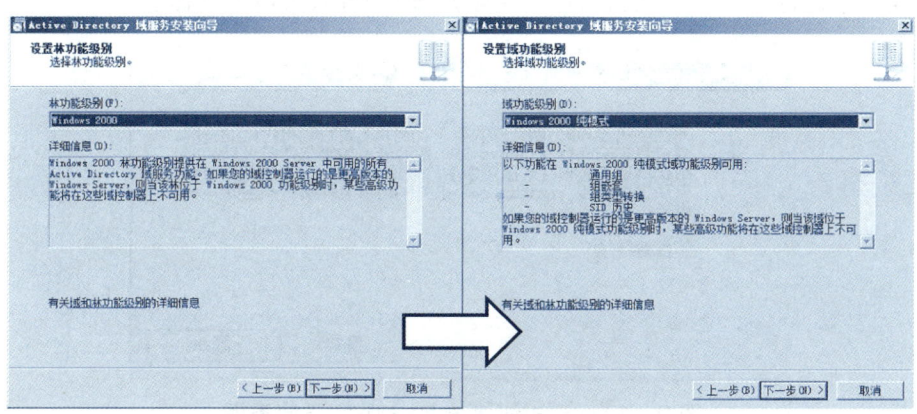

图 9-8　分别设置林和域的功能级别

5. 如图 9-9 所示,在"其他域控制器选项"页,选择"DNS 服务器"将该计算机配置为 DNS 服务器。

- DNS 服务器:根据安装选项以及网络上的 DNS 条件提供安装"DNS 服务器"的复选框。当勾选"DNS 服务器"复选框或自动安装 DNS 服务器时,DNS 会新建一个委派,或者自动更新此服务器的现有委派。

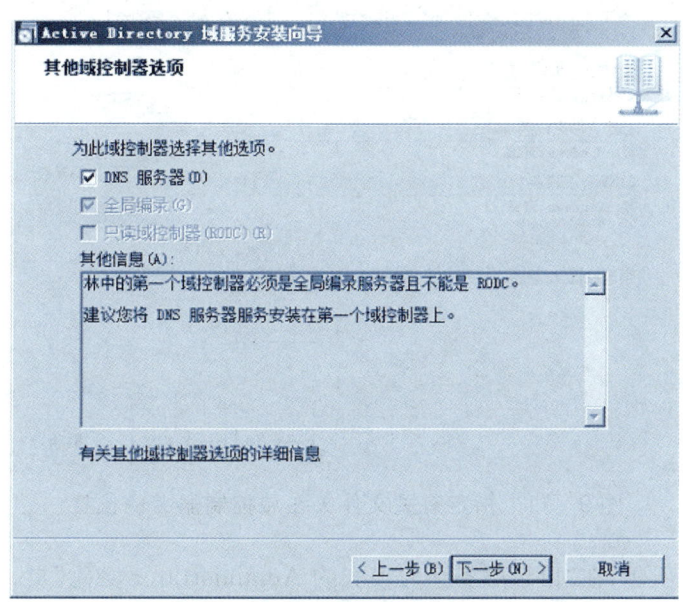

图 9-9　"其他域控制器选项"对话框

- 全局编录:在 Windows Server 2008 中为包括 RODC 在内的所有安装提供了"全局编录"复选框。林中的第一个域控制器必须是全局编录服务器。当在现有域中添加新的域控制器时,默认情况下会勾选"全局编录"复选框。
- 只读域控制器(RODC):RODC 是 Windows Server 2008 的新特性。RODC 承载了 AD DS 数据库的只读分区。RODC 使组织能够在无法保证其物理安全的远程位置轻松部署域控制器。

6. 单击"下一步"按钮,弹出如图 9-10 所示的对话框,该信息表示因为无法找到有权威的父区域或者未运行 DNS 服务器,所以无法创建该 DNS 服务器的委派。

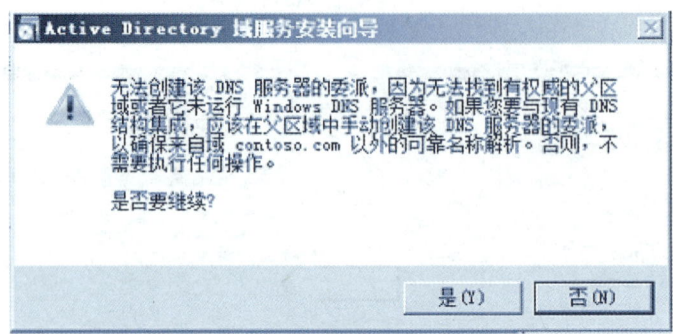

图 9-10 无法创建该 DNS 服务器的委派

7. 单击"是"按钮,弹出如图 9-11 所示"数据库、日志文件和 SYSVOL 的位置"对话框中指定将包含这些文件所在的卷及文件夹的存储位置。这里保持默认值,单击"下一步"按钮。

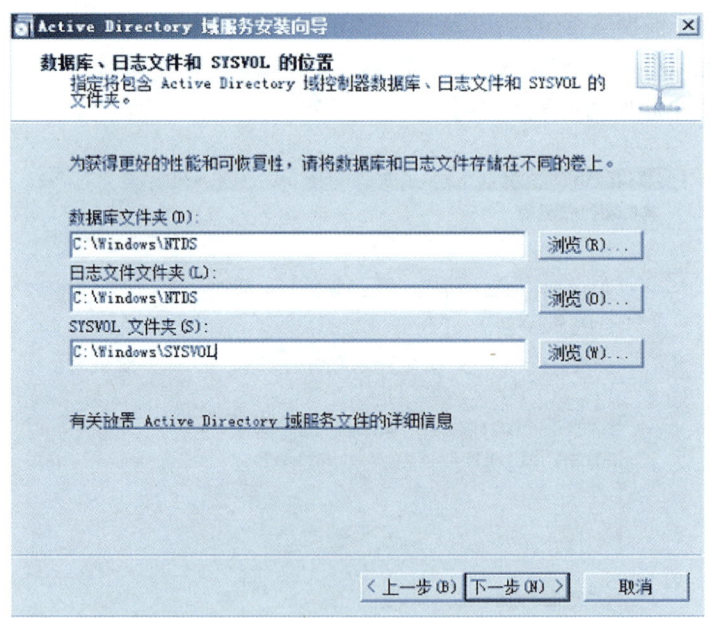

图 9-11 指定有关文件夹在域控制器上的位置

8. 如图 9-12 所示,在"目录服务还原模式的 Administrator 密码"页,输入还原模式的密码。此密码用于在目录服务还原模式下启动此域控制器的情况。单击"下一步"按钮。

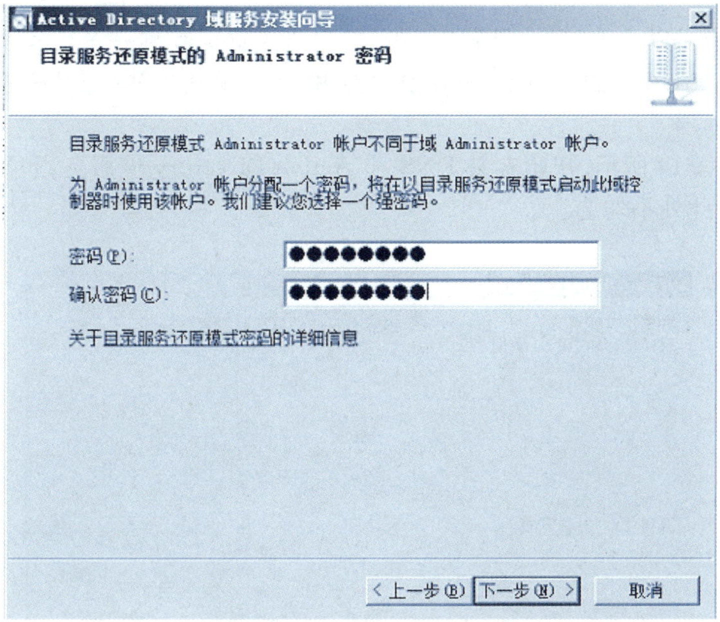

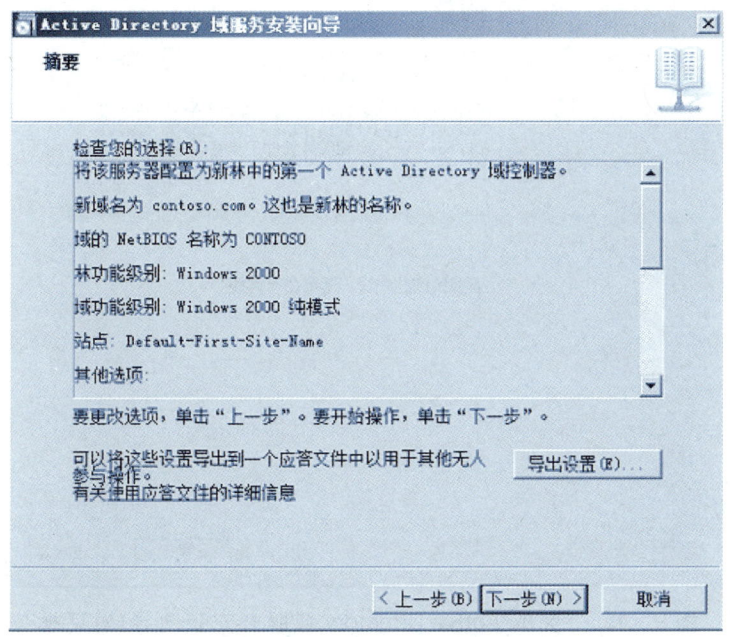

图 9 – 12　设置目录服务还原模式的管理员密码

提示：

目录还原模式的管理员密码保存在域控制器的本地安全账号管理器（Security Account Manager，SAM）文件中，而活动目录管理员的密码存放在活动目录数据库中。在 Windows Server 2008 中目录还原模式的管理员密码必须符合复杂性要求。

9. 如图 9 – 13 所示的"摘要"对话框，对话框给出前面所有设置的摘要信息。用户可以在

图 9 – 13　"摘要"对话框

这里进行检查。也可以单击"导出设置"按钮,将这些设置保存到一个应答文件,以便在后续操作中能够实现 AD DS 的无人值守安装。这里直接单击"下一步"按钮,立即进入安装阶段。

10. 在如图 9-14 所示,开始安装 DNS 和 Active Directory 域服务,也可勾选"完成后重新启动"选项卡。此处不勾选。

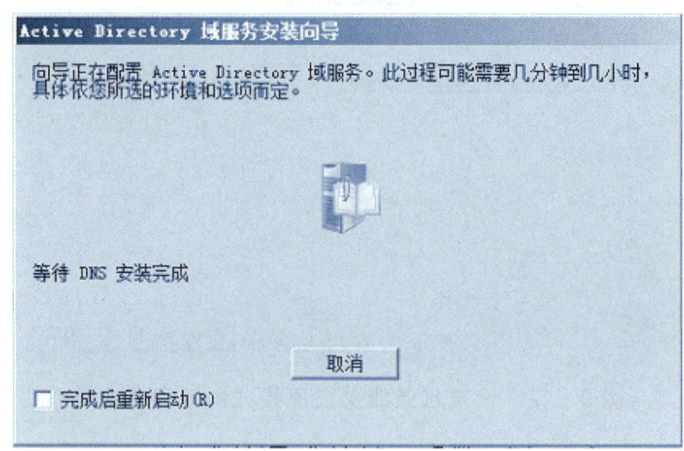

图 9-14　正在安装 DNS 和 Active Directory 域服务

11. 安装完后会弹出如图 9-15 所示"完成 Active Directory 域服务安装向导"对话框,表示 Active Directory 域服务安装成功。

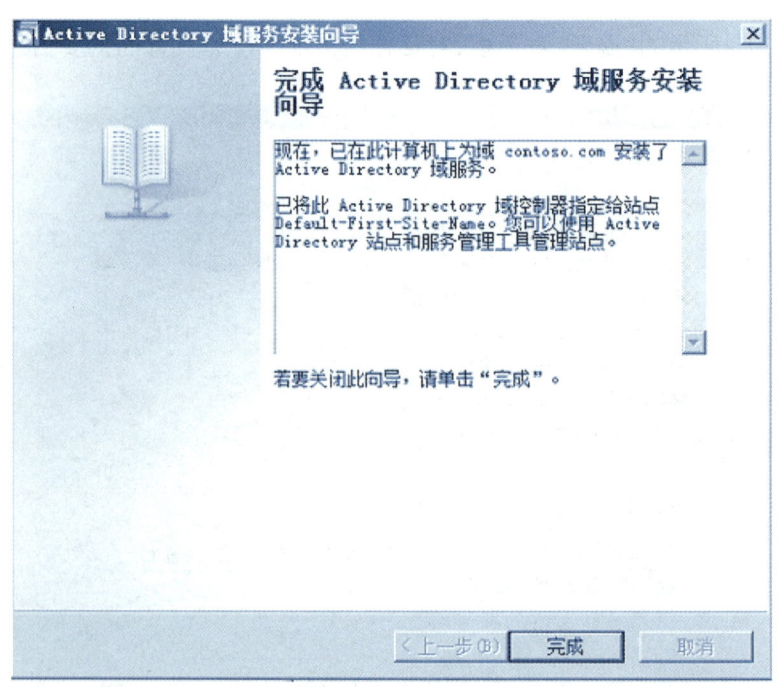

图 9-15　"完成 Active Directory 域服务安装向导"对话框

12. 单击"完成"按钮,即可安装完成,这是系统会提示重新启动计算机,重启后所进行的安装和设置才会在计算机中生效,如图 9 – 16 所示。

图 9 – 16　是否重启计算机提示框

图 9 – 17　输入域管理员密码登录到域控制器

13. 单击"立即重新启动"按钮,重新启动计算机后会出现如图 9 – 17 所示的界面,此时登录界面将显示"CONTOSO\Administrator"的登录提示,只需输入域管理员的密码即可登录到域控制器上。

9.4.3　验证 Active Directory 域服务的安装

【项目操作】要验证 Active Directory 域服务是否正确安装,可以查看新增管理工具、查看域控制器的计算机名、查看 DNS 服务器。

1. 查看新增管理工具

在域控制器上选择"开始"→"管理工具"选项,如图 9 – 18 所示,可以看到已经新增了 6 个和 DNS 以及 Active Directory 域服务相关的工具。

2. 查看域控制器的计算机名

在域控制器上选择"开始"→"计算机"→"属性",打开"系统"控制台,单击该控制台中的"改变设置",弹出如图 9 – 19 所示的"系统属性"对话框,可以看到在"计算机名"选项卡中,当前计算机已经在域"contoso.com"中了。

3. 查看 DNS 服务器

在域控制器上选择"开始"→"管理工具"→"DNS"选项,打开如图 9 – 20 所示的"DNS 管理器"控制台,从中可以看到当前计算机已经被配置为 DNS 服务器,并且已经在区域"contoso.com"中。

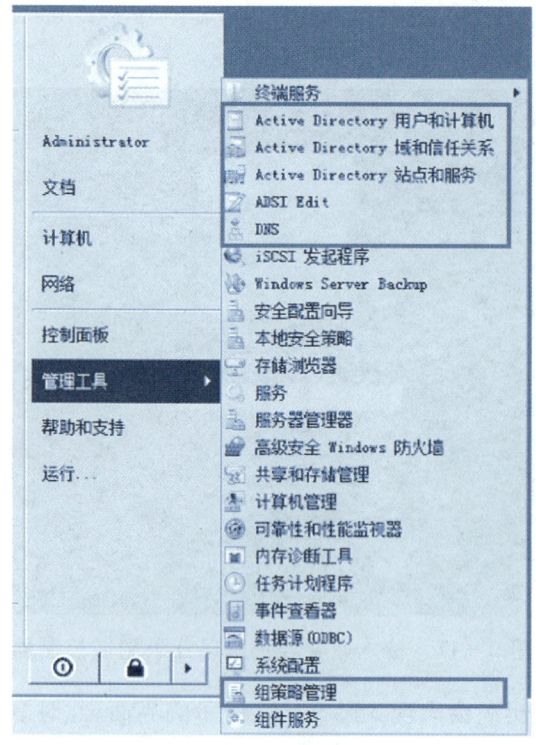

图 9-18　管理工具

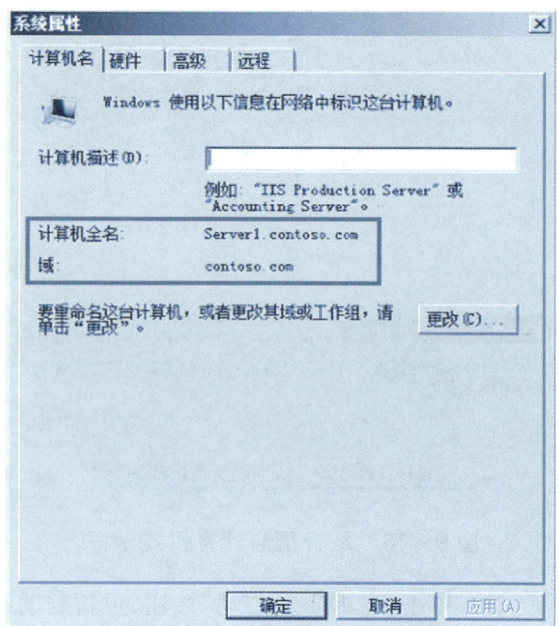

图 9-19　"系统属性"对话框

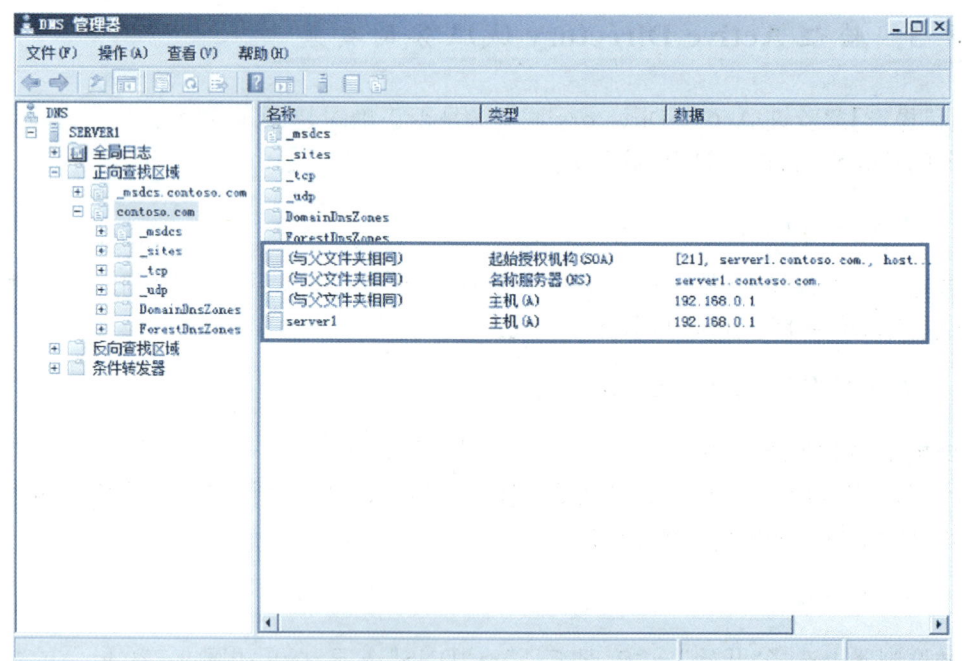

图 9-20　"DNS 管理器"控制台

9.5　项目实施——客户端加入域与退出域

9.5.1　将客户端计算机加入域中

【项目操作】将客户端"client001"加入到域"contoso.com"环境中,具体步骤如下。

1) 以本地管理员账户登录到需要加入到域中的客户端计算机上,在弹出的"Internet 协议本本 4(TCP/IPv4)属性"对话框中,将该计算机的"首选 DNS 服务器"指向域的 DNS 服务器,如图 9-21 所示。

2) 选择"开始"→"计算机"→"属性",打开"系统"控制台,单击该控制台中的"更改设置",弹出"系统属性"对话框,如图 9-22 所示,可以看到当前计算机主机名为"client001",在工作组"WORKGROUP"环境中。

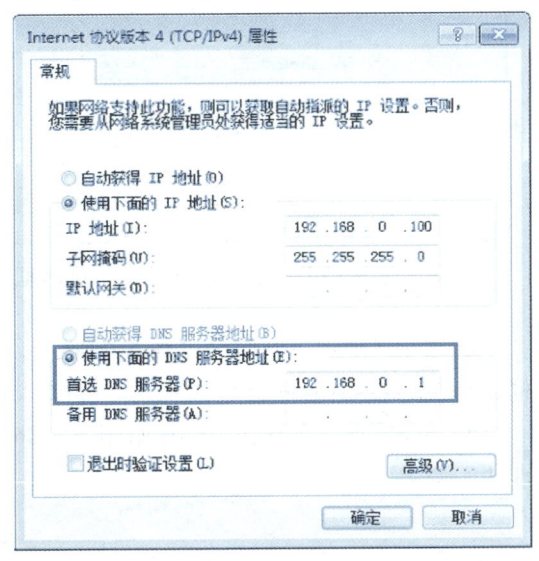

图 9-21　设置首选 DNS 服务器

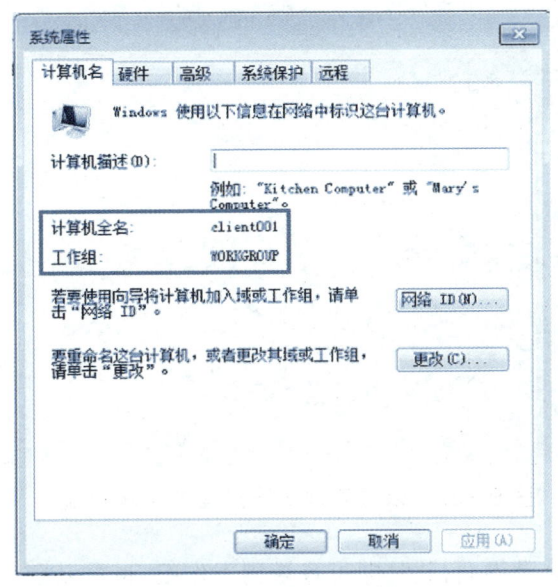

图 9-22　查看计算机状态

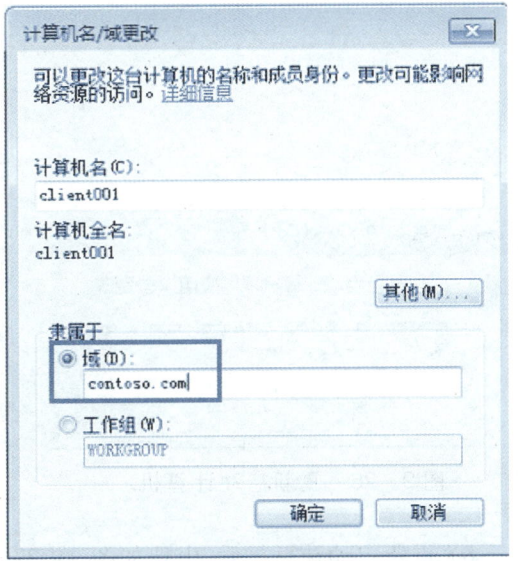

图 9-23　"计算机名/域更改"对话框

3) 单击"更改"按钮,弹出"计算机名/域更改"对话框,如图 9-23 所示。

4）在"隶属于"选项区域中,点选"域"单选按钮,并输入要加入的域的名称"contoso.com"

5）单击"确定"按钮,弹出"Windows 安全"对话框,输入要加入的域的管理员账户和密码,如图 9-24 所示。

图 9-24 "Windows 安全"对话框

图 9-25 欢迎加入 contoso.com 域

6）单击"确定"按钮,经过域控制器身份验证用户账户信息后,弹出如图 9-25 所示对话框,该信息表示计算机已经成功加入到域 contoso.com 中。

7）单击"确定"按钮,弹出如图 9-26 所示对话框,单击"确定"按钮重新启动计算机即可。

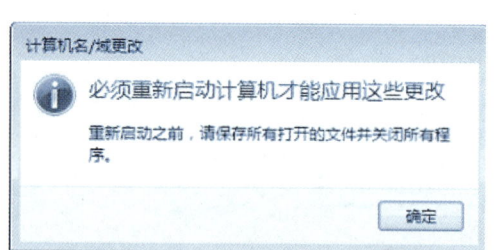

图 9-26 重新启动计算机

图 9-27 以域管理员账户登录到客户端

8）重新启动计算机后,出现如图 9-27 的登录界面,此时即可登录到工作组,也可以登录到 contoso.com 的域,在此输入域用户账户信息即可登录到域中。

9）登录到客户端计算机后,打开"系统属性"对话框,如图 9-28 所示,当前计算机已经加入到域"contoso.com"中。

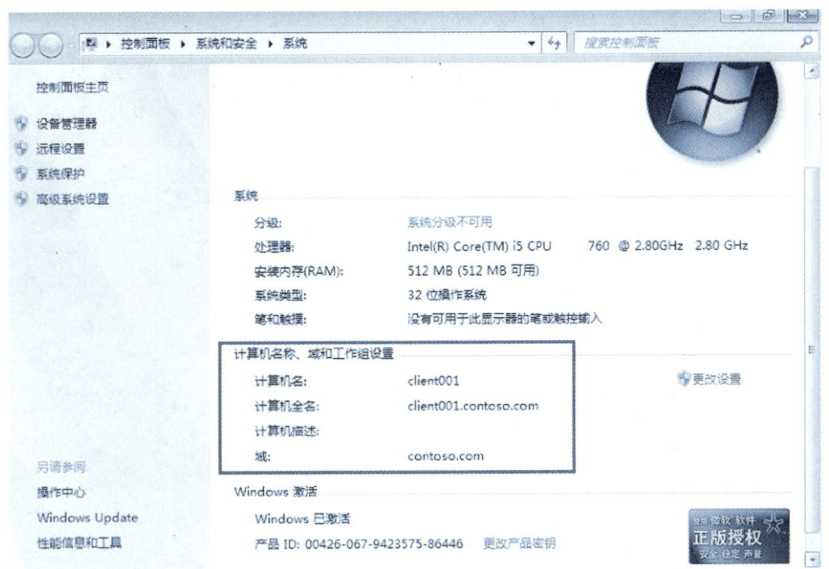

图 9 - 28　计算机属于域环境

10）以域管理员账户登录到域控制器上，打开"Active Directory 用户和计算机"控制台，展开域"contoso. com"，单击"Computers"节点，在该控制台右侧界面中显示已经加入到域中的客户端计算机 Client001，如图 9 - 29 所示。

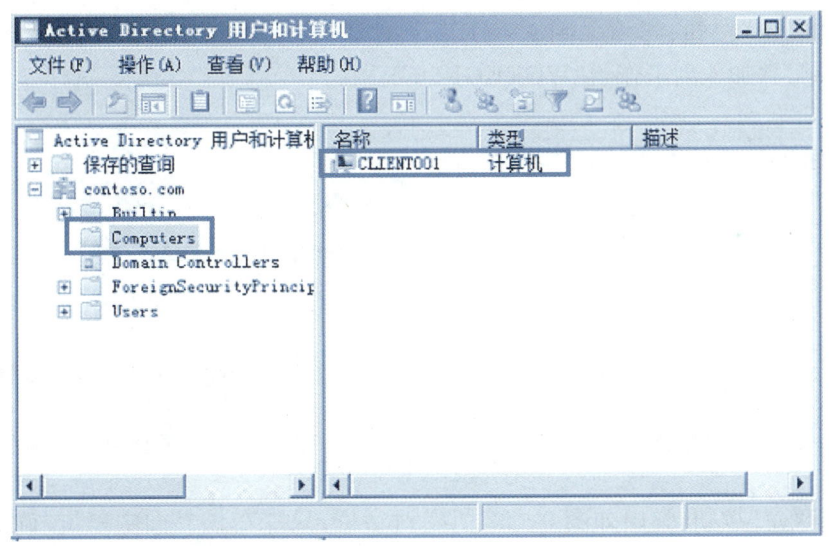

图 9 - 29　"Active Directory 用户和计算机"控制台

9.5.2　将客户端计算机退出域

【项目操作】将客户端计算从域环境中退出，具体操作步骤如下。

1）以本地管理员账户或域管理员账户登录到已经加入到域的客户端计算机上，打开"系统属性"对话框,单击"计算机名"选项卡。

2)单击"更改"按钮,弹出"计算机名/域更改"对话框,在"隶属于"选项区域中点选"工作组"单选框,并设置要加入的工作组名为"WORKGROUP",如图9-30所示。

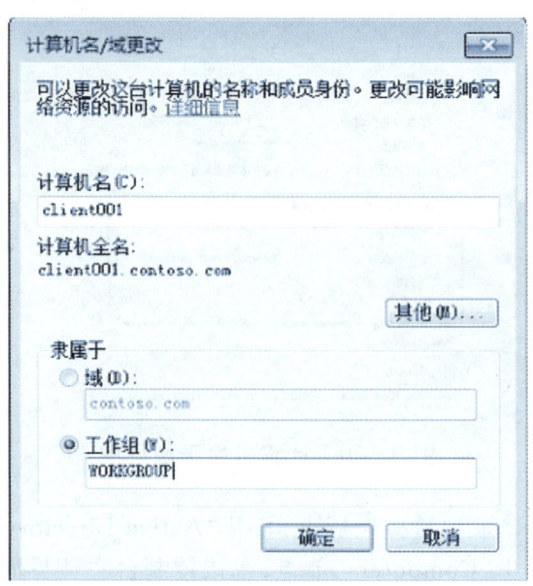

图9-30　将计算机加入工作组

3)单击"确定"按钮,弹出如图9-31所示对话框,该信息表示计算机已经成功退出域"contoso.com",并加入到工作组"WORKGROUP"中。

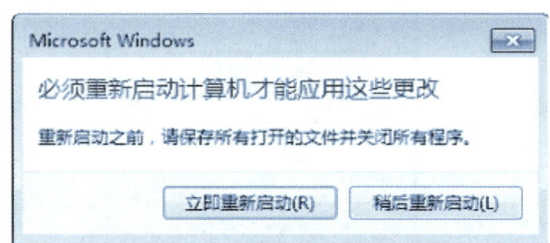

图9-31　欢迎加入工作组　　　　　　图9-32　重新启动计算机

4)单击"确定"按钮,弹出如图9-32所示对话框,只需在该界面中单击"确定"按钮重新启动计算机即可完成将计算机退出域的操作。

9.6　项目实施——删除 Active Directory 域服务

如果已经有多个域控制器或者不需要使用 Windows Server 2008 作为域控制器,可以将

相应的域控制器降级为成员服务器或者独立服务器。降级后的 Windows Server 2008 中将不再保存用户和组的信息，用户不可能用恢复的方法使该服务器成为域控制器。因此在降级之前应慎重考虑。

但如果网络中只有一个域控制器，降级后则成为独立服务器。

【项目操作】将域控制器"Server1"上的 Active Directory 域服务删除，具体步骤如下：

1）以域管理员账户登录到域控制器上，选择"开始"→"运行"选项，输入命令"dcpromo"命令，然后单击"确定"按钮，弹出"Active Directory 域服务安装向导"对话框，如图 9-33 所示，通过该向导删除当前计算机上的 Active Directory 域服务。

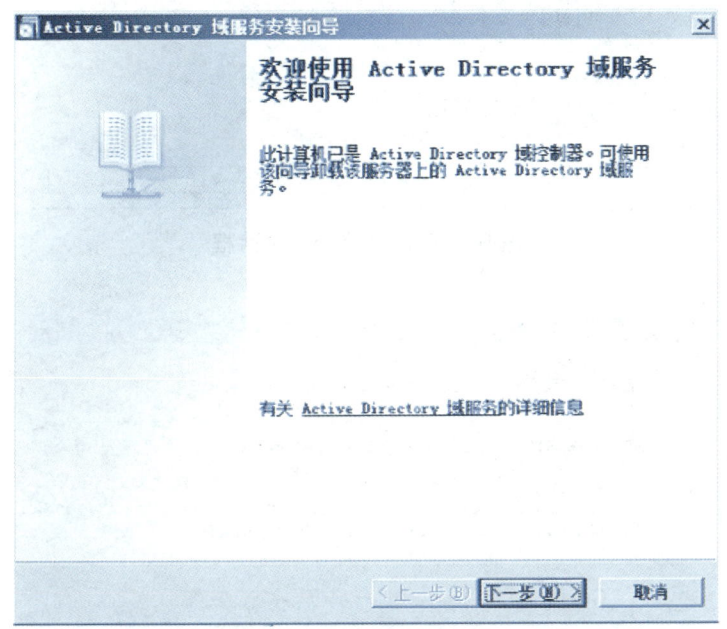

图 9-33　"Active Directory 域服务安装向导"对话框

2）单击"下一步"按钮，弹出如图 9-34 所示对话框，该信息表示当前域控制器是全局编录服务器，在删除此计算机上的 Active Directory 域服务之前，应确保此域的用户可以访问其他全局编录服务器。

图 9-34　当前域控制器是全局编录服务器

3）单击"确定"按钮，弹出"删除域"对话框，如果该计算机是域中的最后一个域控制器，则勾选"删除该域，因为此服务器是该域中的最后一个域控制器"复选框，如图 9-35 所示。

4）单击"下一步"按钮，弹出"应用程序目录分区"对话框，如图 9-36 所示，在该对话框中显示域控制器上保留的应用程序分区信息。

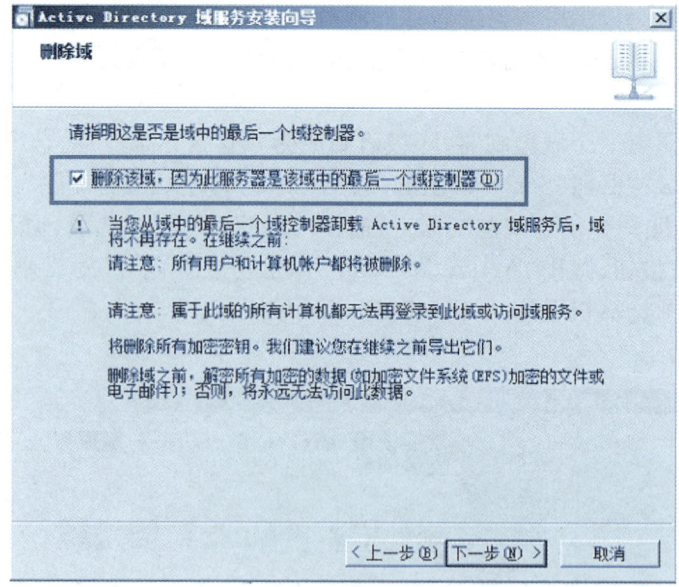

图 9-35　"删除域"对话框

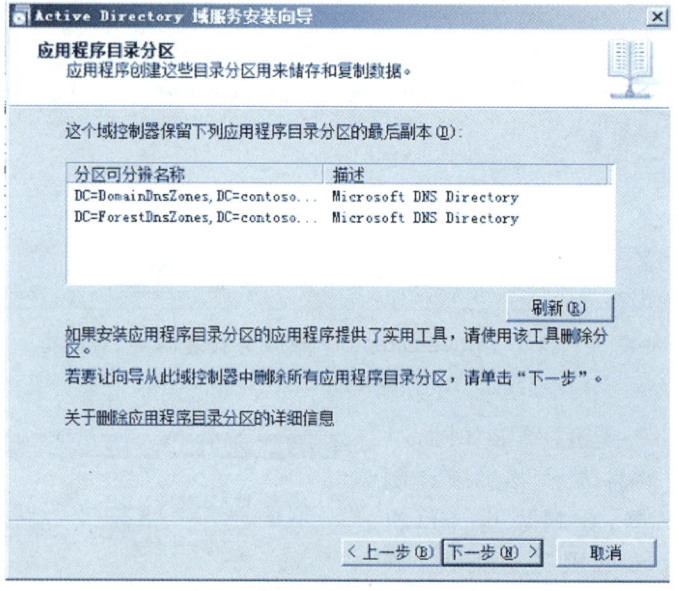

图 9-36　"应用程序目录分区"对话框

5）单击"下一步"按钮，在弹出的"确认删除"对话框中勾选"删除这个域控制器上的所有应用程序目录分区"复选框，如图 9-37 所示。

6）单击"下一步"按钮，开始检查是否需要删除 DNS 委派，如图 9-38 所示。

7）检查完毕，弹出"Administrator 密码"对话框，在该对话框中输入卸载"Active Directory 域服务"后登录系统时所用的系统管理员（Administrator）密码，如图 9-39 所示。输入后请务必记住。

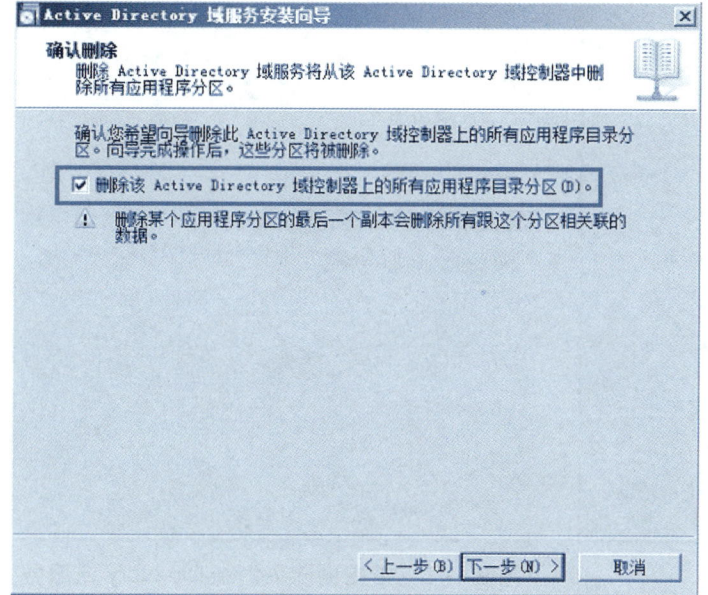

图 9 - 37 "确认删除"对话框

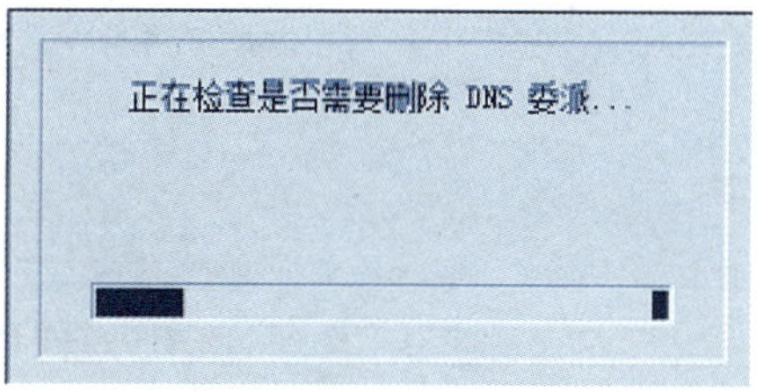

图 9 - 38 检查是否需要删除DNS委派

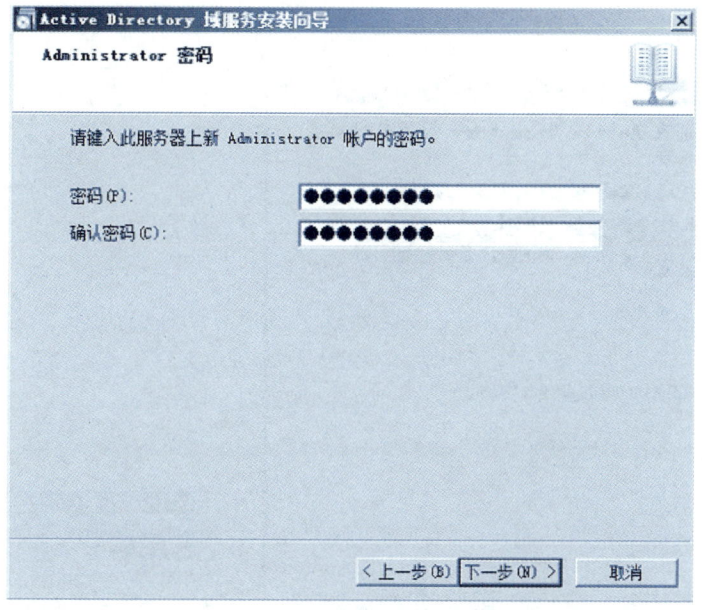

图 9 - 39 "Administrator 密码"对话框

8）单击"下一步"按钮,弹出如图 9 - 40 所示的"摘要"对话框。根据摘要提示,这是最后一个域控制器,删除活动目录后,该域控制器将降级为独立服务器。但需要注意的是如果该域有子域,则不能将它删除。

9）单击"下一步"按钮,系统开始降级目录服务,删除 Active Directory,如图 9 - 41 所示,整个过程需要几分钟时间。

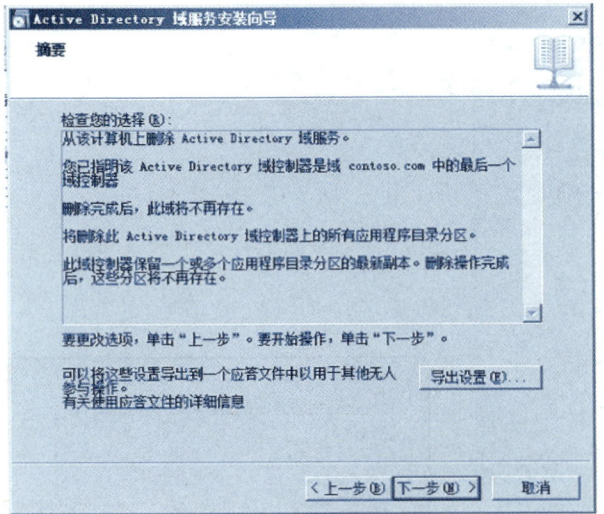

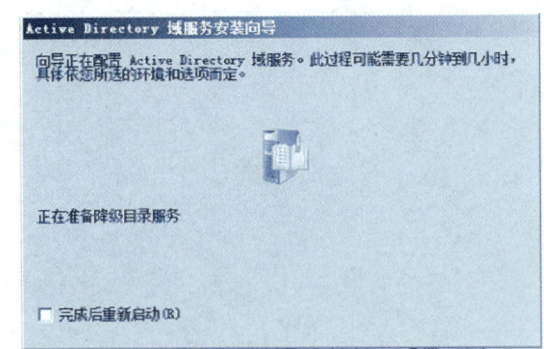

图 9-40　"摘要"对话框　　　　　　　图 9-41　正在删除 Active Directory 域服务

　　10）删除 Active Directory 后系统将弹出"完成 Active Directory 安装向导"对话框,如图 9-42所示。

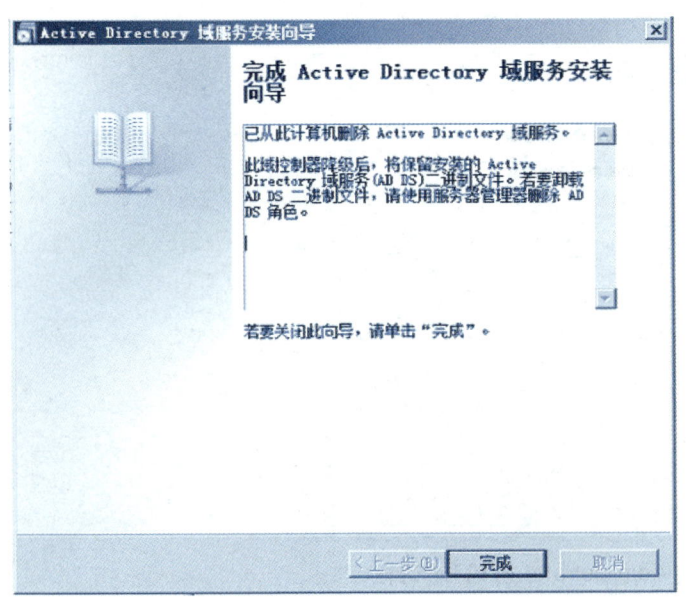

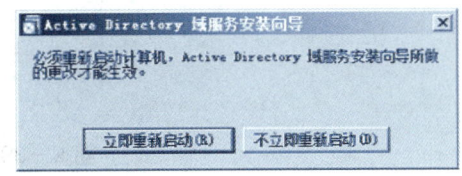

图 9-42　"完成 Active Directory 安装向导"对话框　　　图 9-43　向导提示重启计算机

　　11）单击"完成"按钮,如图 9-43 所示,向导提示要求重新启动计算机,重启计算机后,所有的设置生效,该服务器将降级为独立服务器。

9.7 Windows Server 2008 活动目录的新特性

微软在发布系统的每个版本中都会对活动目录的特性做出若干改进,根据客户的反馈和应用需求来增加一些重要的功能以便企业使用。

在 Windows Server 2008 中,以核心服务 AD DS 作为其他所有活动目录服务的基础。AD DS 做出了如下的改进。

1. 审核活动目录的变更

以前,进行活动目录的审计是一件非常繁琐的事情:激活仅有的一个全局策略"Directory Service Access(目录服务访问)",将审核与活动目录有关的大量的事情,难以分辨和使用。对此,Windows Server 2008 所做的调整是将此主策略分为 4 项子策略:Directory Service Access(目录服务访问)、Directory Service Change(目录服务变更)、Directory Service Replication(目录服务复制)、Detailed Directory Service Replication(详细的目录服务复制)。这样不但有效地分流了事件日志,而且还能精确记录谁做出修改、修改何时发生、修改了哪些对象与属性,以及修改前后的值,大大增强了日志的可读性。用户可以通过激活主策略来激活全部 4 项子策略,也可以通过 auditpol.exe 分别激活 4 项子策略。

2. 多元密码策略(Fine-Grained Passwords Policy)

密码策略对于一个域来说至关重要。在以前的版本中,一个域内只有一套密码策略和账户锁定策略生效,而事实上业务与法律需要针对不同用户使用不同的密码策略。Windows Server 2008 允许在一个域内设置多个不同的策略。

多元密码策略不能应用在活动目录的容器(Site、Domain、OU)以及计算机对象、非域内用户,而只能应用于域内用户和全局安全组这两种对象。如果要在一个域中的 10 个用户上应用,就需要为他们创建一个全局安全组。

3. 只读域控制器

只读域控制器(RODC)是 Windows Server 2008 中提供的一种新型域控制器。一般将它部署在物理安全没有保障的分支机构,而将可写域控制器部署在总部。通过 RODC 可以起到如下作用。

1) 改善安全性。RODC 能减少分支机构域控制器的受攻击面。主要体现在以下几个方面:

- 在默认情况下,用户名\计算机密码不存储在 RODC 中,从而能有效减少服务器被截取数据对 AD 的影响。
- 只读状态保证了 AD 的数据为单向的复制,RODC 上 SYSVOL 丢失不会影响其他域控制器。
- 与可写域控制器不同,每个 RODC 有自己单独的 KDC(Key Distribution Center,密码

分发中心)KrbTGT 账户(KDC 服务使用的一个内置的服务账户,用来授予票据),以提供独立的加密密钥。

- 授权的 dcpromo 减少了域管理员远程登录 RODC 的需要。
- Windows Server 2008 可写域控制器代替 RODC 注册 SRV 记录,以防止 DNS 中出现错误/失效记录。

2)快读登录

3)使访问网络资源更有效

4. 可重启的活动目录服务

在 Windows Server 2008 中,活动目录作为一种服务的形式,可以使用 Services 服务管理工具随时启动或停止,而与之相关的一些其他服务(如 Internet 信息服务、文件服务等)还能正常独立运行,不受影响。要对活动目录进行备份/恢复,也不需要重启计算机进入活动目录还原模式。

5. 活动目录数据库加载工具

对于活动目录的管理员来说,需要以短暂的时间间隔对活动目录中的重要数据进行备份。当域控制器被攻击,活动目录数据(策略、账户等)被篡改之后,最简单的颁发就是把它恢复到以前的一个版本。在以前,通常需要做一台测试机逐个地恢复不同的备份,以便查看其中的数据,从而浪费了大量的时间。在 Windows Server 2008 中,备份活动目录使用专门的工具 dsamin 来加载,然后使用 ldp 或 adsedit 工具来查看某个备份文件中是否含有需要的数据。

项 目 小 结

在大型企业中会有多台服务器,为避免用户在每台服务器上一一登录,可以采用域的密室。域中的各种信息,包括用户、组的信息等分布在域控制器的 Active Directory 中、通过本项目我们学习了如何安装及删除 Active Directory,然后介绍了如何把客户端加入和退出域。

项目思考与操作

1. 为什么需要创建域?
2. 域和工作组两种模式的区别在哪里?
3. 活动目录存放在哪里?
4. 安装两台独立服务器 win2008-1、win2008-2,将 win2008-1 提升为域 abc.com 中

的域控制器,将 win2008-2 加入到域 abc.com 中成为成员服务器。各服务器的 IP 地址自行分配。

5. 在第四题的域控制器中创建组织单位 HR、IT、SALES,并在组织单位中创建用户,用户名自行分配;控制个别用户下次登录时需要修改密码,设置个别用户可以登录时间是每周星期一到星期五的 9:00~19:00。